高等职业教育土建类专业"十二五"规划教材

工程项目招投标与合同管理

钟汉华　余燕君　主　编

王中发　罗　中　邵元纯　副主编

王　燕　李翠华　薛　艳　参　编

张亚庆　鲁立中　主　审

中国铁道出版社
CHINA RAILWAY PUBLISHING HOUSE

内 容 简 介

本书按照高等职业教育工程造价专业的要求,以国家现行建筑法规、合同法、招投标管理规定等为依据,根据编者多年工作经验和教学实践,在自编教材基础上修订而成。本书对建设工程招投标的理论、方法、要求等做了详细的阐述,坚持以就业为导向,突出实用性、实践性。全书共分 4 个单元,包括建筑市场概述、招标方工作、投标方工作、建设工程合同管理等内容。

本书内容精练,文字通俗易懂;侧重建筑工程施工招标文件的编制,投标文件的编制、开标、评标与定标工作流程及其工作报告的编制等内容;注重建设工程招投标的理论和实际相结合,旨在提高建筑施工管理人员的实际工作能力;注重教材的科学性和政策性,与造价员职业标准结合,与现行法律、法规结合。

本书适合作为高等职业教育工程造价等相关专业的教材,也可作为社会从业人士的业务参考书及培训用书。

图书在版编目(CIP)数据

工程项目招投标与合同管理/钟汉华,余燕君主编 . —北京:
中国铁道出版社,2013.9
高等职业教育土建类专业"十二五"规划教材
ISBN 978-7-113-17014-1

Ⅰ.①工… Ⅱ.①钟… ②余… Ⅲ.①建筑工程—招标—高等职业教育—教材②建筑工程—投标—高等职业教育—教材③建筑工程—合同—管理—高等职业教育—教材
Ⅳ.①TU723

中国版本图书馆 CIP 数据核字(2013)第 214757 号

书　　名:**工程项目招投标与合同管理**
作　　者:钟汉华　余燕君　主编

策　　划:	徐学锋	读者热线:	400 - 668 - 0820
责任编辑:	徐学锋		
封面设计:	付　巍		
封面制作:	白　雪		
责任印制:	李　佳		

出版发行:中国铁道出版社(100054,北京市西城区右安门西街 8 号)
网　　址:http://www.51eds.com
印　　刷:北京鑫正大印刷有限公司
版　　次:2013 年 9 月第 1 版　　2013 年 9 月第 1 次印刷
开　　本:787mm×1092mm　1/16　印张:18.5　字数:440 千
印　　数:1~3000
书　　号:ISBN 978-7-113-17014-1
定　　价:36.00 元

前 言
FOREWORD

本书根据高等职业教育工程造价专业人才培养目标,以造价员职业岗位能力的培养为导向,同时遵循高等职业院校学生的认知规律,以专业知识和职业技能、自主学习能力及综合素质培养为课程目标,紧密结合职业资格证书中相关考核要求,确定本书的内容。本书按照认识建筑市场、招标方工作、投标方工作、建设工程合同管理等进行内容安排,由编者根据多年工作经验和教学实践,在自编教材基础上修改、补充编纂而成。本书适合作为高等职业教育工程造价、建筑工程项目管理等专业的教材,也可作为土建类其他层次职业教育相关专业的培训教材和土建工程技术人员的参考书。

"工程项目招投标与合同管理"是一门实践性很强的课程。为此,教材编写始终坚持"素质为本、能力为主、需要为准、够用为度"的原则进行。书中对建筑工程施工招标文件的编制,施工投标文件的编制、开标、评标与定标工作流程及其工作报告的编制等做了详细阐述。本书结合我国目前招投标的实际精选内容,力求理论联系实际,注重实际工作能力的培养,突出针对性和实用性,以满足学生学习的需要。

本书由钟汉华、余燕君任主编,王中发、罗中、邵元纯任副主编,武汉市第四市政工程有限公司张亚庆、湖北卓越工程建设监理公司鲁立中主审。具体写作分工如下:

单元1:钟汉华、余燕君。

单元2:王中发、罗中。

单元3:邵元纯、王燕。

单元4:李翠华、薛艳。

在编写过程中,湖北水利水电职业技术学院段炼、欧阳钦、金芳、张少坤、刘宏敏、曲炳良、刘海韵、桂文灿、刘丽、林保良、李廷柱等老师做了一些辅助性工作,在此对他们的辛勤工作表示感谢。

本书大量引用了有关专业文献和资料,未在书中一一注明出处,在此对有关文献的作者表示感谢。

由于编者水平有限,加之时间仓促,难免存在疏漏与不足之处,诚恳地希望读者与同行批评指正。

编 者
2013 年 5 月

目　录

CONTENTS

建筑市场概述

知识目标:

(1)掌握市场与建筑市场的概念。

(2)理解建筑市场的主体和客体。

(3)了解建设工程招标投标法律体系。

(4)理解《中华人民共和国招标投标法实施条例》相关条款。

(5)掌握建设市场交易中心的性质、基本功能和运行原则。

能力目标:

(1)了解建设市场的相关知识。

(2)了解工程招标投标相关法律、有关行政法规、相关部门规章。

(3)掌握《中华人民共和国招标投标法实施条例》相关条款,并能结合实际问题进行分析。

(4)掌握建设市场交易中心运行的一般程序,并能结合实际问题进行分析。

任务1 认知建筑市场

建筑市场是指建筑商品交换的场所,并体现建筑商品交换关系的总和,是整个市场系统中的一个相对独立的子系统。

一般而言,建筑市场是指以建设工程承发包交易活动为主要内容的市场。狭义上一般指有形建筑市场,有固定的交易场所。广义上包括有形建筑市场和无形建筑市场,其中,无形建筑市场是指与工程建设有关的技术、租赁、劳务等各种要素市场,以及为工程建设提供专业服务的中介组织机构或经纪人等通过媒介宣传进行买卖或通过招标投标等多种方式成交的各种交易活动。

建筑市场分类方式有如下几种:

(1)按交易对象分为建筑商品市场、资金市场、劳动力市场、建筑材料市场、租赁市场、技术市场和服务市场等。

(2)按市场覆盖范围分为国际市场和国内市场。

（3）按有无固定交易场所分为有形市场和无形市场。

（4）按固定资产投资主体分为国家投资形成的建设工程市场、企事业单位自有资金投资形成的建设工程市场、私人住房投资形成的市场和外商投资形成的建设工程市场等。

（5）按建筑商品的性质分为工业建设工程市场、民用建设工程市场、公用建设工程市场、市政工程市场、道路桥梁市场、装饰装修市场、设备安装市场等。

任务2 认知建筑市场的主体

建筑市场的主体指参与建筑市场交易活动的主要各方，即业主、承包商和工程咨询服务机构、物资供应机构和银行等。建筑市场的客体则为建筑市场的交易对象，即建筑产品，包括有形的建筑工程和无形的建筑产品，例如设计、咨询、监理等智力型服务。

1.2.1 业主

业主是指物业的所有权人。业主可以是自然人、法人和其他组织，可以是本国公民或组织，也可以是外国公民或组织。

工程建设项目的投资人或投资人专门为工程建设项目设立的独立法人也是业主。业主可能就是项目最初的发起人，也可能是发起人与其他投资人合资成立的项目法人公司；而在项目的保修阶段，业主还可能被业主委员会（由获得了项目产权的买家或小买家群体组成，在国外也被称为业主法人团）取代。在中国传统的基本建设投资与建设行政管理体系中，业主也被称为"建设单位"。

业主，一般又称为"建设单位"，也常被俗称为"甲方"，在《建筑工程施工合同》中被定义为"发包人"，是指拥有相应的建设资金，办妥项目建设的各种准建手续，以建成该项目达到其经营使用目的的政府部门、事业单位、企业单位和个人。在我国社会主义市场经济体制下，业主大多属于政府公共部门，因而推行项目法人责任制，以期建立项目投资责任制约机制，并规范项目法人行为。项目法人责任制又称业主负责制，即由业主对其项目建设过程负责。业主在项目建设过程中的主要职责包括建设项目的立项决策、资金筹措与管理、招标与合同管理、施工与质量管理、竣工验收与试运行以及建设项目的统计和文档管理。

目前国内工程项目的业主可归纳为以下几种类型：

（1）企业、机关或事业单位，如投资新建、扩建或改建工程，则企业、机关或事业单位即为项目的业主。

（2）对于由不同投资或参股的工程项目，则业主是共同投资方组成的董事会或工程管理委员会。

（3）对于开发公司自行融资、由投资方组建工程管理公司和委托开发公司建造的工程项目，则开发公司和工程管理公司即为项目的业主。

（4）除上述业主以外的业主。

1.2.2 承包商

承包商，一般又称为"承建单位"，也常被俗称为"乙方"，在《建筑工程施工合同》中被定义为"承包人"，是指与业主订有施工合同并按照合同为业主修建合同所界定的工程直至竣工并修补好其中任何缺陷的施工企业。上述各类业主,只有在其从事工程项目的建设全过程中才成为建筑的主体,但承包商在其整个经营期间都是建筑市场的主体。因此,国内外一般只对承包商进行从业资格管理。

具备下述条件的承包商才能在政府许可的工程范围内承包工程:

(1)拥有符合国家规定的注册资本。

(2)拥有与其资质等级相适应且具有注册职业资格的专业技术和管理人员。

(3)拥有从事相应建筑活动所应有的技术装备。

(4)经有关政府部门的资质审查,已取得资质证书和营业执照。

2002年12月5日,国家人事部和建设部联合印发了《建造师执业资格制度暂行规定》。建造师是以建设工程项目管理为主的执业注册人员,是具有专业技术基础,懂管理、技术、经济、法规,综合素质较高的复合型人才。建造师注册后可以担任建设工程施工的项目经理,也可以从事质量监督、工程管理咨询和行政法规等其他施工管理工作。建造师分为一级和二级,一级建造师分建筑工程、公路工程、铁路工程、民航机场工程、港口与航道工程、水利水电工程、市政公用工程、通信与广电工程、矿业工程、机电工程等10个专业类别;二级建造师分建筑工程、公路工程、水利水电工程、市政公用工程、矿业工程和机电工程等6个专业类别。一级注册建造师可以担任《建筑业企业资质等级标准》中规定的必须由特级、一级建筑业企业承建的建设工程项目施工的项目经理,二级注册建造师只可以担任二级及以下建筑业企业承建的建设工程项目施工的项目经理。要取得建造师执业资格,必须通过相应考试。一级建造师执业资格考试应依照全国统一考试大纲,统一命题,统一考试。二级建造师执业资格考试应依照全国统一考试大纲,由各省、自治区、直辖市命题并组织考试。通过考试后,即可获得一级或二级建造师执业资格证书。取得建造师执业资格证书,且符合注册条件的人员经过登记后,即获得一级或二级建造师注册证书。建造师经注册后才能受聘执业。

建筑业企业资质分为施工总承包、专业承包和劳务分包三个序列。建筑业企业可以申请一项或多项建筑业企业资质;申请多项建筑业企业资质的,应当选择等级最高的一项资质为企业主项资质。

1)施工总承包企业

取得施工总承包资质的企业(以下简称施工总承包企业),可以承接施工总承包工程。施工总承包企业可以对所承接的施工总承包工程内各专业工程全部自行施工,也可以将专业工程或劳务作业依法分包给具有相应资质的专业承包企业或劳务分包企业。

施工总承包企业分特级资质、一级资质、二级资质、三级资质四个等级。

(1)特级资质。

企业资信能力:企业注册资本金3亿元以上、企业净资产3.6亿元以上、企业近3年上缴建筑业营业税均在5000万元以上、企业银行授信额度近3年均在5亿元以上。

企业主要管理人员和专业技术人员要求:企业经理具有10年以上从事工程管理工作经历;技术负责人具有15年以上从事工程技术管理工作经历,且具有工程序列高级职称及一级注册建造师或注册工程师执业资格;主持完成过两项及以上施工总承包一级资质要求的代表工程的技术工作或甲级设计资质要求的代表工程或合同额2亿元以上的工程总承包项目;财务负责人具有高级会计师职称及注册会计师资格;企业具有注册一级建造师 50 人以上;企业具有本类别相关的行业工程设计甲级资质标准要求的专业技术人员。

科技进步水平:企业具有省部级(或相当于省部级水平)及以上的企业技术中心、企业近 3 年科技活动经费支出平均达到营业额的 0.5% 以上、企业具有国家级工法 3 项以上;近 5 年具有与工程建设相关的、能够推动企业技术进步的专利 3 项以上,累计有效专利 8 项以上,其中至少有一项发明专利、企业近 10 年获得过国家级科技进步奖项或主编过工程建设国家或行业标准、企业已建立内部局域网或管理信息平台,实现了内部办公、信息发布、数据交换的网络化;已建立并开通了企业外部网站;使用了综合项目管理信息系统和人事管理系统、工程设计相关软件,实现了档案管理和设计文档管理。

代表工程业绩:近 5 年承担过下列 5 项工程总承包或施工总承包项目中的 3 项,工程质量合格。

① 高度 100m 以上的建筑物。

② 28 层以上的房屋建筑工程。

③ 单体建筑面积 5 万平方米以上房屋建筑工程。

④ 钢筋混凝土结构单跨 30m 以上的建筑工程或钢结构单跨 36m 以上房屋建筑工程。

⑤ 单项建安合同额 2 亿元以上的房屋建筑工程。

承包范围:

① 取得施工总承包特级资质的企业可承担本类别各等级工程施工总承包、设计及开展工程总承包和项目管理业务。

② 取得房屋建筑、公路、铁路、市政公用、港口与航道、水利水电等专业中任意 1 项施工总承包特级资质和其中 2 项施工总承包一级资质,即可承接上述各专业工程的施工总承包、工程总承包和项目管理业务,及开展相应设计主导专业人员齐备的施工图设计业务。

③ 取得房屋建筑、矿山、冶炼、石油化工、电力等专业中任意 1 项施工总承包特级资质和其中 2 项施工总承包一级资质,即可承接上述各专业工程的施工总承包、工程总承包和项目管理业务,及开展相应设计主导专业人员齐备的施工图设计业务。

④ 特级资质的企业,限承担施工单项合同额 3000 万元以上的房屋建筑工程。

(2)一级资质企业。

一级资质企业标准:企业近 5 年承担过下列 6 项中的 4 项以上工程的施工总承包或主体工程承包,工程质量合格。

① 25 层以上的房屋建筑工程。

② 高度 100m 以上的构筑物或建筑物。

③ 单体建筑面积 3 万平方米以上的房屋建筑工程。

④ 单跨跨度 30m 以上的房屋建筑工程。

⑤ 建筑面积 10 万平方米以上的住宅小区或建筑群体。

⑥ 单项建安合同额 1 亿元以上的房屋建筑工程。

企业主要管理人员和专业技术人员要求:企业经理具有 10 年以上从事工程管理工作经历或具有高级职称;总工程师具有 10 年以上从事建筑施工技术管理工作经历并具有本专业高级职称;

总会计师具有高级会计职称;总经济师具有高级职称。

企业有职称的工程技术和经济管理人员不少于 300 人,其中工程技术人员不少于 200 人;工程技术人员中,具有高级职称的人员不少于 10 人,具有中级职称的人员不少于 60 人。企业具有的一级建造师不少于 12 人。

企业资信能力:企业注册资本金 5000 万元以上,企业净资产 6000 万元以上。企业近 3 年最高年工程结算收入 2 亿元以上。

承包工程范围:可承担单项建安合同额不超过企业注册资本金 5 倍的下列房屋建筑工程的施工。

① 40 层及以下、各类跨度的房屋建筑工程。

② 高度 240m 及以下的构筑物。

③ 建筑面积 20 万平方米及以下的住宅小区或建筑群体。

（3）二级资质企业。

二级资质企业标准:企业近 5 年承担过下列 6 项中的 4 项以上工程的施工总承包或主体工程承包,工程质量合格。

① 12 层以上的房屋建筑工程。

② 高度 50m 以上的构筑物或建筑物。

③ 单体建筑面积 1 万平方米以上的房屋建筑工程。

④ 单跨跨度 21m 以上的房屋建筑工程。

⑤ 建筑面积 5 万平方米以上的住宅小区或建筑群体。

⑥ 单项建安合同额 3000 万元以上的房屋建筑工程。

企业主要管理人员和专业技术人员要求:企业经理具有 8 年以上从事工程管理工作经历或具有中级以上职称;技术负责人具有 8 年以上从事建筑施工技术管理工作经历并具有本专业高级职称;财务负责人具有中级以上会计职称。企业有职称的工程技术和经济管理人员不少于 150 人,其中工程技术人员不少于 100 人;工程技术人员中,具有高级职称的人员不少于 2 人,具有中级职称的人员不少于 20 人。企业具有的二级建造师不少于 12 人。

企业资信能力:企业注册资本金 2000 万元以上,企业净资产 2500 万元以上。企业近 3 年最高年工程结算收入 8000 万元以上。

承包工程范围:可承担单项建安合同额不超过企业注册资本金 5 倍的下列房屋建筑工程的施工。

① 28 层及以下、单跨跨度 36m 及以下的房屋建筑工程。

② 高度 120m 及以下的构筑物。

③ 建筑面积 12 万平方米及以下的住宅小区或建筑群体。

（4）三级资质企业。

三级资质企业标准:企业近 5 年承担过下列 5 项中的 3 项以上工程的施工总承包或主体工程承包,工程质量合格。

① 6 层以上的房屋建筑工程。

② 高度 25m 以上的构筑物或建筑物。

③ 单体建筑面积 5000 平方米以上的房屋建筑工程。

④ 单跨跨度 15m 以上的房屋建筑工程。

⑤ 单项建安合同额 500 万元以上的房屋建筑工程。

企业主要管理人员和专业技术人员要求：企业经理具有 5 年以上从事工程管理工作经历；技术负责人具有 5 年以上从事建筑施工技术管理工作经历并具有本专业中级以上职称；财务负责人具有初级以上会计职称。企业有职称的工程技术和经济管理人员不少于 50 人，其中工程技术人员不少于 30 人；工程技术人员中，具有中级以上职称的人员不少于 10 人。企业具有的二级建造师不少于 10 人。

企业资信能力：企业注册资本金 600 万元以上，企业净资产 700 万元以上。企业近 3 年最高年工程结算收入 2400 万元以上。

承包工程范围：可承担单项建安合同额不超过企业注册资本金 5 倍的下列房屋建筑工程的施工。

① 14 层及以下、单跨跨度 24m 及以下的房屋建筑工程。

② 高度 70m 及以下的构筑物。

③ 建筑面积 6 万平方米及以下的住宅小区或建筑群体。

2）专业承包企业

取得专业承包资质的企业（以下简称专业承包企业），可以承接施工总承包企业分包的专业工程和建设单位依法发包的专业工程。专业承包企业可以对所承接的专业工程全部自行施工，也可以将劳务作业依法分包给具有相应资质的劳务分包企业。

专业承包企业资质有地基与基础工程、土石方工程、建筑装修装饰工程、建筑幕墙工程、预拌商品混凝土、混凝土预制构件、园林古建筑、钢结构工程专业承包、高耸构筑物工程、电梯安装工程、消防设施工程、建筑防水工程、防腐保温工程、附着升降脚手架、金属门窗工程、预应力工程、起重设备安装工程、机电设备安装工程、爆破与拆除工程、建筑智能化工程、环保工程、电信工程、电子工程、桥梁工程等 60 类。

3）劳务分包企业

取得劳务分包资质的企业（以下简称劳务分包企业），可以承接施工总承包企业或专业承包企业分包的劳务作业。

劳务分包企业资质有木工、砌筑、抹灰、石制作、油漆、钢筋、混凝土、脚手架、模板、焊接、水暖电安装、钣金、架线作业分包等。

1.2.3　勘察、设计单位

工程勘察资质分为工程勘察综合资质、工程勘察专业资质、工程勘察劳务资质。工程勘察综合资质只设甲级；工程勘察专业资质设甲级、乙级，根据工程性质和技术特点，部分专业可以设丙级；工程勘察劳务资质不分等级。取得工程勘察综合资质的企业，可以承接各专业（海洋工程勘察除外）各等级工程勘察业务；取得工程勘察专业资质的企业，可以承接相应等级相应专业的工程勘察业务；取得工程勘察劳务资质的企业，可以承接岩土工程治理、工程钻探、凿井等工程勘察劳务业务。

工程设计资质分为工程设计综合资质、工程设计行业资质、工程设计专业资质和工程设计专项资质。工程设计综合资质只设甲级;工程设计行业资质、工程设计专业资质、工程设计专项资质设甲级、乙级。根据工程性质和技术特点,个别行业、专业、专项资质可以设丙级,建筑工程专业资质可以设丁级。取得工程设计综合资质的企业,可以承接各行业、各等级的建设工程设计业务;取得工程设计行业资质的企业,可以承接相应行业相应等级的工程设计业务及本行业范围内同级别的相应专业、专项(设计施工一体化资质除外)工程设计业务;取得工程设计专业资质的企业,可以承接本专业相应等级的专业工程设计业务及同级别的相应专项工程设计业务(设计施工一体化资质除外);取得工程设计专项资质的企业,可以承接本专项相应等级的专项工程设计业务。

1. 工程设计综合资质

1)资历和信誉

(1)具有独立企业法人资格。

(2)注册资本不少于 6000 万元人民币。

(3)近 3 年年平均工程勘察设计营业收入不少于 10 000 万元人民币,且近 5 年内 2 次工程勘察设计营业收入在全国勘察设计企业排名列前 50 名以内;或近 5 年内 2 次企业营业税金及附加在全国勘察设计企业排名列前 50 名以内。

(4)具有 2 个工程设计行业甲级资质,且近 10 年内独立承担大型建设项目工程设计每行业不少于 3 项,并已建成投产。

或同时具有某 1 个工程设计行业甲级资质和其他 3 个不同行业甲级工程设计的专业资质,且近 10 年内独立承担大型建设项目工程设计不少于 4 项。其中,工程设计行业甲级相应业绩不少于 1 项,工程设计专业甲级相应业绩各不少于 1 项,并已建成投产。

2)技术条件

(1)技术力量雄厚,专业配备合理。企业具有初级以上专业技术职称且从事工程勘察设计的人员不少于 500 人,其中具备注册执业资格或高级专业技术职称的不少于 200 人,且注册专业不少于 5 个,5 个专业的注册人员总数不低于 40 人。

企业从事工程项目管理且具备建造师或监理工程师注册执业资格的人员不少于 4 人。

(2)企业主要技术负责人或总工程师应当具有大学本科以上学历、15 年以上设计经历,主持过大型项目工程设计不少于 2 项,具备注册执业资格或高级专业技术职称。

(3)拥有与工程设计有关的专利、专有技术、工艺包(软件包)不少于 3 项。

(4)近 10 年获得过全国级优秀工程设计奖、全国优秀工程勘察奖、国家级科技进步奖的奖项不少于 5 项,或省部级(行业)优秀工程设计一等奖(金奖)、省部级(行业)科技进步一等奖的奖项不少于 5 项。

(5)近 10 年主编 2 项或参编过 5 项以上国家、行业工程建设标准、规范,定额。

3)技术装备及管理水平

(1)有完善的技术装备及固定工作场所,且主要固定工作场所建筑面积不少于 10 000 平方米。

(2)有完善的企业技术、质量、安全和档案管理,通过 ISO 9000 族标准质量体系认证。

(3)具有与承担建设项目工程总承包或工程项目管理相适应的组织机构或管理体系。

2. 工程设计行业资质

1）甲级

（1）资历和信誉：

① 具有独立企业法人资格。

② 社会信誉良好,注册资本不少于 600 万元人民币。

③ 企业完成过的工程设计项目应满足所申请行业主要专业技术人员配备表中对工程设计类型业绩考核的要求,且要求考核业绩的每个设计类型的大型项目工程设计不少于 1 项或中型项目工程设计不少于 2 项,并已建成投产。

（2）技术条件：

① 专业配备齐全、合理,主要专业技术人员数量不少于所申请行业资质标准中主要专业技术人员配备表规定的人数。

② 企业主要技术负责人或总工程师应当具有大学本科以上学历、10 年以上设计经历,主持过所申请行业大型项目工程设计不少于 2 项,具备注册执业资格或高级专业技术职称。

③ 在主要专业技术人员配备表规定的人员中,主导专业的非注册人员应当作为专业技术负责人主持过所申请行业中型以上项目不少于 3 项,其中大型项目不少于 1 项。

（3）技术装备及管理水平：

① 有必要的技术装备及固定的工作场所。

② 企业管理组织结构、标准体系、质量体系、档案管理体系健全。

2）乙级

（1）资历和信誉：

① 具有独立企业法人资格。

② 社会信誉良好,注册资本不少于 300 万元人民币。

（2）技术条件：

① 专业配备齐全、合理,主要专业技术人员数量不少于所申请行业资质标准中主要专业技术人员配备表规定的人数。

② 企业的主要技术负责人或总工程师应当具有大学本科以上学历、10 年以上设计经历,主持过所申请行业大型项目工程设计不少于 1 项,或中型项目工程设计不少于 3 项,具备注册执业资格或高级专业技术职称。

③ 在主要专业技术人员配备表规定的人员中,主导专业的非注册人员应当作为专业技术负责人主持过所申请行业中型以上项目不少于 2 项,或大型项目不少于 1 项。

（3）技术装备及管理水平：

① 有必要的技术装备及固定的工作场所。

② 有完善的质量体系和技术、经营、人事、财务、档案管理制度。

3）丙级

（1）资历和信誉：

① 具有独立企业法人资格。

② 社会信誉良好,注册资本不少于 100 万元人民币。

（2）技术条件：

① 专业配备齐全、合理，主要专业技术人员数量不少于所申请行业资质标准中主要专业技术人员配备表规定的人数。

② 企业的主要技术负责人或总工程师应当具有大专以上学历、10年以上设计经历，且主持过所申请行业项目工程设计不少于2项，具有中级以上专业技术职称。

③ 在主要专业技术人员配备表规定的人员中，非注册人员应当作为专业技术负责人主持过所申请行业项目工程设计不少于2项。

（3）技术装备及管理水平：

① 有必要的技术装备及固定的工作场所。

② 有较完善的质量体系和技术、经营、人事、财务、档案管理制度。

3. 工程设计专业资质

1）甲级

（1）资历和信誉：

① 具有独立企业法人资格。

② 社会信誉良好，注册资本不少于300万元人民币。

③ 企业完成过所申请行业相应专业设计类型大型项目工程设计不少于1项，或中型项目工程设计不少于2项，并已建成投产。

（2）技术条件：

① 专业配备齐全、合理，主要专业技术人员数量不少于所申请专业资质标准中主要专业技术人员配备表规定的人数。

② 企业主要技术负责人或总工程师应当具有大学本科以上学历、10年以上设计经历，且主持过所申请行业相应专业设计类型的大型项目工程设计不少于2项，具备注册执业资格或高级专业技术职称。

③ 在主要专业技术人员配备表规定的人员中，主导专业的非注册人员应当作为专业技术负责人主持过所申请行业相应专业设计类型的中型以上项目工程设计不少于3项。其中，大型项目不少于1项。

（3）技术装备及管理水平：

① 有必要的技术装备及固定的工程场所。

② 企业管理组织结构、标准体系、质量、档案体系健全。

2）乙级

（1）资历和信誉：

① 具有独立企业法人资格。

② 社会信誉良好，注册资本不少于100万元人民币。

（2）技术条件：

① 专业配备齐全、合理，主要专业技术人员数量不少于所申请专业资质标准中主要专业技术人员配备表规定的人数。

② 企业的主要技术负责人或总工程师应当具有大学本科以上学历、10年以上设计经历，且主持过所申请行业相应专业设计类型的中型项目工程设计不少于3项，或大型项目工程设计不少于

1 项,具备注册执业资格或高级专业技术职称。

③ 在主要专业技术人员配备表规定的人员中,主导专业的非注册人员应当作为专业技术负责人主持过所申请行业相应专业设计类型的中型项目工程设计不少于 2 项,或大型项目工程设计不少于 1 项。

(3)技术装备及管理水平:

① 有必要的技术装备及固定的工作场所。

② 有较完善的质量体系和技术、经营、人事、财务、档案等管理制度。

3)丙级

(1)资历和信誉:

① 具有独立企业法人资格。

② 社会信誉良好,注册资本不少于 50 万元人民币。

(2)技术条件:

① 专业配备齐全、合理,主要专业技术人员数量不少于所申请专业资质标准中主要专业技术人员配备表规定的人数。

② 企业的主要技术负责人或总工程师应当具有大专以上学历、10 年以上设计经历,且主持过所申请行业相应专业设计类型的工程设计不少于 2 项,具有中级及以上专业技术职称。

③ 在主要专业技术人员配备表规定的人员中,主导专业的非注册人员应当作为专业技术负责人主持过所申请行业相应专业设计类型的项目工程设计不少于 2 项。

(3)技术装备及管理水平:

① 有必要的技术装备及固定的工作场所。

② 有较完善的质量体系和技术、经营、人事、财务、档案等管理制度。

4)丁级(限建筑工程设计)

(1)资历和信誉:

① 具有独立企业法人资格。

② 社会信誉良好,注册资本不少于 5 万元人民币。

(2)技术条件:企业专业技术人员总数不少于 5 人。其中,二级以上注册建筑师或注册结构工程师不少于 1 人;具有建筑工程类专业学历、2 年以上设计经历的专业技术人员不少于 2 人;具有 3 年以上设计经历,参与过至少 2 项工程设计的专业技术人员不少于 2 人。

(3)技术装备及管理水平:有必要的技术装备及固定的工作场所。有较完善的技术、财务、档案等管理制度。

4. 工程设计专项资质

1)资历和信誉

(1)具有独立企业法人资格。

(2)社会信誉良好,注册资本符合相应工程设计专项资质标准的规定。

2)技术条件

专业配备齐全、合理,企业的主要技术负责人或总工程师、主要专业技术人员配备符合相应工程设计专项资质标准的规定。

3）技术装备及管理水平

（1）有必要的技术装备及固定的工作场所。

（2）企业管理的组织结构、标准体系、质量管理体系运行有效。

5. 承担业务范围

承担资质证书许可范围内的工程设计业务，承担与资质证书许可范围相应的建设工程总承包、工程项目管理和相关的技术、咨询与管理服务业务。承担设计业务的地区不受限制。

1）工程设计综合甲级资质

承担各行业建设工程项目的设计业务，其规模不受限制；但在承接工程项目设计时，须满足本标准中与该工程项目对应的设计类型对专业及人员配置的要求。

承担其取得的施工总承包（施工专业承包）一级资质证书许可范围内的工程施工总承包（施工专业承包）业务。

2）工程设计行业资质

（1）甲级：承担本行业建设工程项目主体工程及其配套工程的设计业务，其规模不受限制。

（2）乙级：承担本行业中、小型建设工程项目的主体工程及其配套工程的设计业务。

（3）丙级：承担本行业小型建设项目的工程设计业务。

3）工程设计专业资质

（1）甲级：承担本专业建设工程项目主体工程及其配套工程的设计业务，其规模不受限制。

（2）乙级：承担本专业中、小型建设工程项目的主体工程及其配套工程的设计业务。

（3）丙级：承担本专业小型建设项目的设计业务。

（4）丁级（限建筑工程设计）：

① 一般公共建筑工程：单体建筑面积 2000 平方米及以下，建筑高度 12m 及以下。

② 一般住宅工程：单体建筑面积 2000 平方米及以下，建筑层数 4 层及以下的砖混结构。

③ 厂房和仓库：跨度不超过 12m，单梁式吊车吨位不超过 5t 的单层厂房和仓库。跨度不超过 7.5m，楼盖无动荷载的二层厂房和仓库。

④ 构筑物：套用标准通用图高度不超过 20m 的烟囱，容量小于 50m³ 的水塔，容量小于 300m³ 的水池，直径小于 6m 的料仓。

4）工程设计专项资质

承担规定的专项工程的设计业务，具体规定见有关专项资质标准。

1.2.4　工程咨询

工程咨询服务单位是指具有一定注册资金，具有一定数量的工程技术、经济、管理人员，取得建设咨询证书和营业执照，能为工程建设提供估算计量、管理咨询、建设监理等智力型服务并获取相应费用的企业。国际上，工程咨询服务单位一般称为咨询公司，在国内则包括勘察公司、设计院、工程监理公司、工程造价咨询公司、招标代理机构和工程管理公司等。他们主要向建设项目业主提供工程咨询和管理等智力型服务，以弥补业主对工程建设业务不了解或不成熟的不足。咨询单位并不是工程承发包的当事人，但受业主聘用，与业主订有协议书和合同，从事工程咨询、设计或监理等工作，因而在项目的实施中承担重要的责任。咨询任务可以贯穿于从项目立项到竣工验收乃至使用阶段的整个项目建设过程,也可以只限于其中某个阶段,例如可行性研究咨询、施工图设计、施工监理等。

1.2.5 工程监理

从事建设工程监理活动的企业,应当按照本规定取得工程监理企业资质,并在工程监理企业资质证书(以下简称资质证书)许可的范围内从事工程监理活动。

一、工程监理企业资质

工程监理企业资质分为综合资质、专业资质和事务所资质。其中,专业资质按照工程性质和技术特点划分为若干工程类别。综合资质、事务所资质不分级别。专业资质分为甲级、乙级;其中,房屋建筑、水利水电、公路和市政公用专业资质可设立丙级。

工程监理企业的资质等级标准如下:

1. 综合资质标准

(1)具有独立法人资格且注册资本不少于 600 万元。

(2)企业技术负责人应为注册监理工程师,并具有 15 年以上从事工程建设工作的经历或者具有工程类高级职称。

(3)具有 5 个以上工程类别的专业甲级工程监理资质。

(4)注册监理工程师不少于 60 人,注册造价工程师不少于 5 人,一级注册建造师、一级注册建筑师、一级注册结构工程师或者其他勘察设计注册工程师合计不少于 15 人次。

(5)企业具有完善的组织结构和质量管理体系,有健全的技术、档案等管理制度。

(6)企业具有必要的工程试验检测设备。

(7)申请工程监理资质之日前一年内没有《工程建设监理规范》规定第十六条禁止的行为。

(8)申请工程监理资质之日前一年内没有因本企业监理责任造成重大质量事故。

(9)申请工程监理资质之日前一年内没有因本企业监理责任发生三级以上工程建设重大安全事故或者发生两起以上四级工程建设安全事故。

2. 专业资质标准

1)甲级

(1)具有独立法人资格且注册资本不少于 300 万元。

(2)企业技术负责人应为注册监理工程师,并具有 15 年以上从事工程建设工作的经历或者具有工程类高级职称。

(3)注册监理工程师、注册造价工程师、一级注册建造师、一级注册建筑师、一级注册结构工程师或者其他勘察设计注册工程师合计不少于 25 人次;其中,相应专业注册监理工程师不少于《专业资质注册监理工程师人数配备表》(见表 1 - 1)中要求配备的人数,注册造价工程师不少于 2 人。

(4)企业近 2 年内独立监理过 3 个以上相应专业的二级工程项目,但是,具有甲级设计资质或一级及以上施工总承包资质的企业申请本专业工程类别甲级资质的除外。

(5)企业具有完善的组织结构和质量管理体系,有健全的技术、档案等管理制度。

（6）企业具有必要的工程试验检测设备。

（7）申请工程监理资质之日前一年内没有本规定第十六条禁止的行为。

（8）申请工程监理资质之日前一年内没有因本企业监理责任造成重大质量事故。

（9）申请工程监理资质之日前一年内没有因本企业监理责任发生三级以上工程建设重大安全事故或者发生两起以上四级工程建设安全事故。

2）乙级

（1）具有独立法人资格且注册资本不少于 100 万元。

（2）企业技术负责人应为注册监理工程师，并具有 10 年以上从事工程建设工作的经历。

（3）注册监理工程师、注册造价工程师、一级注册建造师、一级注册建筑师、一级注册结构工程师或者其他勘察设计注册工程师合计不少于 15 人次。其中，相应专业注册监理工程师不少于《专业资质注册监理工程师人数配备表》（见表 1-1）中要求配备的人数，注册造价工程师不少于 1 人。

（4）有较完善的组织结构和质量管理体系，有技术、档案等管理制度。

（5）有必要的工程试验检测设备。

（6）申请工程监理资质之日前一年内没有本规定第十六条禁止的行为。

（7）申请工程监理资质之日前一年内没有因本企业监理责任造成重大质量事故。

（8）申请工程监理资质之日前一年内没有因本企业监理责任发生三级以上工程建设重大安全事故或者发生两起以上四级工程建设安全事故。

3）丙级

（1）具有独立法人资格且注册资本不少于 50 万元。

（2）企业技术负责人应为注册监理工程师，并具有 8 年以上从事工程建设工作的经历。

（3）相应专业的注册监理工程师不少于《专业资质注册监理工程师人数配备表》（见表 1-1）中要求配备的人数。

表 1-1　专业资质注册监理工程师人数配备表（单位：人）

序号	工程类别	甲级	乙级	丙级
1	房屋建筑工程	15	10	5
2	冶炼工程	15	10	
3	矿山工程	20	12	
4	化工石油工程	15	10	
5	水利水电工程	20	12	5
6	电力工程	15	10	
7	农林工程	15	10	
8	铁路工程	23	14	
9	公路工程	20	12	5
10	港口与航道工程	20	12	
11	航天航空工程	20	12	
12	通信工程	20	12	
13	市政公用工程	15	10	5
14	机电安装工程	15	10	

注：表中各专业资质注册监理工程师人数配备是指企业取得本专业工程类别注册的注册监理工程师人数。

(4)有必要的质量管理体系和规章制度。

(5)有必要的工程试验检测设备。

3.事务所资质标准

(1)取得合伙企业营业执照,具有书面合作协议书。

(2)合伙人中有3名以上注册监理工程师,合伙人均有5年以上从事建设工程监理的工作经历。

(3)有固定的工作场所。

(4)有必要的质量管理体系和规章制度。

(5)有必要的工程试验检测设备。

二、工程监理企业资质相应许可的业务范围

1.综合资质

可以承担所有专业工程类别建设工程项目的工程监理业务。

2.专业资质

1)专业甲级资质

可承担相应专业工程类别建设工程项目的工程监理业务(见表1-2)。

表1-2　专业工程类别和等级表(节选)

序号	工程类别		一级	二级	三级
一	房屋建筑工程	一般公共建筑	28层以上;36m跨度以上(轻钢结构除外);单项工程建筑面积3万平方米以上	14~28层;24~36m跨度(轻钢结构除外);单项工程建筑面积1万~3万平方米	14层以下;24m跨度以下(轻钢结构除外);单项工程建筑面积1万平方米以下
		高耸构筑工程	高度120m以上	高度70~120m	高度70m以下
		住宅工程	小区建筑面积12万平方米以上;单项工程28层以上	建筑面积6万~12万平方米;单项工程14~28层	建筑面积6万平方米以下;单项工程14层以下
十三	市政公用工程	城市道路工程	城市快速路、主干路,城市互通式立交桥及单孔跨径100m以上桥梁;长度1000m以上的隧道工程	城市次干路工程,城市分离式立交桥及单孔跨径100m以下的桥梁;长度1000m以下的隧道工程	城市支路工程、过街天桥及地下通道工程
		给水排水工程	10万吨/日以上的给水厂;5万吨/日以上污水处理工程;3m³/s以上的给水、污水泵站;15m³/s以上的雨泵站;直径2.5m以上的给排水管道	2万~10万吨/日的给水厂;1万~5万吨/日污水处理工程;1~3m³/s的给水、污水泵站;5~15m³/s的雨泵站;直径1~2.5m的给水管道;直径1.5~2.5m的排水管道	2万吨/日以下的给水厂;1万吨/日以下污水处理工程;1m³/s以下的给水、污水泵站;5m³/s以下的雨泵站;直径1m以下的给水管道;直径1.5m以下的排水管道
		燃气热力工程	总储存容积1000m³以上液化气贮罐场(站);供气规模15万立方米/日以上的燃气工程;中压以上的燃气管道、调压站;供热面积150万平方米以上的热力工程	总储存容积1000m³以下的液化气贮罐场(站);供气规模15万立方米/日以下的燃气工程;中压以下的燃气管道、调压站;供热面积50万吨、150万平方米的热力工程	供热面积50万平方米以下的热力工程

序号	工程类别		一级	二级	三级
十三	市政公用工程	垃圾处理工程	1200 吨/日以上的垃圾焚烧和填埋工程	500～1200 吨/日的垃圾焚烧及填埋工程	500 吨/日以下的垃圾焚烧及填埋工程
		地铁轻轨工程	各类地铁轻轨工程		
		风景园林工程	总投资 3000 万元以上	总投资 1000 万～3000 万元	总投资 1000 万元以下

说明：(1)表中的"以上"含本数，"以下"不含本数。

(2)未列入本表中的其他专业工程，由国务院有关部门按照有关规定在相应的工程类别中划分等级。

(3)房屋建筑工程包括结合城市建设与民用建筑修建的附建人防工程。

2）专业乙级资质

可承担相应专业工程类别二级以下（含二级）建设工程项目的工程监理业务（见表1-2）。

3）专业丙级资质

可承担相应专业工程类别三级建设工程项目的工程监理业务（见表1-2）。

3. 事务所资质

可承担三级建设工程项目的工程监理业务（表1-2），但是，国家规定必须实行强制监理的工程除外。

工程监理企业可以开展相应类别建设工程的项目管理、技术咨询等业务。

1.2.6　材料、设备供货商

工程建设项目招标人对项目实行总承包招标时，未包括在总承包范围内的货物达到国家规定规模标准的，应当由工程建设项目招标人依法组织招标。

工程建设项目招标人对项目实行总承包招标时，以暂估价形式包括在总承包范围内的货物达到国家规定规模标准的，应当由总承包中标人和工程建设项目招标人共同依法组织招标。双方当事人的风险和责任承担由合同约定。

1.2.7　工程质量检测机构

建设工程质量检测是依据国家有关法律、法规、工程建设强制性标准和设计文件，对建设工程的材料、构配件、设备，以及工程实体质量、使用功能等进行测试确定其质量特性的活动。

建设工程质量检测机构根据综合技术资源、检测能力和工作业绩，分为建筑工程综合类和专业类二类检测机构。其中，综合类检测机构设甲乙两个等级，专业类检测机构设1～3三个等级。

建设工程质量检测业务主要包括：工程材料、建筑结构（含钢结构）、地基基础、建筑幕墙门窗、建筑节能、室内空气环境、通风与空调、建筑智能、建筑工程特种设备和市政道桥共10个专业。

综合甲级资质的检测机构：可跨地区承担各类建设工程（建筑工程和市政工程，以下同）的质量检测业务，范围不受限制。综合乙级资质的检测机构：可在本省内承担中型及以下建筑工程以及中型及以下市政工程的质量检测业务。

专业甲级资质的检测机构：可跨地区承担对应专业各类建设工程（建筑工程和市政工程）的质量检测业务。专业乙级资质的检测机构：可在本省内承担对应专业的中型及以下建筑工程以及中型及以下市政工程的质量检测业务。专业丙级资质的检测机构:可在本省内承担对应专业的小型建筑工程(不含学校、医院以及人员密集的公共建筑)以及小型市政工程的质量检测业务。

1.2.8 工程招标代理机构

工程招标代理是指对工程的勘察、设计、施工、监理以及与工程建设有关的重要设备(进口机电设备除外)材料采购招标的代理。工程招标代理机构是自主经营、自负盈亏、依法取得工程招标代理资质证书、在资质证书许可的范围内从事工程招标代理业务,享有民事权利承担民事责任的社会中介组织。

从事工程招标代理业务的机构,必须依法取得国务院建设行政主管部门或者省、自治区、直辖市人民政府建设行政主管部门认定的工程招标代理机构资格。即从事工程招标代理业务的机构必须符合法律规定的条件,并且须经过一定程序的审批,取得代理资格后,方可从事代理业务。

招标代理机构应当在招标人委托的范围内办理招标事宜,并遵守关于招标人的规定。

《工程建设项目招标代理机构资格认定办法》(中华人民共和国建设部令第 154 号)规定:工程招标代理机构资格分为甲级、乙级和暂定级。其申报标准和可承揽业务如表 1-3 所示。

表 1-3 工程招标代理资质等级申报标准(建设部 154 号令)

内容 \ 等级	甲级	乙级	暂定级
通用条件	(1)是依法设立的中介组织,具有独立法人资格 (2)与行政机关和其他国家机关没有行政隶属关系或者其他利益关系 (3)有固定的营业场所和开展工程招标代理业务所需设施及办公条件 (4)有健全的组织机构和内部管理的规章制度 (5)具备编制招标文件和组织评标的相应专业力量 (6)具有可以作为评标委员会成员人选的技术、经济等方面的专家库 (7)法律、行政法规规定的其他条件		
资格条件	(1)取得乙级工程招标代理资格满 3 年 (2)注册资本金不少于 200 万元	(1)取得暂定级工程招标代理资格满 1 年 (2)注册资本金不少于 100 万元	注册资本金不少于 100 万元
业绩条件	近 3 年内累计工程招标代理中标金额在 16 亿元人民币以上(以中标通知书为依据)	近 3 年内累计工程招标代理中标金额在 8 亿元人民币以上	
人员条件	(1)具有中级以上职称的工程招标代理机构专职人员不少于 20 人,其中具有工程建设类注册执业资格人员不少于 10 人(其中注册造价工程师不少于 5 人),从事工程招标代理业务 3 年以上的人员不少于 10 人 (2)技术经济负责人为本机构专职人员,有 10 年以上从事工程管理的经验,具有高级技术经济职称和工程建设类注册执业资格	(1)具有中级以上职称的工程招标代理机构专职人员不少于 12 人,其中具有工程建设类注册执业资格人员不少于 6 人(其中注册造价工程师不少于 3 人),从事工程招标代理业务 3 年以上的人员不少于 6 人 (2)技术经济负责人为本机构专职人员,有 8 年以上从事工程管理的经历,具有高级技术经济职称和工程建设类注册执业资格	(1)具有中级以上职称的工程招标代理机构专职人员不少于 12 人,其中具有工程建设类注册执业资格人员不少于 6 人(其中注册造价工程师不少于 3 人),从事工程招标代理业务 3 年以上的人员不少于 6 人 (2)技术经济负责人为本机构专职人员,具有 8 年以上从事工程管理的经历,具有高级技术经济职称和工程建设类注册执业资格
可承揽业务	可以承担各类工程的招标代理业务	只能承担工程总投资 1 亿元人民币以下的工程招标代理业务	只能承担工程总投资 6000 万元人民币以下的工程招标代理业务

《中央投资项目招标代理资格管理办法》(中华人民共和国国家发展和改革委员会令第 13 号)规定:中央投资项目招标代理资格分为甲级、乙级和预备级。甲级招标代理机构可以从事所有中央投资项目的招标代理业务。乙级招标代理机构可以从事总投资 5 亿元人民币及以下中央投资项目的招标代理业务。预备级招标代理机构可以从事总投资 2 亿元人民币及以下中央投资项目的招标代理业务。

中央投资项目招标代理机构应具备下列基本条件:

(1)是依法设立的社会中介组织,具有独立企业法人资格。

(2)与行政机关和其他国家机关没有隶属关系或者其他利益关系。

(3)有固定的营业场所,具备开展中央投资项目招标代理业务所需的办公条件。

(4)有健全的组织机构和良好的内部管理制度。

(5)具备编制招标文件和组织评标的专业力量。

(6)有一定规模的评标专家库。

(7)近 3 年内机构没有因违反《中华人民共和国招标投标法》(以下简称《招标投标法》)、《政府采购法》及有关管理规定,受到相关管理部门暂停资格、降级或撤销资格的处罚。

(8)近 3 年内机构主要负责人没有受到刑事处罚。

(9)国家发展改革委规定的其他条件。

甲级中央投资项目招标代理机构除具备上述规定基本条件外,还应具备以下条件:

(1)注册资本金不少于 1000 万元人民币。

(2)招标从业人员不少于 60 人。其中,具有中级及以上职称的不少于 50% ,已登记在册的招标师不少于 30% 。

(3)评标专家库的专家人数在 800 人以上。

(4)开展招标代理业务 5 年以上。

(5)近 3 年内从事过的中标金额在 5000 万元以上的招标代理项目个数在 60 个以上,或累计中标金额在 60 亿元人民币以上。

乙级中央投资项目招标代理机构除具备基本条件外,还应具备以下条件:

(1)注册资本金不少于 500 万元人民币。

(2)招标从业人员不少于 30 人。其中,具有中级及以上职称的不少于 50% ,已登记在册的招标师不少于 30% 。

(3)评标专家库的专家人数在 500 人以上。

(4)开展招标代理业务 3 年以上。

(5)近 3 年内从事过的中标金额在 3000 万元以上的招标代理项目个数在 30 个以上,或累计中标金额在 30 亿元人民币以上。

预备级中央投资项目招标代理机构除具备基本条件外,还应具备以下条件:

(1)注册资本金不少于 300 万元人民币。

(2)招标从业人员不少于 15 人,其中,具有中级及以上职称的不少于 50% ,已登记在册的招标师不少于 30% 。

(3)评标专家库的专家人数在 300 人以上。

1.2.9　招投标监督管理

《中华人民共和国招标投标法》第七条规定:"招标投标活动及其当事人应当接受依法实施的监督",如图1-1所示。

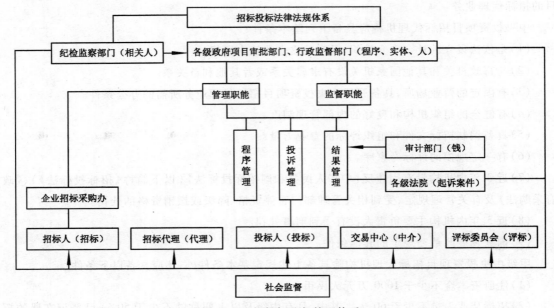

图1-1　招投标监督管理体系

招投标监督管理监督方式和职能分工为:

1)行政监督

国家行政机关依照法定的权限、程序和方式对公民、法人或者组织及有关事项就其是否严格执行和遵守国家政策、法律、法规、规章、行政机关的决定和命令,所实行的作为行政管理必经步骤,并具有法律效力的监督行为。

2)行政监察

人民政府监察机关依照《行政监察法》对国家行政机关、国家公务员和国家行政机关任命的其他人员实施监察。

3)纪律检查

中国共产党各级纪律检查委员会依照《中国共产党纪律处分条例》对党员违法违纪行为依法进行处分。

4)审计监督

国家审计机关依照《审计法》对国务院各部门和地方各级人民政府及其各部门的财政收支,国有的金融机构和企业事业组织的财务收支,以及其他依照本法规定应当接受审计的财政收支、财务收支审计监督。

审计机关对前款所列财政收支或者财务收支的真实、合法和效益,依法进行审计监督。

招投标管理机构负责各级政府招投标市场的综合监督管理,会同各级政府有关部门组织招投标执法专项检查,查处招投标过程中违纪违法行为;负责各级政府招投标业务的综合分析和统计,对招投标工作中重大问题进行调研,向各级政府招标投标工作管理委员会报告工作情况并提出政策性建议;负责规划、指导并推动各级政府建立统一的招投标操作平台,制定综合招投标中心的运行规范和管理制度并监督实施;负责对进入各级政府综合招投标中心运作的招投标活动实施全过程监督,并对招投标活动是否进入各级政府综合招投标中心规范运作出具书面证明;负责建立和管理各级政府综合性评标专家总库,指导各级政府、各行业建立专家子库。

1.2.10 工程质量安全监督管理机构

工程质量安全监督管理机构负责建筑安全生产监督工作,实施建设工程质量监督管理和工程竣工验收备案管理工作。

(1)贯彻执行国家、省、市有关建设工程质量监督和备案管理的法律、法规、规章和工程建设强制性标准。

(2)制定工程质量监督管理的有关规定和措施并组织实施,编制建设工程质量监督管理规划及年度计划。

(3)制定工程竣工验收备案管理的有关规定和措施并组织实施,编制工程竣工验收备案管理规划及年度计划。

(4)依据法律、法规、规章和工程建设强制性标准,对建设工程质量实施日常监督和专项检查。

(5)对建设单位组织的建设工程竣工验收实施监督。

(6)对建设工程竣工验收备案工作实施监督管理,并实施委托范围内竣工验收备案工作。

(7)对工程监理企业实施监督管理。

(8)对工程质量检测机构(包括企业内部实验室)实施监督管理。

(9)参与工程质量检查员的培训、考核、注册、年审等工作。

(10)建设工程的新设备、新技术、新材料、新工艺的推广应用工作。

(11)在工程保修期内对保修工作进行监督。

(12)对工程质量监督系统的工程质量投诉工作进行指导,受理对工程质量问题的投诉、举报,并对其进行调查、协调和处理。

(13)参与工程质量事故的调查、仲裁和处理。

1.2.11 建筑市场管理机构

建筑市场管理,是指各级人民政府建设行政主管部门、工商行政管理机关等有关部门,按照各自的职权,对从事各种房屋建筑、土木工程、设备安装、管线敷设等勘察设计、施工、建设监理,以及建筑构配件、非标准设备加工生产等发包和承包活动的监督、管理。各级人民政府建设行政主管部门、工商行政管理机关等,依法对建筑市场进行管理,保护合法交易和平等竞争。

各级人民政府建设行政主管部门负责建筑市场的管理,履行下列主要职责:

(1)贯彻国家有关工程建设的法规和方针、政策,会同有关部门草拟或制定建筑市场管理法规。

(2)总结交流建筑市场管理经验,指导建筑市场的管理工作。

（3）根据工程建设任务与设计、施工力量，建立平等竞争的市场环境。

（4）审核工程发包条件与承包方的资质等级，监督检查建筑市场管理法规和工程建设标准（规范、规程，下同）的执行情况。

（5）依法查处违法行为，维护建筑市场秩序。

各级人民政府工商行政管理机关负责建筑市场的监督管理，履行下列主要职责：

（1）会同建设行政主管部门草拟或制定建筑市场管理法规，宣传并监督执行有关建筑市场管理的工商行政管理法规。

（2）依据建设行政主管部门颁发的资质证书，依法核发勘察设计单位和施工企业的营业执照。

（3）根据《中华人民共和国经济合同法》的有关规定，确认和处理无效工程合同，负责合同纠纷的调解、仲裁，并根据当事人双方申请或地方人民政府的规定，对工程合同进行鉴证。

（4）依法审查建筑经营活动当事人的经营资格，确认经营行为的合法性。

（5）依法查处违法行为，维护建筑市场秩序。

任务3　认知建设工程招标投标法律法规

1.3.1　认知建设工程招标投标法律体系

1. 相关法律

（1）《中华人民共和国招标投标法》（以下简称《招标投标法》，中华人民共和国主席令第21号）。

（2）《中华人民共和国合同法》（中华人民共和国主席令第15号）。

（3）《中华人民共和国建筑法》（中华人民共和国主席令第91号）。

（4）《中华人民共和国公证法》（中华人民共和国主席令第39号）。

2. 有关行政法规

（1）《中华人民共和国招标投标法实施条例》（中华人民共和国国务院令第613号）。

（2）《建设工程安全生产管理条例》（中华人民共和国国务院令第393号）。

（3）《建设工程质量管理条例》（中华人民共和国国务院令第279号）。

（4）《建筑工程勘察设计管理条例》（中华人民共和国国务院令第293号）。

（5）《建设项目环境保护管理条例》（中华人民共和国国务院令 第253号 ）。

3. 相关部门规章

（1）《工程建设项目招标范围和规模标准规定》（中华人民共和国国家发展计划委员会令第3号）。

（2）《招标公告发布暂行办法》（中华人民共和国国家发展计划委员会令第4号）。

（3）《工程建设项目自行招标试行办法》（中华人民共和国国家发展计划委员会令第5号）。

（4）《国家重大建设项目招标投标监督暂行办法》（中华人民共和国国家发展计划委员会令第

18 号）。

（5）《工程建设项目招标投标活动投诉处理办法》（中华人民共和国国家发展和改革委员会等部委局令第 11 号）。

（6）《关于禁止串通招标投标行为的暂行规定》（中华人民共和国国家工商行政管理局令第 82 号）。

（7）《工程建设项目招标代理机构资格认定办法》（中华人民共和国建设部令第 79 号）。

（8）《房屋建筑工程质量保修办法》（中华人民共和国建设部令第 80 号）。

（9）《建筑工程设计招标投标管理办法》（中华人民共和国建设部令第 82 号）。

（10）《建设工程监理范围和规模标准规定》（中华人民共和国建设部令第 86 号 ）。

（11）《评标委员会和评标方法暂行规定》（中华人民共和国七部委联合发布第 12 号令）。

（12）《建筑工程施工发包与承包计价管理办法》（中华人民共和国建设部令第 107 号）。

（13）《国务院办公厅转发建设部、国家计委、监察部关于健全和规范有形建筑市场若干意见的通知》（国办发〔2002〕21 号）。

（14）《建设部办公厅关于转发〈最高人民法院关于建设工程价款优先受偿权问题的批复〉的通知》（建办市〔2002〕51 号）。

（15）《住房和城乡建设部关于发布国家标准〈建设工程工程量清单计价规范〉的公告》（住房和城乡建设部公告第 1567 号）。

（16）《工程建设项目施工招标投标办法》（中华人民共和国七部委联合发布第 30 号令）。

（17）《工程建设项目勘察设计招标投标办法》（中华人民共和国八部委联合发布第 2 号令）。

（18）《房屋建筑和市政基础设施工程施工分包管理办法》（中华人民共和国建设部令第 124 号）。

（19）《房屋建筑和市政基础设施工程施工图设计文件审查管理办法》（中华人民共和国建设部令第 134 号）。

（20）《国务院办公厅关于进一步规范招投标活动的若干意见》（中华人民共和国国办发〔2004〕56 号）。

（21）《工程建设项目招标投标活动投诉处理办法》（中华人民共和国七部委 11 号令）。

（22）《关于印发〈关于在房地产开发项目中推行工程建设合同担保的若干规定（试行）〉的通知》（中华人民共和国建市〔2004〕137 号）。

（23）《最高人民法院关于审理建设工程施工合同纠纷案件适用法律问题的解释》（中华人民共和国法释〔2004〕14 号）。

（24）《财政部建设部关于印发〈建设工程价款结算暂行办法〉的通知》（中华人民共和国财政部办公厅财建〔2004〕369 号）。

（25）《关于印发〈工程担保合同示范文本（试行）〉的通知》（中华人民共和国建市〔2005〕74 号）。

（26）《关于建立和完善劳务分包制度发展建筑劳务企业的意见》（中华人民共和国建市〔2005〕131 号）。

（27）《关于工程勘察、设计、施工、监理企业及招标代理机构资质申请及年检有关问题的通知》（中华人民共和国建办市函〔2005〕456 号）。

(28)《关于加强房屋建筑和市政基础设施工程项目施工招标投标行政监督工作的若干意见》（中华人民共和国建市［2005］208号）。

(29)《建设工程质量检测管理办法》（中华人民共和国建设部令第141号）。

(30)《建设部关于加快推进建筑市场信用体系建设工作的意见》（中华人民共和国建市［2005］138号）。

(31)《关于严禁政府投资项目使用带资承包方式进行建设的通知》（中华人民共和国建市［2006］6号）。

1.3.2　认知招标投标法实施条例

中华人民共和国招标投标法实施条例（节选）

第三条　依法必须进行招标的工程建设项目的具体范围和规模标准，由国务院发展改革部门会同国务院有关部门制订，报国务院批准后公布施行。

第四条　国务院发展改革部门指导和协调全国招标投标工作，对国家重大建设项目的工程招标投标活动实施监督检查。国务院工业和信息化、住房城乡建设、交通运输、铁道、水利、商务等部门，按照规定的职责分工对有关招标投标活动实施监督。

县级以上地方人民政府发展改革部门指导和协调本行政区域的招标投标工作。县级以上地方人民政府有关部门按照规定的职责分工，对招标投标活动实施监督，依法查处招标投标活动中的违法行为。县级以上地方人民政府对其所属部门有关招标投标活动的监督职责分工另有规定的，从其规定。

财政部门依法对实行招标投标的政府采购工程建设项目的预算执行情况和政府采购政策执行情况实施监督。

监察机关依法对与招标投标活动有关的监察对象实施监察。

第五条　设区的市级以上地方人民政府可以根据实际需要，建立统一规范的招标投标交易场所，为招标投标活动提供服务。招标投标交易场所不得与行政监督部门存在隶属关系，不得以营利为目的。

国家鼓励利用信息网络进行电子招标投标。

第七条　按照国家有关规定需要履行项目审批、核准手续的依法必须进行招标的项目，其招标范围、招标方式、招标组织形式应当报项目审批、核准部门审批、核准。项目审批、核准部门应当及时将审批、核准确定的招标范围、招标方式、招标组织形式通报有关行政监督部门。

第八条　国有资金占控股或者主导地位的依法必须进行招标的项目，应当公开招标；但有下列情形之一的，可以邀请招标：

（一）技术复杂、有特殊要求或者受自然环境限制，只有少量潜在投标人可供选择；

（二）采用公开招标方式的费用占项目合同金额的比例过大。

有前款第二项所列情形，属于本条例第七条规定的项目，由项目审批、核准部门在审批、核准项目时作出认定；其他项目由招标人申请有关行政监督部门作出认定。

第九条　除招标投标法第六十六条规定的可以不进行招标的特殊情况外，有下列情形之一

的,可以不进行招标:

（一）需要采用不可替代的专利或者专有技术；

（二）采购人依法能够自行建设、生产或者提供；

（三）已通过招标方式选定的特许经营项目投资人依法能够自行建设、生产或者提供；

（四）需要向原中标人采购工程、货物或者服务,否则将影响施工或者功能配套要求；

（五）国家规定的其他特殊情形。

招标人为适用前款规定弄虚作假的,属于招标投标法第四条规定的规避招标。

第十条 招标投标法第十二条第二款规定的招标人具有编制招标文件和组织评标能力,是指招标人具有与招标项目规模和复杂程度相适应的技术、经济等方面的专业人员。

第十一条 招标代理机构的资格依照法律和国务院的规定由有关部门认定。

国务院住房城乡建设、商务、发展改革、工业和信息化等部门,按照规定的职责分工对招标代理机构依法实施监督管理。

第十二条 招标代理机构应当拥有一定数量的取得招标职业资格的专业人员。取得招标职业资格的具体办法由国务院人力资源社会保障部门会同国务院发展改革部门制定。

第十三条 招标代理机构在其资格许可和招标人委托的范围内开展招标代理业务,任何单位和个人不得非法干涉。

招标代理机构代理招标业务,应当遵守招标投标法和本条例关于招标人的规定。招标代理机构不得在所代理的招标项目中投标或者代理投标,也不得为所代理的招标项目的投标人提供咨询。

招标代理机构不得涂改、出租、出借、转让资格证书。

第十四条 招标人应当与被委托的招标代理机构签订书面委托合同,合同约定的收费标准应当符合国家有关规定。

应当依照招标投标法和本条例的规定发布招标公告、编制招标文件。

招标人采用资格预审办法对潜在投标人进行资格审查的,应当发布资格预审公告、编制资格预审文件。

依法必须进行招标的项目的资格预审公告和招标公告,应当在国务院发展改革部门依法指定的媒介发布。在不同媒介发布的同一招标项目的资格预审公告或者招标公告的内容应当一致。指定媒介发布依法必须进行招标的项目的境内资格预审公告、招标公告,不得收取费用。

编制依法必须进行招标的项目的资格预审文件和招标文件,应当使用国务院发展改革部门会同有关行政监督部门制定的标准文本。

第十六条 招标人应当按照资格预审公告、招标公告或者投标邀请书规定的时间、地点发售资格预审文件或者招标文件。资格预审文件或者招标文件的发售期不得少于5日。

招标人发售资格预审文件、招标文件收取的费用应当限于补偿印刷、邮寄的成本支出,不得以营利为目的。

第十七条 招标人应当合理确定提交资格预审申请文件的时间。依法必须进行招标的项目提交资格预审申请文件的时间,自资格预审文件停止发售之日起不得少于5日。

第十八条 资格预审应当按照资格预审文件载明的标准和方法进行。

国有资金占控股或者主导地位的依法必须进行招标的项目,招标人应当组建资格审查委员会审查资格预审申请文件。资格审查委员会及其成员应当遵守招标投标法和本条例有关评标委员会及其成员的规定。

第十九条 资格预审结束后,招标人应当及时向资格预审申请人发出资格预审结果通知书。未通过资格预审的申请人不具有投标资格。

通过资格预审的申请人少于 3 个的,应当重新招标。

第二十条 招标人采用资格后审办法对投标人进行资格审查的,应当在开标后由评标委员会按照招标文件规定的标准和方法对投标人的资格进行审查。

第二十一条 招标人可以对已发出的资格预审文件或者招标文件进行必要的澄清或者修改。澄清或者修改的内容可能影响资格预审申请文件或者投标文件编制的,招标人应当在提交资格预审申请文件截止时间至少 3 日前,或者投标截止时间至少 15 日前,以书面形式通知所有获取资格预审文件或者招标文件的潜在投标人;不足 3 日或者 15 日的,招标人应当顺延提交资格预审申请文件或者投标文件的截止时间。

第二十二条 潜在投标人或者其他利害关系人对资格预审文件有异议的,应当在提交资格预审申请文件截止时间 2 日前提出;对招标文件有异议的,应当在投标截止时间 10 日前提出。招标人应当自收到异议之日起 3 日内作出答复;作出答复前,应当暂停招标投标活动。

第二十三条 招标人编制的资格预审文件、招标文件的内容违反法律、行政法规的强制性规定,违反公开、公平、公正和诚实信用原则,影响资格预审结果或者潜在投标人投标的,依法必须进行招标的项目的招标人应当在修改资格预审文件或者招标文件后重新招标。

第二十四条 招标人对招标项目划分标段的,应当遵守招标投标法的有关规定,不得利用划分标段限制或者排斥潜在投标人。依法必须进行招标的项目的招标人不得利用划分标段规避招标。

第二十五条 招标人应当在招标文件中载明投标有效期。投标有效期从提交投标文件的截止之日起算。

第二十六条 招标人在招标文件中要求投标人提交投标保证金的,投标保证金不得超过招标项目估算价的 2%。投标保证金有效期应当与投标有效期一致。

依法必须进行招标的项目的境内投标单位,以现金或者支票形式提交的投标保证金应当从其基本账户转出。

招标人不得挪用投标保证金。

第二十七条 招标人可以自行决定是否编制标底。一个招标项目只能有一个标底。标底必须保密。

接受委托编制标底的中介机构不得参加受托编制标底项目的投标,也不得为该项目的投标人编制投标文件或者提供咨询。

招标人设有最高投标限价的,应当在招标文件中明确最高投标限价或者最高投标限价的计算方法。招标人不得规定最低投标限价。

第二十八条 招标人不得组织单个或者部分潜在投标人踏勘项目现场。

第二十九条 招标人可以依法对工程以及与工程建设有关的货物、服务全部或者部分实行总承包招标。以暂估价形式包括在总承包范围内的工程、货物、服务属于依法必须进行招标的项目范围且达到国家规定规模标准的,应当依法进行招标。

前款所称暂估价,是指总承包招标时不能确定价格而由招标人在招标文件中暂时估定的工程、货物、服务的金额。

第三十条　对技术复杂或者无法精确拟定技术规格的项目,招标人可以分两阶段进行招标。

第一阶段,投标人按照招标公告或者投标邀请书的要求提交不带报价的技术建议,招标人根据投标人提交的技术建议确定技术标准和要求,编制招标文件。

第二阶段,招标人向在第一阶段提交技术建议的投标人提供招标文件,投标人按照招标文件的要求提交包括最终技术方案和投标报价的投标文件。

招标人要求投标人提交投标保证金的,应当在第二阶段提出。

第三十一条　招标人终止招标的,应当及时发布公告,或者以书面形式通知被邀请的或者已经获取资格预审文件、招标文件的潜在投标人。已经发售资格预审文件、招标文件或者已经收取投标保证金的,招标人应当及时退还所收取的资格预审文件、招标文件的费用,以及所收取的投标保证金及银行同期存款利息。

第三十二条　招标人不得以不合理的条件限制、排斥潜在投标人或者投标人。

招标人有下列行为之一的,属于以不合理条件限制、排斥潜在投标人或者投标人:

(一)就同一招标项目向潜在投标人或者投标人提供有差别的项目信息;

(二)设定的资格、技术、商务条件与招标项目的具体特点和实际需要不相适应或者与合同履行无关;

(三)依法必须进行招标的项目以特定行政区域或者特定行业的业绩、奖项作为加分条件或者中标条件;

(四)对潜在投标人或者投标人采取不同的资格审查或者评标标准;

(五)限定或者指定特定的专利、商标、品牌、原产地或者供应商;

(六)依法必须进行招标的项目非法限定潜在投标人或者投标人的所有制形式或者组织形式;

(七)以其他不合理条件限制、排斥潜在投标人或者投标人。

第三十三条　投标人参加依法必须进行招标的项目的投标,不受地区或者部门的限制,任何单位和个人不得非法干涉。

第三十四条　与招标人存在利害关系可能影响招标公正性的法人、其他组织或者个人,不得参加投标。

单位负责人为同一人或者存在控股、管理关系的不同单位,不得参加同一标段投标或者未划分标段的同一招标项目投标。

违反前两款规定的,相关投标均无效。

第三十五条　投标人撤回已提交的投标文件,应当在投标截止时间前书面通知招标人。招标人已收取投标保证金的,应当自收到投标人书面撤回通知之日起5日内退还。

投标截止后投标人撤销投标文件的,招标人可以不退还投标保证金。

第三十六条　未通过资格预审的申请人提交的投标文件,以及逾期送达或者不按照招标文件要求密封的投标文件,招标人应当拒收。

招标人应当如实记载投标文件的送达时间和密封情况,并存档备查。

第三十七条 招标人应当在资格预审公告、招标公告或者投标邀请书中载明是否接受联合体投标。

招标人接受联合体投标并进行资格预审的,联合体应当在提交资格预审申请文件前组成。资格预审后联合体增减、更换成员的,其投标无效。

联合体各方在同一招标项目中以自己名义单独投标或者参加其他联合体投标的,相关投标均无效。

第三十八条 投标人发生合并、分立、破产等重大变化的,应当及时书面告知招标人。投标人不再具备资格预审文件、招标文件规定的资格条件或者其投标影响招标公正性的,其投标无效。

第三十九条 禁止投标人相互串通投标。

有下列情形之一的,属于投标人相互串通投标:

(一)投标人之间协商投标报价等投标文件的实质性内容;

(二)投标人之间约定中标人;

(三)投标人之间约定部分投标人放弃投标或者中标;

(四)属于同一集团、协会、商会等组织成员的投标人按照该组织要求协同投标;

(五)投标人之间为谋取中标或者排斥特定投标人而采取的其他联合行动。

第四十条 有下列情形之一的,视为投标人相互串通投标:

(一)不同投标人的投标文件由同一单位或者个人编制;

(二)不同投标人委托同一单位或者个人办理投标事宜;

(三)不同投标人的投标文件载明的项目管理成员为同一人;

(四)不同投标人的投标文件异常一致或者投标报价呈规律性差异;

(五)不同投标人的投标文件相互混装;

(六)不同投标人的投标保证金从同一单位或者个人的账户转出。

第四十一条 禁止招标人与投标人串通投标。

有下列情形之一的,属于招标人与投标人串通投标:

(一)招标人在开标前开启投标文件并将有关信息泄露给其他投标人;

(二)招标人直接或者间接向投标人泄露标底、评标委员会成员等信息;

(三)招标人明示或者暗示投标人压低或者抬高投标报价;

(四)招标人授意投标人撤换、修改投标文件;

(五)招标人明示或者暗示投标人为特定投标人中标提供方便;

(六)招标人与投标人为谋求特定投标人中标而采取的其他串通行为。

第四十二条 使用通过受让或者租借等方式获取的资格、资质证书投标的,属于招标投标法第三十三条规定的以他人名义投标。

投标人有下列情形之一的,属于招标投标法第三十三条规定的以其他方式弄虚作假的行为:

(一)使用伪造、变造的许可证件;

(二)提供虚假的财务状况或者业绩;

(三)提供虚假的项目负责人或者主要技术人员简历、劳动关系证明;

（四）提供虚假的信用状况；

（五）其他弄虚作假的行为。

第四十三条 提交资格预审申请文件的申请人应当遵守招标投标法和本条例有关投标人的规定。

第四十四条 招标人应当按照招标文件规定的时间、地点开标。

投标人少于 3 个的，不得开标；招标人应当重新招标。

投标人对开标有异议的，应当在开标现场提出，招标人应当当场作出答复，并制作记录。

第四十五条 国家实行统一的评标专家专业分类标准和管理办法。具体标准和办法由国务院发展改革部门会同国务院有关部门制定。

省级人民政府和国务院有关部门应当组建综合评标专家库。

第四十六条 除招标投标法第三十七条第三款规定的特殊招标项目外，依法必须进行招标的项目，其评标委员会的专家成员应当从评标专家库内相关专业的专家名单中以随机抽取方式确定。任何单位和个人不得以明示、暗示等任何方式指定或者变相指定参加评标委员会的专家成员。

依法必须进行招标的项目的招标人非因招标投标法和本条例规定的事由，不得更换依法确定的评标委员会成员。更换评标委员会的专家成员应当依照前款规定进行。

评标委员会成员与投标人有利害关系的，应当主动回避。

有关行政监督部门应当按照规定的职责分工，对评标委员会成员的确定方式、评标专家的抽取和评标活动进行监督。行政监督部门的工作人员不得担任本部门负责监督项目的评标委员会成员。

第四十七条 招标投标法第三十七条第三款所称特殊招标项目，是指技术复杂、专业性强或者国家有特殊要求，采取随机抽取方式确定的专家难以保证胜任评标工作的项目。

第四十八条 招标人应当向评标委员会提供评标所必需的信息，但不得明示或者暗示其倾向或者排斥特定投标人。

招标人应当根据项目规模和技术复杂程度等因素合理确定评标时间。超过三分之一的评标委员会成员认为评标时间不够的，招标人应当适当延长。

评标过程中，评标委员会成员有回避事由、擅离职守或者因健康等原因不能继续评标的，应当及时更换。被更换的评标委员会成员作出的评审结论无效，由更换后的评标委员会成员重新进行评审。

第四十九条 评标委员会成员应当依照招标投标法和本条例的规定，按照招标文件规定的评标标准和方法，客观、公正地对投标文件提出评审意见。招标文件没有规定的评标标准和方法不得作为评标的依据。

评标委员会成员不得私下接触投标人，不得收受投标人给予的财物或者其他好处，不得向招标人征询确定中标人的意向，不得接受任何单位或者个人明示或者暗示提出的倾向或者排斥特定投标人的要求，不得有其他不客观、不公正履行职务的行为。

第五十条 招标项目设有标底的，招标人应当在开标时公布。标底只能作为评标的参考，不得以投标报价是否接近标底作为中标条件，也不得以投标报价超过标底上下浮动范围作为否决投标的条件。

第五十一条 有下列情形之一的,评标委员会应当否决其投标:

(一)投标文件未经投标单位盖章和单位负责人签字;

(二)投标联合体没有提交共同投标协议;

(三)投标人不符合国家或者招标文件规定的资格条件;

(四)同一投标人提交两个以上不同的投标文件或者投标报价,但招标文件要求提交备选投标的除外;

(五)投标报价低于成本或者高于招标文件设定的最高投标限价;

(六)投标文件没有对招标文件的实质性要求和条件作出响应;

(七)投标人有串通投标、弄虚作假、行贿等违法行为。

第五十二条 投标文件中有含义不明确的内容、明显文字或者计算错误,评标委员会认为需要投标人作出必要澄清、说明的,应当书面通知该投标人。投标人的澄清、说明应当采用书面形式,并不得超出投标文件的范围或者改变投标文件的实质性内容。

评标委员会不得暗示或者诱导投标人作出澄清、说明,不得接受投标人主动提出的澄清、说明。

第五十三条 评标完成后,评标委员会应当向招标人提交书面评标报告和中标候选人名单。中标候选人应当不超过 3 个,并标明排序。

评标报告应当由评标委员会全体成员签字。对评标结果有不同意见的评标委员会成员应当以书面形式说明其不同意见和理由,评标报告应当注明该不同意见。评标委员会成员拒绝在评标报告上签字又不书面说明其不同意见和理由的,视为同意评标结果。

第五十四条 依法必须进行招标的项目,招标人应当自收到评标报告之日起 3 日内公示中标候选人,公示期不得少于 3 日。

投标人或者其他利害关系人对依法必须进行招标的项目的评标结果有异议的,应当在中标候选人公示期间提出。招标人应当自收到异议之日起 3 日内作出答复;作出答复前,应当暂停招标投标活动。

第五十五条 国有资金占控股或者主导地位的依法必须进行招标的项目,招标人应当确定排名第一的中标候选人为中标人。排名第一的中标候选人放弃中标、因不可抗力不能履行合同、不按照招标文件要求提交履约保证金,或者被查实存在影响中标结果的违法行为等情形,不符合中标条件的,招标人可以按照评标委员会提出的中标候选人名单排序依次确定其他中标候选人为中标人,也可以重新招标。

第五十六条 中标候选人的经营、财务状况发生较大变化或者存在违法行为,招标人认为可能影响其履约能力的,应当在发出中标通知书前由原评标委员会按照招标文件规定的标准和方法审查确认。

第五十七条 招标人和中标人应当依照招标投标法和本条例的规定签订书面合同,合同的标的、价款、质量、履行期限等主要条款应当与招标文件和中标人的投标文件的内容一致。招标人和中标人不得再行订立背离合同实质性内容的其他协议。

招标人最迟应当在书面合同签订后 5 日内向中标人和未中标的投标人退还投标保证金及银行同期存款利息。

第五十八条　招标文件要求中标人提交履约保证金的,中标人应当按照招标文件的要求提交。履约保证金不得超过中标合同金额的 10%。

第五十九条　中标人应当按照合同约定履行义务,完成中标项目。中标人不得向他人转让中标项目,也不得将中标项目肢解后分别向他人转让。

中标人按照合同约定或者经招标人同意,可以将中标项目的部分非主体、非关键性工作分包给他人完成。接受分包的人应当具备相应的资格条件,并不得再次分包。

中标人应当就分包项目向招标人负责,接受分包的人就分包项目承担连带责任。

第六十三条　招标人有下列限制或者排斥潜在投标人行为之一的,由有关行政监督部门依照招标投标法第五十一条的规定处罚:

(一)依法应当公开招标的项目不按照规定在指定媒介发布资格预审公告或者招标公告;

(二)在不同媒介发布的同一招标项目的资格预审公告或者招标公告的内容不一致,影响潜在投标人申请资格预审或者投标。

依法必须进行招标的项目的招标人不按照规定发布资格预审公告或者招标公告,构成规避招标的,依照招标投标法第四十九条的规定处罚。

第六十四条　招标人有下列情形之一的,由有关行政监督部门责令改正,可以处 10 万元以下的罚款:

(一)依法应当公开招标而采用邀请招标;

(二)招标文件、资格预审文件的发售、澄清、修改的时限,或者确定的提交资格预审申请文件、投标文件的时限不符合招标投标法和本条例规定;

(三)接受未通过资格预审的单位或者个人参加投标;

(四)接受应当拒收的投标文件。

招标人有前款第一项、第三项、第四项所列行为之一的,对单位直接负责的主管人员和其他直接责任人员依法给予处分。

第六十五条　招标代理机构在所代理的招标项目中投标、代理投标或者向该项目投标人提供咨询的,接受委托编制标底的中介机构参加受托编制标底项目的投标或者为该项目的投标人编制投标文件、提供咨询的,依照招标投标法第五十条的规定追究法律责任。

第六十六条　招标人超过本条例规定的比例收取投标保证金、履约保证金或者不按照规定退还投标保证金及银行同期存款利息的,由有关行政监督部门责令改正,可以处 5 万元以下的罚款;给他人造成损失的,依法承担赔偿责任。

第六十七条　投标人相互串通投标或者与招标人串通投标的,投标人向招标人或者评标委员会成员行贿谋取中标的,中标无效;构成犯罪的,依法追究刑事责任;尚不构成犯罪的,依照招标投标法第五十三条的规定处罚。投标人未中标的,对单位的罚款金额按照招标项目合同金额依照招标投标法规定的比例计算。

投标人有下列行为之一的,属于招标投标法第五十三条规定的情节严重行为,由有关行政监督部门取消其 1 年至 2 年内参加依法必须进行招标的项目的投标资格:

(一)以行贿谋取中标;

(二)3 年内 2 次以上串通投标;

（三）串通投标行为损害招标人、其他投标人或者国家、集体、公民的合法利益，造成直接经济损失 30 万元以上；

（四）其他串通投标情节严重的行为。

投标人自本条第二款规定的处罚执行期限届满之日起 3 年内又有该款所列违法行为之一的，或者串通投标、以行贿谋取中标情节特别严重的，由工商行政管理机关吊销营业执照。

法律、行政法规对串通投标报价行为的处罚另有规定的，从其规定。

第六十八条 投标人以他人名义投标或者以其他方式弄虚作假骗取中标的，中标无效；构成犯罪的，依法追究刑事责任；尚不构成犯罪的，依照招标投标法第五十四条的规定处罚。依法必须进行招标的项目的投标人未中标的，对单位的罚款金额按照招标项目合同金额依照招标投标法规定的比例计算。

投标人有下列行为之一的，属于招标投标法第五十四条规定的情节严重行为，由有关行政监督部门取消其 1 年至 3 年内参加依法必须进行招标的项目的投标资格：

（一）伪造、变造资格、资质证书或者其他许可证件骗取中标；

（二）3 年内 2 次以上使用他人名义投标；

（三）弄虚作假骗取中标给招标人造成直接经济损失 30 万元以上；

（四）其他弄虚作假骗取中标情节严重的行为。

投标人自本条第二款规定的处罚执行期限届满之日起 3 年内又有该款所列违法行为之一的，或者弄虚作假骗取中标情节特别严重的，由工商行政管理机关吊销营业执照。

第六十九条 出让或者出租资格、资质证书供他人投标的，依照法律、行政法规的规定给予行政处罚；构成犯罪的，依法追究刑事责任。

第七十条 依法必须进行招标的项目的招标人不按照规定组建评标委员会，或者确定、更换评标委员会成员违反招标投标法和本条例规定的，由有关行政监督部门责令改正，可以处 10 万元以下的罚款，对单位直接负责的主管人员和其他直接责任人员依法给予处分；违法确定或者更换的评标委员会成员作出的评审结论无效，依法重新进行评审。

国家工作人员以任何方式非法干涉选取评标委员会成员的，依照本条例第八十一条的规定追究法律责任。

第七十三条 依法必须进行招标的项目的招标人有下列情形之一的，由有关行政监督部门责令改正，可以处中标项目金额 10‰以下的罚款；给他人造成损失的，依法承担赔偿责任；对单位直接负责的主管人员和其他直接责任人员依法给予处分：

（一）无正当理由不发出中标通知书；

（二）不按照规定确定中标人；

（三）中标通知书发出后无正当理由改变中标结果；

（四）无正当理由不与中标人订立合同；

（五）在订立合同时向中标人提出附加条件。

第七十四条 中标人无正当理由不与招标人订立合同，在签订合同时向招标人提出附加条件，或者不按照招标文件要求提交履约保证金的，取消其中标资格，投标保证金不予退还。对依法必须进行招标的项目的中标人，由有关行政监督部门责令改正，可以处中标项目金额 10‰以下的罚款。

第七十五条　招标人和中标人不按照招标文件和中标人的投标文件订立合同,合同的主要条款与招标文件、中标人的投标文件的内容不一致,或者招标人、中标人订立背离合同实质性内容的协议的,由有关行政监督部门责令改正,可以处中标项目金额5‰以上10‰以下的罚款。

第七十六条　中标人将中标项目转让给他人的,将中标项目肢解后分别转让给他人的,违反招标投标法和本条例规定将中标项目的部分主体、关键性工作分包给他人的,或者分包人再次分包的,转让、分包无效,处转让、分包项目金额5‰以上10‰以下的罚款;有违法所得的,并处没收违法所得;可以责令停业整顿;情节严重的,由工商行政管理机关吊销营业执照。

第七十七条　投标人或者其他利害关系人捏造事实、伪造材料或者以非法手段取得证明材料进行投诉,给他人造成损失的,依法承担赔偿责任。

招标人不按照规定对异议作出答复,继续进行招标投标活动的,由有关行政监督部门责令改正,拒不改正或者不能改正并影响中标结果的,依照本条例第八十二条的规定处理。

第七十八条　取得招标职业资格的专业人员违反国家有关规定办理招标业务的,责令改正,给予警告;情节严重的,暂停一定期限内从事招标业务;情节特别严重的,取消招标职业资格。

第八十二条　依法必须进行招标的项目的招标投标活动违反招标投标法和本条例的规定,对中标结果造成实质性影响,且不能采取补救措施予以纠正的,招标、投标、中标无效,应当依法重新招标或者评标。

1.3.3　招标投标法案例

[案例 1—1]　随意废标案例分析(摘自杭州建设工程招标网 http://www.hzzbw.gov.cn)

[简介] 2008 年 10 月,杭州市某建设工程在市建设工程交易中心公开评标。洪某、范某、吴某、周某等四位专家,在对投标文件商务标的评审过程中,未按招标文件的要求进行评审,以"投标文件中工程量清单封面没有盖投标单位及法人代表章"为由,将两家投标单位随意废标,导致评标结果出现重大偏差,因而该项目不得不重新评审,严重影响了正常招标流程和整个项目的进度。

[处理] 为严肃评标纪律,端正评标态度,维护我市招投标评审工作的科学性与公正性,杭州市建设委员会根据《工程建设项目施工招标投标办法》(七部委第 30 号令)第 78 条规定,作出了"给予洪某、范某、吴某、周某等四位专家警告,并进行通报批评"的行政处理决定。

[评析] 上述案例中,有一个重要的事实是"两家投标单位的投标函和标书封面均已盖投标单位及法人代表章、相关造价专业人员也已签字盖章"。而根据《建设工程工程量清单计价规范》和杭州市招投标的相关规定,"投标函和标书封面已盖投标单位及法人代表章、相关造价专业人员也已签字盖章"的投标文件,实质上已经符合招标文件的第 19.3 条款"投标文件封面、投标函均应加盖投标人印章并经法定代表人或其委托代理人签字或盖章"的要求,属于有效标书。评审过程中两位商务专家未能仔细领会招标文件的相关规定,在明知"投标文件商务报价书和投标函均已盖投标单位及法人代表章、相关造价专业人员也已签字盖章"的前提下,仍随意将两家投标单位废标的行为是草率和不负责任的。由此导致的项目重评,既影响了项目的正常开工,给招标单位带来了损失,也引发了多家投标单位的质疑和投诉,在社会上产生了一些负面影响。

《招标投标法》第 44 条第 1 款规定,"评标委员会成员应当客观、公正地履行职务,遵守职业道德,对所提出的评审意见承担个人责任"。作为评标专家这一特殊的群体,洪某等四人的行为已违反了《招标投标法》第 44 条第 1 款的相关规定,应该为自己的行为承担责任,为自己的过失"买单"。

[案例 1-2]   招标过程违规

[简介]某建设项目实行公开招标,招标过程出现了下列事件,指出不正确的处理方法。

(1)招标方于 5 月 8 日起发出招标文件,文件中特别强调由于时间较紧要求各投标人不迟于 5 月 23 日之前提交投标文件(即确定 5 月 23 日为投标截止时间),并于 5 月 10 日停止出售招标文件,6 家单位领取了招标文件。

(2)招标文件中规定:如果投标人的报价高于标底 15% 以上一律确定为无效标。招标方请咨询机构代为编制标底,并考虑投标人存在着为招标方有无垫资施工的情况编制了两个不同的标底,以适应投标人情况。

(3)5 月 15 日招标方通知各投标人,原招标工程中的土方量增加 20%,项目范围也进行了调整,各投标人据此对投标报价进行计算。

(4)招标文件中规定,投标人可以用抵押方式进行投标担保,并规定投标保证金额为投标价格的 5%,不得少于 100 万元,投标保证金有效期同投标有效期。

(5)按照 5 月 23 日的投标截止时间要求,外地的一个投标人于 5 月 21 日从邮局寄出了投标文件,由于天气原因 5 月 25 日招标人收到投标文件。本地 A 公司于 5 月 22 日将投标文件密封加盖了本企业公章并由准备承担此项目的项目经理本人签字按时送达招标方。

本地 B 公司于 5 月 20 日送达投标文件后,5 月 22 日又递送了降低报价的补充文件,补充文件未对 5 月 20 日送达文件的有效期进行说明。本地 C 公司于 5 月 19 日送达投标文件后,考虑自身竞争实力于 5 月 22 日通知招标方退出竞标。

(6)开标会议由本市常务副市长主持。开标会议上对退出竞标的 C 公司未宣布其单位名称,本次参加投标的单位仅有 5 家。开标后宣布各单位报价与标底时发现 5 个投标报价均高于标底 20% 以上,投标人对标底的合理性当场提出异议。与此同时招标代理方代表宣布 5 家投标报价均不符合招标文件要求,此次招标作废,请投标人等待通知(若某投标人退出竞标其保证金在确定中标人后退还)。3 天后招标方决定 6 月 1 日重新招标。招标方调整标底,原投标文件有效。7 月 15 日经评标委员会评定本地区无中标单位。由于外地某公司报价最低,故被确定为中标人。

(7)7 月 16 日发出中标通知书。通知书中规定,中标人自收到中标书之日起 30 天内按照招标文件和中标人的投标文件签订书面合同。与此同时招标方通知中标人与未中标人。投标保证金在开工前 30 天内退还。中标人提出投标保证金不需归还,当作履约担保使用。

(8)中标单位签订合同后,将中标工程项目中的 2/3 工程量分包给某未中标人 E,未中标人又将其转包给外地的农民施工单位。

[评析]

事件(1)中:招标文件发出之日起至投标文件截止时间不得少于 20 天,招标文件发售之日至停售之日最短不得少于 5 个工作日。

事件(2)中:编制两个标底不符合规定。

事件(3)中:改变招标工程范围应在投标截止之日 15 个工作日前通知投标人。

事件(4)中:投标保证金数额一般不超过投标报价的 2% ,一般不得超过 80 万元人民币。投标保证金有效期应当超出投标有效期 30 天。

事件(5)中:5 月 25 日招标人收到的投标文件为无效文件。A 公司投标文件无法人代表签字为无效文件。B 公司报送的降价补充文件未对前后两个文件的有效性加以说明为无效文件。

事件(6)中:招标开标会应由招标方主持,开标会上应宣读退出竞标的 C 单位名称而不宣布其报价;宣布招标作废是允许的;退出投标的投标保证金应归还;重新招标评标过程一般应在 15 天内确定中标人。

事件(7)中:应从 7 月 16 日发出中标通知书之日起 30 天内签订合同,签订合同后 5 天内退还全部投标保证金。中标人提出将投标保证金当作履约保证金使用的提法错误。

事件(8)中:中标人的分包做法,及后续的转包行为是错误的。

任务 4　认知建筑市场的管理

1.4.1　建设工程交易中心的设立

在社会主义市场经济的体制下,国家投资的建设项目占主导地位。由于国有资产管理体制尚不完善,部份作为业主的国有企业内部管理又较薄弱,导致建设项目招标投标中的腐败和不正之风时有发生。此外,工程项目的招标投票主要由建设单位所隶属的专业部门管理,因而容易产生行业垄断、交易透明度差,而且难以监督的弊病。针对以上情况,近年来在国内出现了"建设工程交易中心"这种我国所特有的建设市场管理方式。根据我国有关规定,所有建设项目的报建、招标信息发布、施工许可证的申领、招标投票和合同等活动均应在建设工程交易中心内进行,并接受政府有关部门的监督。

1.4.2　建设工程交易中心的性质与作用

建设工程交易中心是服务性机构,不是政府管理部门,也不是政府授权的监督机构,本身并不具备管理职能。但建设工程交易中心又不是一般意义上的服务机构,其设立须得到政府或政府授权主管部门的批准,并非任何单位和个人可随意成立;它不以营利为目的,旨在为建立公开、公正、平等竞争的招投标制度服务,只可经批准收取一定的服务费。

按照我国有关规定,所以建设项目都要在建设工程交易中心内报建、发布招标信息、授予信息、授予合同、申领施工许可证。工程交易行为不能在场外发生,招标投标活动都需在场内进行,并接受政府有关部门的监督。应该说建设工程交易中心的设立,对建立国有投资的监督制约机制,规范建设工程承发报行为,以及将建筑市场纳入法制管理轨道,都有重要作用,是符合我国特点的一种好形式。

1.4.3　建设工程交易中心三大功能

1. 集中办公功能

集中办公功能即建设行政主管部门有关职能部门进驻中心,按照各自的制度和程度,集中办理有关审批手续和进行管理。手里申报的内容一般包括工程报建、招标登记、承包商资质审查、合同登记、质量报监、施工许可证发放等。进驻建设工程交易中心的相关管理部门集中办公,要公布各自的办事制度和程序,既能按照各自的职责依法对建设工程交易活动实施有力监督,也方便当事人办事,有利于提高办公效率所申报的事项。集中办公方式决定了建设工程交易中心只能集中设立,而不能像其他商品市场那样随意设立。

2. 信息服务功能

信息服务功能包括收集、存储和发布各类工程信息、法律法规、造价信息、建材价格、承包商信息、咨询单位和专业人士信息等。在设施上配置有大型电子墙、计算机网络工作站,为承发包交易提供广泛的信息服务。工程建设交易中心一般要定期公布工程造价指数和建筑材料价格、人工费、机械租赁费、工程咨询费以及各类工程指导价等。指导业主、承包商、咨询单位进行投资控制和投标报价。还应配备计算机网络工作站,为承发包交易提供应有的信息服务。

3. 场所服务功能

原建设部《建设工程交易中心管理方法》规定,中心要为政府有关部门提供有关手续办理和依法监督招标投票活动的场所,还应设有信息发布厅、开标室、洽谈室、会议室和有关设施,以满足业主、承包商、分包商、设备材料供应商等相互交易的需要。建设工程交易中心须为工程承发包交易双方,包括建设工程的招标、评标、定标、合同谈判等,提供设施和场所服务。建设工程交易中心应提供相关设施满足业主和承包商、分包商、设备材料供应商之间的交易需要。同时,要为政府有关部门进驻集中办公、办理有关手续和依法监督招标投标活动提供场所服务。

我国有关法规规定,建设工程交易中心必须经政府建设主管部门认可后才能设立,而且每个城市一般只能设立一个中心,特大城市可增设若干个分中心,但三项基本功能必须健全。

1.4.4 建设工程交易中心的运行原则

为了保证建设工程交易中心有良好的运行秩序,充分发挥其市场功能,必须坚持以下基本原则。

1. 信息公开原则

有形建筑市场必须充分掌握政策法规、工程发包、承包商和咨询单位的资源、造价指数、招标规则、评标标准、专家评委库等各项信息,并保证市场各主体都能及时获得所需要的信息资料。

2. 依法管理原则

建设工程交易中心应严格按照法律、法规开展工作。任何单位和个人,不得非法干预交易活动的正常进行。监察机关应当进驻建设工程建设交易中心实施监督。

3. 公平竞争原则

建立公平竞争的市场秩序是建设工程交易中心的一项重要原则。进驻的有关行政监督管理部门应严格监督招标、投标单位的行为,防止行业、部门垄断和不正当竞争,不得侵犯交易活动各方的合法权益。

4. 属地进入原则

按照我国有形建筑市场的管理规定,建设工程交易实行属地进入。每个城市原则上只能建立一个建设工程交易中心,特大城市可以根据需要,设立区域性中心,在业务上受中心领导。对于跨省、自治区、直辖市的铁路、公路、水利等工程,可在政府有关部门的监督下,通过公告由项目法人组织招标、投标。

5. 办事公正原则

建设工程交易中心是政府建设行政主管部门批准建立的服务性机构。建设工程交易中心须配合进场各行政管理部门做好相应的工程交易活动管理和服务工作,并且建立监督制约机制,制定完善的规章制度和工作人员守则,发现建设工程交易活动中的违法违规行为,应当向政府有关部门报告,并协助进行处理。

1.4.5   建设工程交易中心的运作程序

按照有关规定,建设项目进入建设工程交易中心后,一般按下列程序进行运作。

(1)拟建工程得到计划管理部门立项(或计划)批准后,到中心办理报建备案手续。工程建设项目的报建内容主要包括工程名称、建设地点、投资规模、资金来源、当年投资额、工程规模、工程筹建情况、计划开工和竣工日期等。

(2)报建工程有招标监督部门依据《招标投标法》和有关规定确认招标方式。

(3)招标人依据《招标投标法》和有关规定,履行建设项目包括项目的勘察、设计、施工、管理、监理以及与工程建设有关的重要设备、材料等的招标投标程序。

(4)自中标之日起 30 日内,发包单位与中标单位签订合同。

(5)按规定进行质量、安全监督登记。

(6)统一交纳有关工程的前期费用。

(7)领取建设工程施工许可证。申请领取施工许可证,应当按原建设部第 71 号部令规定,具备以下条件:已经办理该建筑工程用地批准手续;在城市规划区的建筑工程,已经取得规划许可证;施工场地已经基本具备施工条件,需要拆迁的,其拆迁进度符合施工要求;已经确定建筑施工企业;有满足施工需要的施工图纸及技术资料;施工图设计文件已按规定进行了审查;有保证工程质量的相应质量、技术、安全措施以及符合法律、行政法规规定的其他条件。

复习思考题

1. 政府对建筑市场如何进行管理?

2. 建筑市场的主体有哪些?

3. 施工企业(承包商)的资质等级有哪些?各可承包哪些方面的业务?

4. 工程招标投标相关法律、有关行政法规、相关部门规章有哪些?

5. 邀请招标项目是如何规定的?

6. 可以不进行招标的项目是如何规定的?

7. 资格预审文件或者招标文件的发售期是如何规定的?

8. 招标人对已发出的资格预审文件或者招标文件进行必要的澄清或者修改是如何规定的?

9. 潜在投标人或者其他利害关系人对资格预审文件有异议的,是如何规定的?

10. 投标保证金金额、投标保证金有效期是如何规定的？

11. 招标人终止招标是如何规定的？

12. 以不合理条件限制、排斥潜在投标人或者投标人是如何规定的？

13. 属于投标人相互串通投标是如何规定的？

14. 以其他方式弄虚作假的行为是如何规定的？

15. 评标委员会应当否决投标人投标是如何规定的？

16. 依法必须进行招标的项目，招标人应如何公示？

17. 建设工程交易中心的基本功能有哪些？

18. 建设工程交易中心的运作程序有哪些？

单元 2

招标方的工作

知识目标：

(1) 了解建设工程招标的范围、形式、类别；了解《标准施工招标文件》(2007版)的实施原则、特点、适应范围；了解标底的概念和作用。

(2) 熟悉招标代理的性质、资质和招标代理机构的条件；熟悉建设工程施工招标应具备的条件和招标的程序；熟悉标底的编制原则和步骤。

(3) 掌握《标准施工招标文件》(2007版)的内容；掌握招标前、招标与投标阶段、决标成交阶段的主要工作；掌握建设工程招标标底的编制方法和步骤。

(4) 掌握建筑工程施工招标资格审查的分类、内容。

(5) 掌握资格审查文件内容。

(6) 熟悉资格审查的程序和方法。

(7) 了解建筑工程施工开标、评标与定标的概念。

(8) 熟悉评标准备、初步评审(符合性鉴定、技术评估、商业评估)、详细评审和评审报告内容、要求、方法。

(9) 掌握"综合评分法"和"经评审的最低投标价法"的评标要求、方法。

能力目标：

(1) 能应用所学知识初步判断建设工程招标的范围、程序是否符合招投标法等有关法律的规定，分析判断招标代理机构是否具备代理招标的资质。

(2) 通过所学知识结合实际能编制或填写投标须知、招标公告等文件资料。

(3) 结合工程计量与计价等课程的学习具有一定标底的编制能力，能按照所学内容处理招标过程中存在的一些违法违规行为。

(4) 通过所学知识结合实际能编制或填写投标须知、资格预审文件。

(5) 能组织资格审查会议，开展审查工作。

(6) 掌握建设工程施工开标、评标与定标的概念。

(7) 熟悉建设工程开标、评标与定标的程序。

(8) 掌握评标的基本方法，并能理论联系实际，进行案例分析，解决实际问题。

任务1　建设工程招标范围、形式、类别

建设工程采用招标投标这种承发包方式，在提高工程经济效益、保证建设质量、保证社会及公众利益方面具有明显的优越性，世界各国和主要国际组织都规定，对某些工程建设项目必须实行招标投标。我国也对建设工程标范围进行了界定，即国家必须招标的建设工程项目范围，而在此范围之外的项目是否招标，业主可以自愿选择。

1. 建设工程招标范围的确定依据

哪些建设工程项目必须招标，哪些工程项目可以不进行招标，即如何界定必须招标的建设工程项目范围，是一个比较复杂的问题。一般来说，确定建设工程招标范围，可以从以下几个方面进行考虑：

1）建设工程资产的性质和归属

我国的建设工程项目，主要有国家所有和集体所有的公有制资产项目。为了保证公有资产的有效使用，提高投资回报率，使公有资产保值增值，防止公有资产流失和浪费，我国在确定招标范围时将国家机关、国有企事业单位和集体所有制企业以及它们控股的股份公司投资、融资兴建的工程建设项目和使用国际组织或者外国政府贷款、援助资金的工程建设项目纳入招标的范围。

2）建设工程规模对社会的影响

现阶段我国投资主体多元化，有些工程项目是个人或私营企业投资兴建的，个人有处置权。但是考虑到，建设工程不是一般的资产，它的建设、使用直接关系到社会公共利益、公众安全、资产配置等，因此，我国将达到一定规模、关系到社会公共利益、公众安全的工程建设项目，不论资产性质如何，都纳入招标的范围。

3）建设工程实施过程的特殊性要求

一般的工程项目实施过程都应遵循一定的建设工作程序，即建设工作中应符合工程建设客观规律要求的先后次序。而某些紧急情况下的特殊工程，如抢险、救灾、赈灾、保密等，需要用特殊的方法和程序进行处理。所以在工作程序上有特殊需要的工程项目不宜列入建设工程招标的范围。

4）招标投标过程的经济性和可操作性

实行建设共成招投标的目的是节约投资、保证质量、提高效益。对那些投资额较小的工程，如果强制实行招标，会大大增加工程成本，以及在客观上潜在的投标人过少，无法展开公平竞争的工程，也不宜列入强制招标的范围。

2. 我国目前对工程建设项目招标范围的界定

对工程建设项目招标的范围，我国2000年1月1日起施行的《中华人民共和国招标投标法》中规定："在中华人民共和国境内进行下列工程建设项目，包括项目的勘察、设计、施工、监理以及与工程建设有关的重要设备、材料等的采购，必须进行招标：①大型基础设施、公用事业等关系社会公共利益、公众安全的项目；②全部和部分使用国有资金或者国家融资的项目；③使用国际组织或者外国政府贷款、援助资金的项目"。

《招标投标法》中所规定的招标范围，是一个原则性的规定，原国家发展计划委员会据此颁布了《工程建设项目招标范围和规模标准规定》，确定了必须进行招标的工程项目的具体范围和规模

标准(见表 2-1)

表 2-1　工程建设项目招标范围和规模标准规定

项目类别	具体范围
关系社会公共利益、公众安全的基础设施项目	(1)煤炭、石油、天然气、电力、新能源等能源项目 (2)铁路、公路、管道、水运、航空以及其他交通运输业等交通运输项目 (3)邮政、电信枢纽、通信、信息网络等邮电通信项目 (4)防洪、灌溉、排涝、引(供)水、滩涂治理、水土保持、水利枢纽等水利项目 (5)道路、桥梁、地铁和轻轨交通、污水排放及处理、垃圾处理、地下管道、公共停车场等城市设施项目 (6)生态环境保护项目 (7)其他基础设施项目
关系社会公共利益、公众安全的公用事业项目	(1)供水、供电、供气、供热等市政工程项目 (2)科技、教育、文化等项目 (3)体育、旅游等项目 (4)卫生、社会福利等项目 (5)商品住宅,包括经济适用住房 (6)其他公用事业项目
使用国有资金投资项目	(1)使用各级财政预算资金的项目 (2)使用纳入财政管理的各种政府性专项建设基金的项目 (3)使用国有企业事业单位自有资金,并且国有资产投资者实际拥有控制权的项目
国家融资项目	(1)使用国家发行债券所筹资金的项目 (2)使用国家对外借款或者担保所筹资金的项目 (3)使用国家政策性贷款的项目 (4)国家授权投资主体融资的项目 (5)国家特许的融资项目
使用国际组织或者外国政府资金的项目范围	(1)使用世界银行、亚洲开发银行等国际组织贷款资金的项目 (2)使用外国政府及其机构贷款资金的项目 (3)使用国际组织或者外国政府援助资金的项目

上述规定范围内的各类工程建设项目,包括项目的勘察、设计、施工、监理以及与工程建设有关的重要设备、材料等的采购,达到下列标准之一的,必须进行招标:

(1)施工单项合同估算价在 200 万元人民币以上的;

(2)重要设备、材料等货物的采购,单项合同估算价在 100 万元人民币以上的;

(3)勘察、设计、监理等服务的采购,单项合同估算价在 50 万元人民币以上的;

(4)单项合同估算价低于第(1)、(2)、(3)项规定的标准,但项目总投资额在 3000 万元人民币以上的。

考虑到实际情况可以不参加招标的建设项目范围:

(1)涉及国家安全、国家秘密、抢险救灾或者属于扶贫资金实行以工代赈,需要使用农民工等特殊情况,不适宜进行招标的项目,按照国家有关规定可以不进行招标。

(2)使用国际组织或者外国政府贷款援助资金的项目进行招标,贷款人、资金提供人对招标投标的具体条件和程序有不同规定,可以适用其规定,但违背中华人民共和国的社会公共利益的除外。

(3)建设项目的勘察、设计,采用特定专利或者专有技术的,或者其建筑艺术造型有特殊要求的,经项目主管部门批准,可以不进行招标。

(4)施工企业自建自用的工程,且该施工企业资质等级符合工程要求的;在建工程追加的附属小型工程或主体加层工程,原中标人仍具备承包能力的。

(5)停建或者缓建后恢复建设的单位工程,且承包方未发生变更的。

对于依法必须进行招标的项目,全部使用国有资金投资或者国有资金投资占控股或者主导地位的,应当公开招标。招标投标活动不受地区、部门的限制,不得对潜在投标人实行歧视待遇。

省、自治区、直辖市人民政府根据实际情况,可以规定本地区必须进行招标的具体范围和规模标准,但不得缩小本规定确定的必须进行招标的范围。

3. 建设工程招标形式

建设工程根据其招标范围不同通常有以下几种形式:

(1)建设工程全过程招标:即通常所称的"交钥匙"工程承包方式。建设工程全过程招标就是指从项目建议书开始,包括可行性研究,勘察设计、设备和材料询价及采购、工程施工直至竣工验收和交付使用等实行全面招标。

在我国,一些大型工程项目进行全过程招标时,一般是先由建设单位或项目主管部门通过招标方式确定总包单位,再由总包单位组织建设,按其工作内容或分阶段或分专业再进行分包。即进行第二次招标。当然,有些总包单位也可以独立完成该项目。

(2)建设工程勘察设计招标:就是把工程建设的勘察设计阶段单独进行招标的活动的总称。

(3)建设工程材料和设备供应招标:是指建筑材料和设备供应的招标活动的全过程。实际工作中,材料和设备往往分别进行招标。

在工程施工招标过程中,工程所需要的建筑材料一般可以分为由施工单位全部包料、部分包料和由建设单位全部包料三种情况。在上述任何一种情况下,建设单位或施工单位都可能作为招标单位进行材料招标。与材料招标相同,设备招标要根据工程合同的规定,或是由建设单位负责招标,或者由施工单位负责招标。

建设工程材料和设备供应招标,即是指招标人就拟购买的材料设备发布公告或者邀请,以法定方式吸引建设工程材料设备供应商参加竞争,从中择优选择条件优越者购买其材料设备的行为。

(4)建设工程施工招标:是指工程施工阶段的招标活动全过程,它是目前国际国内工程项目建设经常采用的一种发包形式,也是建筑市场的基本竞争方式。建设工程施工招标特点是招标范围灵活化、多样化、有利于施工的专业化。

(5)建设工程监理招标:是指招标人为了委托监理任务的完成,以法定方式吸引监理单位参加竞争,从中选择条件优越的工程监理企业的行为。

4. 建设工程招标类别

根据《招标投标法》规定,招标分为公开招标和邀请招标。

1)公开招标

公开招标,又叫竞争性招标,即由招标人在报刊、电子网络或其他媒体上刊登招标公告,吸引众多企业单位参加投标竞争,招标人从中择优选择中标单位的招标方式。按照竞争程度,公开招标可分为国际竞争性招标和国内竞争性招标。

采用公开招标具有如下优势:

(1)有利于招标人获得最合理的投标报价,取得最佳投资效益。由于公开招标是无限竞争性招标,竞争相当激烈,使招标人能切实做到"货比多家",有充分的选择余地,招标人利用投标人之间的竞争,一般都易选择出质量好、工期最短、价格最合理的投标人承建工程,使自己获得较好的投资效益。

(2)有利于学习国外先进的工程技术及管理经验。公开招标竞争范围广,往往打破国界。例如,我国鲁布革水电站引水项目系统工程,采用国际竞争性公开招标方式,日本大成公司中标,不但中标价格大大低于标底,而且在工程实施过程中还学到了外国工程公司先进的施工组织方法和管理经验,引进了国外工程建设项目施工的"工程师"制度,由工程师代表业主监督工程施工,并作为第三方调解业主与承包人之间发生的一些问题和纠纷。对于提高我国建筑企业的施工技术水平和管理水平无疑具有较大的推动作用。

(3)有利于为潜在的投标人提供均等的机会。采用公开招标能够保证所有合格的投标人都有机会参加投标,都以统一的客观标准衡量自身的生产条件,体现出竞争的公平性。

(4)公开招标是根据预先制定并众所周知的程序和标准公开而客观地进行的,因此能有效防止招标投标过程中腐败情况的发生。

2)邀请招标

邀请招标,也称有限竞争性招标或选择性招标,即由招标单位选择一定数目的企业,向其发出投标邀请书,邀请他们参加招标竞争。一般都选择 3~10 个投标人参加竞争较为适宜,当然要视具体的招标项目的规模大小而定。由于被邀请参加的投标竞争者有限,不仅可以节约招标费用,而且提高了每个投标者的中标机会。

依据《招标投标法》第 11 条、2000 年国家计委 3 号令第 9 条、2003 年七部委 30 号令第 11 条,2003 年八部委 20 号令第 11 条,邀请招标具体情形为:

(1)项目不使用国有资金、或者国有资金不占控股、主导地位的;

(2)项目技术复杂或有特殊要求,专业性较强,只有少量几家潜在投标人可供选择的;

(3)受自然地域环境限制,或建设条件受自然因素限制,如采用公开招标,将影响项目实施时机;

(4)拟公开招标的费用与项目的价值相比,不值得的;

(5)涉及国家安全、国家秘密或者抢险救灾,适宜招标但不宜公开招标的;

(6)其他法律、法规规定不宜公开招标的。

由于邀请招标限制了充分的竞争,因此招标投标法规一般都规定,招标人应尽量采用公开招标。

议标是我国工程实践中曾经采用过一种招标方式,议标也称谈判招标或限制性招标,即通过谈判来确定中标者。这种方法不具有公开性和竞争性,从严格意义上讲不能称之为一种招标方式。但是对于一些小型工程而言,采用"议标"方式,目标明确,省时省力,比较灵活;对服务招标而言,由于服务价格难以公开确定,服务质量也需要通过谈判解决,采用"议标"方式较为恰当。但"议标"存在着程序随意性大、没有竞争性、缺乏透明度、容易形成暗箱操作等缺点,所以我国招投标法中未把"议标"作为一种法定的招标方式。

任务2　建设工程招标组织

招标组织形式分为：委托招标和自行招标。依法必须招标的项目经批准后，招标人根据项目实际情况需要和自身条件，可以自主选择招标代理机构进行委托招标；如具备自行招标的能力，按规定向主管部门备案同意后，也可进行自行招标。

2.2.1　自行组织招标

自行招标，是指招标人自身具有编制招标文件和组织评标能力，依法自行办理和完成招标项目的招标任务。

1. 招标人概念

建设工程招标人是依法提出招标项目、进行招标的法人或者其他组织。它是建设工程项目的投资人（即业主或建设单位）。业主或建设单位包括各类企业单位、事业单位、机关、团体、合资企业、独资企业和国外企业以及企业分支机构。

2. 招标人资质

（1）招标人应当有进行招标项目的相应资金或者资金来源已经落实，并应当在招标文件中如实载明。

（2）招标人具有编制招标文件和组织评标能力的，必须设立专门的招标组织办理招标事宜。但对于强制性招标项目，自行办理招标事宜的，应当向有关行政监督部门备案。

（3）招标人有权自行选择招标代理机构，委托其办理招标事宜。招标代理机构是依法设立、从事招标代理业务并提供相关服务的社会中介组织。

3. 施工招标的招标人应当具备的条件

根据原国家计委关于《工程建设项目自行招标试行办法》（2000年7月）规定：招标人自行办理招标事宜，应当具有编制招标文件和组织评标的能力，具体包括：

（1）具有项目法人资格；

（2）具有与招标项目规模和复杂程度相适应的工程技术、概预算、财务和工程管理方面专业技术力量；

（3）有从事同类工程建设项目招标的经验；

（4）设有专门的招标机构或者拥有3名以上专职招标业务人员；

（5）熟悉和掌握招标投标法及有关法律法规。

4. 招标人的权益和职责

1）招标人的权益

（1）自行组织招标或委托招标代理机构进行招标；

（2）自由选择招标代理机构并核验其资质证明；

（3）要求投标人提供有关资质情况的资料；

（4）确定评标委员会，并根据评标委员会推荐的候选人确定中标人。

2）招标人的职责

（1）不得侵犯投标人、中标人、评标委员会等的合法权益；

（2）委托招标代理机构进行招标时，应向其提供招标所需的有关资料和支付委托费；

（3）接受招标投标行政监督部门的监督管理；

（4）与中标人订立与履行合同。

自行招标条件的核准与管理一般采取事前监督和事后管理监管方式。

事前监督主要有两项规定：一是招标人应向项目主管部门上报具有自行招标条件的书面材料；二是由主管部门对自行招标书面材料进行核准。

事后监督管理是对招标人自行招标的事后监管，主要体现在要求招标人提交招标投标情况的书面报告。

2.2.2　委托招标代理机构组织招标

《招标投标法》第 12 条第 1 款规定，"招标人有权自行选择招标代理机构，委托其办理招标事宜。"当招标单位缺乏与招标工程相适应的经济、技术管理人员，没有编制招标文件和组织评标的能力时，依据我国《招标投标法》的规定，应认真挑选，慎重委托具有相应资质的中介服务机构代理招标。

1. 建设工程招标代理行为的特点

（1）建设工程招标代理人必须以被代理人的名义办理招标事务。

（2）建设工程招标代理人，具有独立进行意思表示的职能。这样才能使建设工程招标活动得以顺利进行。

（3）建设工程招标代理行为，应在委托授权的范围内实施。这是因为建设工程招标代理在性质上时一种委托代理的，即基于被代理人的委托授权而发生的代理。建设工程中介服务机构未经建设工程招标人的委托授权，就不能进行招标代理，否则就是无权代理。建设工程中介服务机构已经建设工程招标人委托授权的，不能超出委托授权的范围进行招标代理，否则也为无权代理。

（4）建设工程招标代理行为的法律效果归属于被代理人。被代理人对超出授权范围的代理行为有拒绝权和追索权。

2. 招标代理机构业务范围

招标代理机构应在资格等级范围内代理下列全部或部分业务：

（1）代拟招标公告或投标邀请函；

（2）代拟和出售招标文件、资格审查文件；

（3）协助招标人对潜在投标人进行资格预审；

（4）编制工程量清单或标底；

（5）组织召开图纸会审、答疑、踏勘现场、编制答疑纪要；

（6）协助招标人或受其委托依法组建评标委员会；

（7）协助招标人或受其委托接受投标、组织开标、评标、定标；

（8）代拟评标报告和招标投标情况书面报告；

（9）办理中标公告和其他备案手续；

（10）代拟合同；

（11）同招标人约定的其他事项。

3．招标代理机构的责任和义务

1）招标代理机构在代理活动中的责任

（1）对其盖章或签字的招标代理文件的合法性、准确性负责；

（2）对受委托范围内的招标结果负责；

（3）对招标代理过程中的违法违规行为和失误负责；

（4）对设立的分支机构从事的招标代理行为负责；

（5）对超越招标人委托范围的行为负责；

（6）对招标人提出的违法违规要求予以响应、造成的后果负责。

2）招标代理机构在代理活动的义务

（1）遵守法律法规关于招标人的规定；

（2）依据委托合同维护招标人的合法权益，对代理活动中涉及的商业秘密，不得泄漏；

（3）接受招标投标监管部门的监督管理；

（4）向县以上建设行政主管部门反映和举报招标投标活动中的违法违规行为；

（5）配合有关行政监督部门依法进行的检查，调查；

（6）依法应承担的其他义务。

4．招标代理机构遴选

使用国有资金投资的项目、国家融资的项目、使用国际组织或者外国政府资金的项目，鼓励招标人采用公开竞争的方式选择招标代理机构。招标人遴选招标代理机构，应进入综合招投标中心按程序规范运作，由招标人负责组织。

1）代理机构遴选活动程序

代理机构遴选活动一般按照下列程序进行：

（1）编制遴选文件；

（2）发布遴选公告；

（3）申请人编制遴选申请书；

（4）接受遴选申请人提交的遴选申请书；

（5）组建评审委员会；

（6）现场公布遴选申请书的主要内容，并对遴选申请书进行评审，评审结束提交评审报告；

（7）确定遴选结果并公示；

（8）签订代理合同；

（9）相关资料交综合招投标中心存档。

2）招标人遴选代理机构公告

招标人遴选代理机构应当在综合招投标中心网上发布遴选公告。遴选公告应包括下列内容：

（1）招标人名称、地址和联系方式；

（2）项目名称、建设地点、数量、简要技术要求、招标项目的性质等；

（3）招标代理机构资格要求；

（4）获取遴选文件的时间、地点、方式；

（5）遴选申请书递交截止时间及地点。遴选文件发出之日起至遴选申请书递交截止时间，最短不少于 5 个工作日。

3）遴选的评审

遴选的评审一般采用综合评分法。评审指标可参照以下标准设定：

（1）企业基本状况及类似项目业绩，参考权重 30%；

（2）代理方案，参考权重 50%；

（3）招标代理费报价，参考权重 20%。招标代理费报价须按照原国家计委"计价格〔2002〕1980 号"文件执行，在规定的范围内，应体现低价优先的原则。

评审委员会的组成和专家的抽取参照公开招标方式执行。评审委员会应当根据遴选文件载明的评审标准和办法进行评审。遴选文件未载明的评审办法不得采用，也不得更改评审标准和办法。

评审委员会评审完毕后，应提出书面评审报告，并按得分高低顺序推荐相应数量的代理机构作为候选人。

招标人应按评审委员会推荐的候选人依序确定中标人，也可授权评审委员会直接确定中标人。中标人确定后，除因法定情形外，招标人不得将其淘汰。

5. 招标代理工作制度

（1）严格执行《招标投标法》、《招标投标法实施条例》、七部委第 12 号令、七部委局 30 号令、建设部第 89 号令及地方招投标法规，在充分了解业主招标条件及意图基础上，实现招标过程规范化及合法化。

（2）严格按招投标规定的程序进行，始终遵循"公开、公平、公正、诚实信用"的招投标原则；严格遵循公司"遵纪守法、科学管理、严格把关、质量第一、热情服务、顾客满意"的服务宗旨，将服务全过程每个环节的具体工作落到实处，做到精益求精，确保业主满意。

（3）严格按质量体系程序文件运行，做好公告发布、报名、资格审查、工程量清单及标底编制、招标文件起草、审定及发放、开标、评标等过程控制，实现"五个确保"。即：

① 确保优秀单位入围投标；

② 确保所有编制的文件合法、有效，反映业主的招标意图，无流标情况发生。

③ 确保工程量清单及标底编制的准确性及时效性；

④ 确保优秀单位中标；

⑤ 确保工程投资的节约。

（4）在整个招标过程中与业主指定的主办人员保持紧密联系，严格按拟定的人员和既定的日程完成招投标代理工作，保证工程开竣工日期的实现。

（5）在招投标代理活动过程中，及时向业主提供阶段性招标资料，在招投标代理工作结束后一周内，向业主提供一套完整的招投标代理汇总资料。

（6）主要输出文件在发出前必须得到业主的书面确认。

（7）项目负责人总负责制，项目负责人是招标活动中最高的策划者、组织者，项目组成员必须服从项目负责人的统一指挥和领导。

（8）及时有效的协调好招标主管部门的关系，做到招标工作不"卡壳"，保证招标工作一次成功。

6. 招标代理工作时间安排

招标工作时间安排如表2-2所示。

表2-2 招标工作时间安排

工作内容、事项及时间	实际工作交叉后需用天数(天)	工作内容、事项及时间	实际工作交叉后需用天数(天)
(1)签订代理合同1天及收集相关工程资料	8	(12)答疑文件收集整理3天	5
(2)项目报建发包方案报批,编制招标公告及资格预审文件1天		(13)答疑文件解答、备案、发放2天	
(3)招标公告及资格文件备案及发布5个工作日		(14)答疑文件发出到开标15天	15
(4)报名及发布资格预审文件5个工作日,与发公告同时进行		(15)开标评标及书面报告1天	
(5)资格预审及投标入围单位确定2天(可以先期会同业主磋商)		(16)中标公示(规定)2天	2
(6)获取设计图纸及编制工程量清单8天(同时进行)		(17)领取发放中标通知书0.5天	0.5
(7)招标公告及资格预审文件送业主审定1天			
(8)招标文件起草并送业主审核4天			
(9)招标文件返回业主会签2天			
(10)招标文件修改定稿及招标文件备案1天			
(11)招标文件发放0.5天,招标文件发放到开标时间20天			
合　　计		30.5	

7. 招标代理工作内容及步骤

招标代理工作内容及步骤如表2-3所示。

表2-3 招标代理工作内容及步骤

工作流程	主要工作内容及步骤	应填写的各项记录	备注
一、签定代理合同	(1)接受业主的委托 (2)收集所有立项建设相关批文 (3)合同审查 (4)签定代理合同及授权委托书 确定项目负责人	合同审批表	
二、编制和发布招标公告和资格预审文件	(1)与业主商定发包方案及招标公告的内容 (2)拟定招标公告及资格预审文件并经业主确认 (3)拟定投标人的资格预审必要合格条件供业主选择及确认 (4)招标公告和资格预审文件在招标办备案 (5)办理各项必须手续 (6)发布招标公告及资格预审文件	(1)招标公告和资格预审文件确认报告 (2)输出文件审批表 (3)文件资料签收表	
三、接受报名和发放资格预审文件	(1)接受潜在投标人报名 (2)报名单经招标办确认 (3)报名单交业主审核	潜在投标人报名单	

续表

工作流程	主要工作内容及步骤	应填写的各项记录	备注
四、资格预审确定潜在投标人	(1)核实潜在投标人的资格预审材料 (2)合格与不合格潜在投标人名单 (3)潜在投标人名单送业主审核、确认 (4)配合业主可能进行的考察工作 (5)发放资格预审合格通知书、结果通知书	(1)确认有效的资格预审相关资料签字 (2)投标申请人合格与不合格名单 (3)资格预审报告(业主确认) (4)资格预审合格通知书 (5)资格预审结果通知书 (6)文件资料签收表	
五、编制招标文件及工程量清单的编制	(1)仔细阅读设计图纸及规范性文件 (2)与业主共同拟定评标方法、报价方式、担保方式、付款方式等编制招标文件的要求 (3)编制招标文件并经业主确认 (4)编制的工程量清单及工程预算送业主审核及确认 (5)招标文件送招标办备案	(1)招标文件校审记录 (2)招标文件评审报告 (3)招标文件确认报告 (4)招标文件输出审批表 (5)招标文件备案表 (6)工程量清单及预算审核表	
六、发放招标文件	(1)向投标潜在人发放招标文件及图纸 (2)收取资料成本费及图纸押金 (3)提醒潜在投标人投标时应注意的问题以防止出现不必要的"流标"	文件资料签收表	
七、招标答疑(书面)	(1)接受投标人对招标文件提出的疑问 (2)采纳招标办对招标文件提出的修改意见 (3)与业主商定回答疑问的内容 (4)拟定书面答疑资料 (5)答疑文件送招标办备案 (6)在规定的时间内发放至投标人	(1)投标人的疑问记录 (2)招标办的意见记录 (3)答疑文件(经业主确认) (4)文件资料签收单 (5)答疑文件备案表 (6)业主确认报告 (7)文件输出审批表	
八、开标、评标	(1)开标前一天抽取专家组成评委会 (2)做好开标前书面资料准备 (3)接标书 (4)主持开标会 (5)开标、收取投标保证金 (6)参与评标全过程、向评委介绍工程项目的基本情况 (7)完成评标报告	(1)招标人评委备案表 (2)投标文件签收单 (3)开标记录 (4)评标报告	
九、招标情况书面报告	(1)收集有关资料 (2)完成招标情况书面报告送交招标人确认盖章 (3)书面报告送招标办备案 (4)征求业主对招标代理过程的意见	(1)书面报告校审记录 (2)输出文件审批表 (3)书面报告备案表 (4)评价意见表	
十、签发中标通知书	(1)跟踪了解中标公示的结果 (2)缴纳规定的交易费 (3)办理发放中标通知书的手续 (4)接受未中标人的质疑,按招标文件精神给予解答	(1)公示中标结果情况记录 (2)文件资料签收表	
十一、合同备案	(1)协助业主与中标人签定施工合同 (2)向未中标人退回投标保证金和图纸押金、投标文件 (3)收取代理服务费 (4)合同送招标办备案	合同备案表	

工作流程	主要工作内容及步骤	应填写的各项记录	备注
十二、整理资料	(1)收集、整理、装订、移交招标代理过程中各种存档材料 (2)完善各种质量记录	(1)归档文件 (2)相关质量记录	
十三、跟踪了解业主对招标过程的意见	(1)针对招标代理过程中出现的问题,认真分析、总结、写出书面总结报告 (2)出现流标情况开专题情况分析会,查找原因 (3)了解业主对中标人履约情况的意见 (4)送全套资料供业主存档	(1)招标情况报告 (2)业主意见记录资料移交清单	

任务3　建设工程施工招标程序

建设工程施工招标程序主要是指招标工作在时间和空间上应遵循的先后顺序,建设工程公开招标招标的程序如图2-1所示,邀请招标程序可参照公开招标程序进行。招标工作大体上可以分为三个阶段,即招标准备阶段、招标阶段和决标成交阶段。在每一个阶段都要充分贯彻公开竞争的原则,确保公平交易。招标的具体程序各地区和各行业也有相应的具体规定,这里只是介绍一般性的共同规定。

2.3.1　建设工程招标应具备的条件

在建设工程进行招标之前,招标人必须完成必要的准备工作,具备招标所需的条件。招标项目按照规定应具备两个条件:一是项目审批手续已履行;二是资金来源已落实。招标项目按照国家规定需要履行项目审批手续的,应当先履行审批手续。项目建设所需资金必须落实,因为建设资金是最终完成工程项目的物质保证。

对于建设项目不同阶段的招标,又有其更为具体的条件,如工程施工招标应该具备以下条件:

(1)按照国家有关规定需要履行项目审批手续的,已经履行审批手续,建设工程项目的概算已经批准。

(2)工程项目已正式列入国家、部门或地方的年度固定资产投资计划。

(3)建设用地的征用工作已经完成。

(4)有满足施工招标需要的设计文件及其他技术资料。

(5)建设资金及主要建筑材料、设备的来源已经落实。

(6)已经得到建设项目所在地规划部门批准,施工现场的"三通一平"已经完成并列入施工招标范围。

2.3.2　招标前的准备工作

1. 建设工程项目报建

(1)建设工程项目的立项批准文件或年度投资计划下达后,按照《工程建设项目报建管理办法》规定具备条件的,须向建设行政主管部门报建备案。

（2）建设工程项目的报建范围：各类房屋建设（包括新建、改建、扩建、翻建、大修等）、土木工程（包括道路、桥梁、房屋基础打桩）、设备安装、管道线路敷设、装饰装修等建设工程。

（3）建设工程项目报建内容主要包括：工程名称、建设地点、投资规模、资金来源、当年投资额、工程规模、结构类型、发包方式、计划竣工日期、工程筹建情况等。

（4）办理工程报建时应交验的文件资料：立项批准文件或年度投资计划；固定资产投资许可证；建设工程规划许可证；资金证明。

（5）工程报建程序：建设单位填写统一格式的"工程建设项目报建登记表"，有上级主管部门的需经其批准同意后，连同应交验的文件资料一并报建设行政主管部门。

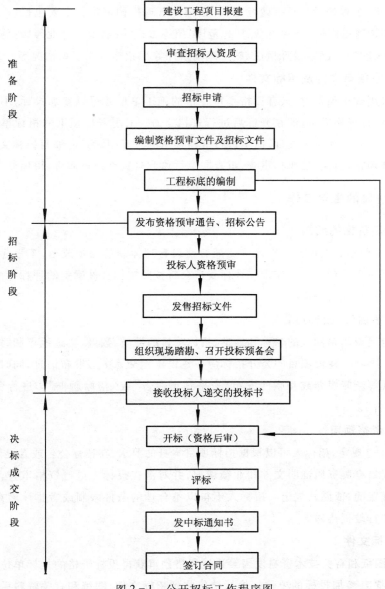

图 2-1　公开招标工作程序图

2. 审查招标人招标资质

建筑工程招标人进行招标一般需抽调人员组建专门的招标工作机构。招标工作机构的人员，一般应包括工程技术人员、工程管理人员、工程法律人员、工程预结算编制人员与工程财务人员等。组织招标有两种情况，招标人自己组织招标或委托招标代理机构代理招标。对于招标人自行办理招标事宜的，必须满足一定的条件，并向其行政监督机关备案，行政监督机关对招标人是否具备自行招标的条件进行监督。对委托招标代理机构也应检查其相应的代理资质。

3. 招标申请

招标单位填写"建设工程施工招标申请表"，凡招标单位有上级主管部门的，需经该主管部门批准同意后，连同"工程建设项目报建登记表"报招标管理机构审批。主要包括以下内容：工程名称、建设地点、招标建设规模、结构类型、招标范围、招标方式、要求施工企业等级、施工前期准备情况（土地征用、拆迁情况、勘察设计情况、施工现场条件等）、招标机构组织情况等。

4. 编制资格预审文件及招标文件

公开招标采用资格预审时，只有资格预审合格的施工单位才可以参加投标；不采用资格预审的公开招标，应进行资格后审，即在开标后进行资格审查。采用资格预审的招标单位需参照标准范本编写资格预审文件和招标文件，而不进行资格预审的公开招标只需编写招标文件。资格预审文件和招标文件须报招标管理机构审查，审查同意后可刊登资格预审通告、招标通告。

2.3.3 招标阶段的主要工作

1. 工程标底价格的编制

长期以来，工程标底是评标标准之一。随着建设管理体制的逐步改革，工程标底的作用逐渐弱化。它只起到一个评标的参考作用。评标委员会将按照招标文件确定的评标标准和办法，对投标文件进行全面评审和比较。

2. 刊登资审通告、招标通告

招标公告应当载明招标人的名称和地址、招标项目的性质、数量、实施地点和时间以及获取招标文件的办法等事项。建设项目的公开招标应在建设工程交易中心发布信息，同时也可通过报纸报刊、广播、电视等新闻媒介或互联网发布"资格预审通告"或"招标通告"。进行资格预审的，刊登"资格预审通告"。

3. 投标人资格预审

《招标投标法》规定，招标人可以根据招标项目本身的要求，在招标公告或者投标邀请书中，要求潜在投标人提供有关资质证明文件和业绩情况，并对潜在投标人进行资格审查；国家对投标人的资格条件有规定的，依照其规定。招标人不得以不合理的条件限制或者排斥潜在投标人，不得对潜在投标人实行歧视待遇。

4. 发售招标文件

招标文件、图纸和有关技术资料发售给通过资格预审获得投标资格的投标单位。不进行资格预审的，发售给愿意参加投标的单位。投标单位收到招标文件、图纸和有关资料后，应认真核对，核对无误后，应以书面形式予以确认。

　　招标单位对招标文件所做的任何修改或补充,须报招标管理机构审查同意后,在投标截止时间之前,同时发给所有获得招标文件的投标单位,投标单位应以书面形式予以确认。修改或补充文件作为招标文件的组成部分,对投标单位起约束作用。

　　投标单位收到招标文件后,若有疑问或不清楚的问题需澄清解释,应在收到招标文件后 7 日内以书面形式向招标单位提出,招标单位应以书面形式或投标预备会形式予以解答。

5. 勘察现场

　　招标单位组织投标单位进行勘察现场的目的在于了解工程场地和周围环境情况,以获取投标单位认为有必要的信息。为便于投标单位提出问题并得到解答,勘察现场一般安排在投标预备会的前 1～2 天。

　　投标单位在勘察现场中如有疑问,应在投标预备会前以书面形式向招标单位提出,但应给招标单位留有解答时间。

　　投标单位通过现场勘察掌握现场施工条件,分析施工现场是否达到招标文件规定的要求。例如:施工现场的地理位置和地形、地貌;施工现场的地质、土质、地下水位、水文等情况;施工现场气候条件,如气温、湿度、风力、年雨雪量等;施工现场环境,如交通、饮水、污水排放、生活用电、通信等;工程在施工现场中的位置或布置;临时用地、临时设施搭建等。

6. 召开投标预备会

　　投标预备会的目的在于澄清招标文件中的疑问,解答投标单位对招标文件和勘察现场中所提出的疑问。投标预备会在招标管理机构监督下,由招标单位组织并主持召开,在预备会上对招标文件和现场情况作介绍或解释,并解答投标单位提出的疑问,包括书面提出的和口头提出的询问。在投标预备会上,还应对图纸进行交底和解释。

　　投标预备会结束后,由招标单位整理会议记录和解答内容,报招标管理机构核准同意后,尽快以书面形式将问题及解答同时发送到所有获得招标文件的投标单位。

　　投标预备会上,招标单位负责人除了介绍工程概况外,还可对招标文件中的某些内容加以修改(需报经招标投标管理机构核准)或予以补充说明,并对投标人研究招标文件和现场考察后以书面形式提出的问题和会议上即席提出的问题给予解答。会议结束后,招标人应将会议记录用书面通知的形式发给每一位投标人。补充文件作为招标文件的组成部分,具有同等的法律效力。

2.3.4　决标成交阶段的主要工作

1. 接受投标文件

　　招标文件中应明确规定投标者投送投标文件的地点和期限。投标人送达投标文件时,招标单位应检验文件密封和送达时间是否符合要求,合格者发给回执,否则拒收。

2. 开标

　　公开招标和邀请招标均应举行开标会议,以体现招标的公平、公正和公开原则。开标应当在招标文件确定的提交投标文件截止时间的同一时间公开进行;开标地点应当为招标文件中预先确定的地点。开标由招标人主持,邀请所有投标人参加。开标时,由投标人或者其推选的代表检查投标文件的密封情况,也可以由招标人委托的公证机构检查并公证;经确认无误后,由工作人员当众拆封,宣读投标人名称、投标价格和投标文件的其他主要内容。招标人在招标文件要求提交投标文件的截止时间前收到的所有投标文件,开标时都应当当众予以拆封、宣读。开标过程应当记录,并存档备查。

依照《房屋建筑和市政基础设施工程施工招标投标管理办法》,在开标时,投标文件出现下列情形之一的,应当作为无效投标文件,不得进入评标:

(1)投标文件未按照其要求予以密封的;

(2)投标文件中的投标函未加盖投标人的企业及企业法定代表人印章的,或者企业法定代表人的委托代理人没有合法、有效的委托书(原件)及委托代理人印章的;

(3)投标文件的关键内容字迹模糊、无法辨认的;

(4)投标人未按照招标文件的要求提供投标保函或者投标保证金的;

(5)组成联合体投标的,投标文件未附联合体各方共同投标协议的。

3. 评标

评标是评标委员会按照招标文件确定的评标标准和方法,依据平等竞争、公正合理的原则对投标文件优劣进行评审和比较,以便最终确定中标人。

1)评标委员会

评标委员会由招标人的代表和有关技术、经济等方面的专家组成,成员人数为5人以上单数,其中招标人以外的专家不得少于成员总数的三分之二。这里所说的专家应当从事相关领域工作满8年并具有高级职称或者具有同等专业水平,由招标人从国务院有关部门或者省、自治区、直辖市人民政府有关部门提供的专家名册或者招标代理机构的专家库内的相关专业的专家名单中确定;一般招标项目可以采取随机抽取方式,特殊招标项目可以由招标人直接确定。与投标人有利害关系的人不得进入评标委员会,已经进入的应当更换,以保证评标的公平和公正。评标委员会成员的名单在中标结果确定前应当保密。

为确保评标委员会成员能够客观、公正、实事求是地提出评审意见,防止评标环节发生腐败现象,《招标投标法》第44条为评标委员会成员设置了三条行为规则,即应当客观、公正地履行职务,遵守职业道德,对所提出的评审意见承担个人责任;不得私下接触投标人,不得收受投标人的财物或者其他好处;不得透露对投标文件的评审和比较、中标候选人的推荐情况以及与评标有关的其他情况。

2)评标工作程序

小型工程由于承包工作内容较为简单、合同金额不大,可以采用即开、即评、即定的方式由评标委员会及时确定中标人。

大型工程项目的评标因评审内容复杂、涉及面宽,通常需分成初评和详评两个阶段进行。详评通常分为两个步骤进行。首先对各投标书进行技术和商务方面的审查,评定其合理性,以及若将合同授予该投标人在履行过程中可能给招标人带来的风险。评标委员会认为必要时可以单独约请投标人对标书中含义不明确的内容作必要的澄清或说明,但澄清或说明不得超出投标文件的范围或改变投标文件的实质性内容。澄清内容也要整理成文字材料,作为投标书的组成部分。在对标书审查的基础上,评标委员会比较各投标书的优劣,并编写评标报告。

3)评标报告

《招标投标法》规定:"评标委员会完成评标后,应当向招标人提出书面评标报告,并推荐合格的中标候选人。"评标报告,是评标委员会经过对各投标书评审后向招标人提出的结论性报告,作为定标的主要依据。评标报告应包括评标情况说明、对各个合格投标书的评价、推荐合格的(1~3

个)中标候选人等内容。如果评标委员会经过评审,认为所有投标都不符合招标文件的要求,可以否决所有投标。依法必须进行招标的项目的所有投标被否决的,招标人应当重新进行招标。

4. 定标

定标,又称决标,是指发包方从投标者中最终选定中标者作为工程的承包方的活动。定标必须遵循平等竞争、择优选定的原则,按照规定的程序,从评标委员会推荐的中标候选人中择优选定中标人,并与其签订建筑工程承包合同。在确定中标人前,招标人不得与投标人就投标价格、投标方案等实质性内容进行谈判。依法必须进行招标的项目,招标人应当自确定中标人之日起 15 日内,向有关行政监督部门提交招标投标情况的书面报告。

5. 发出中标通知书,同时通报所有投标人

确定中标单位后,招标单位应当于 7 天内发出中标通知书,同时抄送各未中标单位。中标通知书对招标人和中标人具有法律效力。中标通知书发出后,招标人改变中标结果的,或者中标人放弃中标项目的,应当依法承担法律责任。

6. 招标单位与中标单位签订建筑工程承包合同

依照《招标投标法》的规定,招标人和中标人应当自中标通知书发出之日起 30 日内,按照招标文件和中标人的投标文件订立书面合同。招标人和中标人不得再行订立背离合同实质性内容的其他协议。招标文件要求中标人提交履约保证金的,中标人应当提交。

任务 4　建设工程招标文件编制

建设工程招标文件是建设工程招投标活动中最重要的法律文件,招标文件的编制是工程施工招标投标工作的核心。它不仅规定了完整的招标程序,而且还提出了各项技术标准和交易条件,拟列了合同的主要条款。招标文件是评标委员会评审的依据,也是签订合同的基础,同时也是招标人编制标底的依据和投标人编制投标文件的重要依据。从一定意义上说,招标文件的编制质量优劣势决定招标工作成败的关键;招标人理解与掌握招标文件的程度高低是决定投标能否中标并取得赢利的关键。

为了规范施工招标投标工作,并指导建设工程其他方面的招投标工作,原建设部在原 2003 年实施的《房屋建筑和市政基础设施工程施工招标文件范本》基础上,根据实际执行过程中出现的问题及时进行修订,形成《中华人民共和国标准施工招标文件》(以下简称《标准施工招标文件》)(2007 年版)。

2.4.1　《标准施工招标文件》(2007 年版)实施原则和特点

《标准施工招标文件》(2007 年版)定位于通用性,着力解决施工招标文件编制中带有普遍性和共性的问题。实施过程中始终坚持以下原则:一是严格遵守上位法的规定。严格遵守《招标投标法》、《合同法》、《保险法》、《环境保护法》、《建筑法》、《建设工程质量管理条例》、《建设工程安全生产管理条例》等与工程建设有关的现行法律法规,不作任何突破或超越。二是妥善处理好与行业标准施工招标文件的关系。《标准施工招标文件》重点规范具有共性的问题,对于行业要求差别较大的事项,由各行业标准施工招标文件规定。三是切实解决当前存在的突出问题。《标准施

工招标文件》(2007版)针对招标文件编制活动中存在的突出问题,如有些领域和活动缺乏相应的规范标准和文件、没有严格贯彻执行"公开、公平、公正"原则、程序不规范、方法不统一等,作出了相应规定。

与以前的行业标准施工招标文件相比,在指导思想、体例结构、主要内容以及使用要求等方面都有较大的创新和变化,体现出一些新的特点:《标准施工招标文件》(2007年版)不再分行业而是按施工合同的性质和特点编制招标文件,首次专门对资格预审作出详细规定,结合我国实际情况对通用合同条款作了较为系统的规定,除增设合同争议专家评审制度外,在加强环境保护、制止商业贿赂、保证按时支付农民工工资等方面,也提出了新的更高要求。

2.4.2 《标准施工招标文件》(2007年版)适用范围

《标准施工招标文件》(2007年版)适用于一定规模以上,且设计和施工不是由同一承包商承担的工程施工招标。

《标准施工招标文件》(2007年版)在政府投资项目中试行。为保证试行效果,各部门选择试点的项目应当具有一定规模。对于小型项目,打算编制简明合同条款。在合同类型上,《标准施工招标文件》(2007年版)适用于由招标人提供设计的施工合同。考虑到各部门、各地区情况不同,省级以上人民政府有关部门可以按规定对试点项目范围、试点项目招标人使用《标准施工招标文件》(2007年版)及行业标准施工招标文件提出进一步要求。条件成熟的,可以全面推行。

试点项目适用《标准施工招标文件》(2007年版)时应注意以下问题:为了能够切实起到规范招标文件编制活动的作用,《标准施工招标文件》(2007年版)在总结我国施工招标经验并借鉴世界银行做法的基础上,规定一些章节应当不加修改地使用。为了避免不加修改地使用有关章节可能造成的以偏概全或者不能充分体现项目具体特点等问题,《标准施工招标文件》(2007年版)在相关章节中设置了"前附表"或"专用合同条款"。对于不可能事先确定下来,以及需要招标人根据招标项目具体特点和实际需要补充细化的内容,由招标人在"前附表"或者"专用合同条款"中再行补充。

2.4.3 《标准施工招标文件》(2007年版)内容

根据《标准施工招标文件》(2007年版)的规定,对于公开招标的招标文件共分为四卷八章。其具体内容如下:招标公告(或投标邀请书)、投标人须知、评标办法、合同条款及格式、工程量清单、图纸、技术标准和要求、投标文件格式。另外投标人须知前附表规定的其他材料,有关条款对招标文件所作的澄清、修改也构成招标文件的组成部分。

1. 招标公告

建设工程施工采用公开招标方式的,招标人应当发布招标公告,邀请不特定的法人或者其他组织投标。依法必须进行施工招标项目的招标公告,应当在国家制定的报刊、信息网络和其他媒介上发布。采用邀请招标方式的,招标人应当向3家以上具备承担施工招标项目的能力,资信良好的特定法人或者其他组织发出投标邀请书。

招标公告或者投标邀请书应当至少载明下列内容:招标人的名称和地址;招标项目的内容、规模、资金来源;招标项目的实施地点和工期;获取招标文件或者资格预审文件的地点和时间;对招标文件后者资格预审文件收取的费用；对招标人资质等级的要求。

招标人应当按照招标公告或者投标邀请书规定的时间、地点出售招标文件或资格预审文件。自招标文件或者资格预审文件出售之日起至停止出售之日止，最短不少于 5 个工作日。

招标公告（投标邀请书）格式具体如下所示。

投标邀请书（适用于邀请招标）

_____（项目名称）_____标段施工投标邀请书

_____（被邀请单位名称）：

1. 招标条件

本招标项目_____（项目名称）已由_____（项目审批、核准或备案机关名称）以_____（批文名称及编号）批准建设，项目业主为_____，建设资金来自_____（资金来源），出资比例为_____，招标人为_____。项目已具备招标条件，现邀请你单位参加_____（项目名称）_____标段施工投标。

2. 项目概况与招标范围

_____（说明本次招标项目的建设地点、规模、计划工期、招标范围、标段划分等）。

3. 投标人资格要求

3.1 本次招标要求投标人具备_____资质，_____业绩，并在人员、设备、资金等方面具有承担本标段施工的能力。

3.2 你单位_____（可以或不可以）组成联合体投标。联合体投标的，应满足下列要求：_____。

4. 招标文件的获取

4.1 请于___年___月___日至___年___月___日（法定公休日、法定节假日除外），每日上午____时至____时，下午____时至____时（北京时间，下同），在_____（详细地址）持本投标邀请书购买招标文件。

4.2 招标文件每套售价____元，售后不退。图纸押金_____元，在退还图纸时退还（不计利息）。

4.3 邮购招标文件的，需另加手续费（含邮费）____元。招标人在收到邮购款（含手续费）后____日内寄送。

5. 投标文件的递交

5.1 投标文件递交的截止时间（投标截止时间，下同）为___年___月___日___时__分，地点为_____。

5.2 逾期送达的或者未送达指定地点的投标文件，招标人不予受理。

6. 确认

你单位收到本投标邀请书后，请于_____（具体时间）前以传真或快递方式予以确认。

7. 联系方式

招　标　人：_____	招标代理机构：_____
地　　　址：_____	地　　　址：_____
邮　　　编：_____	邮　　　编：_____
联　系　人：_____	联　系　人：_____
电　　　话：_____	电　　　话：_____
传　　　真：_____	传　　　真：_____
电子邮件：_____	电子邮件：_____
网　　　址：_____	网　　　址：_____
开户银行：_____	开户银行：_____
账　　　号：_____	账　　　号：_____

_____年___月___日

2. 投标人须知

投标人须知是投标人的投标指南，投标须知一般包括两部分：一部分为投标人须知前附表，另一部分为投标须知正文。

投标人须知前附表是指把投标活动中的重要内容以列表的方式表示出来,其内容与格式如表 2－4 所示。

表 2－4　投标人须知前附表

序号	条款号	内容(规定、要求)
1		工程综合说明 工程名称: 建设地点: 结构类型及层数: 建设规模: 承包方式: 要求质量标准: 要求工期:　年　月　日开工,　年　月　日竣工,工期　天(日历日) 招标范围
2		资金来源:
3		投标文件:正本壹份,副本　份
4		投标人资质等级:
5		投标有效期为　天(日历日)
6		投标保证金数额:　%　或　元
7		投标预备会　时间:　地点:
8		招标文件副本份数为　份
9		工程报价方式:
10		资格审查方式:
11		投标文件递交至　单位:　地址:
12		投标截止日期　时间:
13		开标　时间:　地点:
14		履约保证金:中标价的　%,发出中标通知书的　天内交纳
15		评标办法及标准:

投标须知正文内容很多,主要包括以下几部分。

1)总则

(1)工程说明。主要说明工程的名称、位置、合同名称等情况,通常见前附表所述。

(2)资金来源。主要说明招标项目的资金来源和使用支付的限制条件。

(3)资质要求与合格条件。这是指对招标人参加投标并进而被授予合同的资格要求,投标人参加投标进而被授予合同必须具备前附表中所要求的资质等级。组成联合体投标的,按照资质等级较低的单位确定资质等级。

(4)投标费用。投标人应承担其编制、递交投标文件所涉及的一切费用。无论投标结果如何,招标人对投标人在投标过程中发生的一切费用,都不负任何责任。

2)招标文件

这是投标须知中对招标文件的组成、格式、解释、修改等问题所作的说明。投标人应认真审阅招标文件中所有的内容,如果投标人的投标文件实质上不符合招标文件的要求,其投标将被拒绝。

3）投标报价说明

投标报价说明是对投标报价的构成、采用的方式和投标货币等问题的说明。除非合同中另有规定,具有标价的工程量清单中所报的单价和合价,以及报价汇总表中的价格,应包括施工设备、劳务、管理、材料、安装、维护、保险、利润、税金、政策性文件规定及合同包含的所有风险、责任等各项应有的费用。投标人应按招标人提供的工程量计算工程项目的单价和合价,工程量清单中的每一项均需填写单价和合价,投标人没有填写单价和合价的项目将不予支付,并认为此项费用已包括在工程量清单的其他单价和合价中。投标报价可采用固定价和可调价两种方式。

4）投标文件

投标须知中对投标文件的各项具体要求包括以下方面:

（1）投标文件的语言。除专用术语外,与招标投标有关的语言均使用中文。必要时专用术语应附有中文注释。

（2）投标文件的组成。投标人的投标文件应由下列内容组成:

① 投标函及投标函附录;

② 法定代表人身份证明或附有法定代表人身份证明的授权委托书;

③ 联合体协议书;

④ 投标保证金;

⑤ 已标价工程量清单;

⑥ 施工组织设计;

⑦ 项目管理机构;

⑧ 拟分包项目情况表;

⑨ 资格审查资料;

⑩ 投标人须知前附表规定的其他材料。

投标人须知前附表规定不接受联合体投标的,或投标人没有组成联合体的,投标文件不包括联合体协议书。

（3）投标有效期。投标有效期是指投标文件在投标须知规定的截止之后的前附表中所规定的投标有效期的日历日前有效。

（4）投标保证金。投标人在递交投标文件的同时,应按投标人须知前附表规定的金额、担保形式和"投标文件格式"规定的投标保证金格式递交投标保证金,并作为其投标文件的组成部分。联合体投标的,其投标保证金由牵头人递交,并应符合投标人须知前附表的规定。

投标人不按要求提交投标保证金的,其投标文件作废标处理。招标人与中标人签订合同后5个工作日内,向未中标的投标人和中标人退还投标保证金。

有下列情形之一的,投标保证金将不予退还:

① 投标人在规定的投标有效期内撤销或修改其投标文件;

② 中标人在收到中标通知书后,无正当理由拒签合同协议书或未按招标文件规定提交履约担保。

（5）踏勘现场。投标人须知前附表规定组织踏勘现场的，招标人按投标人须知前附表规定的时间、地点组织投标人踏勘项目现场。投标人踏勘现场发生的费用自理。除招标人的原因外，投标人自行负责在踏勘现场中所发生的人员伤亡和财产损失。招标人在踏勘现场中介绍的工程场地和相关的周边环境情况，供投标人在编制投标文件时参考，招标人不对投标人据此作出的判断和决策负责。

（6）投标预备会。投标人须知前附表规定召开投标预备会的，招标人按投标人须知前附表规定的时间和地点召开投标预备会，澄清投标人提出的问题。投标人应在投标人须知前附表规定的时间前，以书面形式将提出的问题送达招标人，以便招标人在会议期间澄清。投标预备会后，招标人在投标人须知前附表规定的时间内，将对投标人所提问题的澄清，以书面方式通知所有购买招标文件的投标人。该澄清内容为招标文件的组成部分。

（7）投标文件的分数和签署。投标文件正本一份，副本份数见投标人须知前附表要求。正本和副本的封面上应清楚地标记"正本"或"副本"的字样。当副本和正本不一致时，以正本为准。

投标文件应用不褪色的材料书写或打印，并由投标人的法定代表人或其委托代理人签字或盖单位章。委托代理人签字的，投标文件应附法定代表人签署的授权委托书。投标文件应尽量避免涂改、行间插字或删除。如果出现上述情况，改动之处应加盖单位章或由投标人的法定代表人或其授权的代理人签字确认。签字或盖章的具体要求见投标人须知前附表。

投标文件的正本与副本应分别装订成册，并编制目录，具体装订要求见投标人须知前附表规定。

5）投标文件的提交

（1）投标文件的密封与标志。投标人应将投标文件的正本与副本应分开包装，加贴封条，并在封套的封口处加盖投标人单位章。投标文件的封套上应清楚地标记"正本"或"副本"字样，封套上应写明的其他内容见投标人须知前附表。未按要求密封和加写标记的投标文件，招标人不予受理。

（2）投标截止期。投标截止期是指招标人在招标文件中规定的最晚提交投标文件的时间和日期。招标人在投标截止期以后收到的投标文件，将原封退给投标人。

（3）投标文件的修改与撤回。投标人在递交投标文件以后，在规定的投标截止时间前可以修改或撤回已递交的投标文件，但应以书面形式通知招标人。投标人修改或撤回已递交投标文件的书面通知应按照要求签字或盖章。招标人收到书面通知后，向投标人出具签收凭证。修改的投标文件应按照规定进行编制、密封、标记和递交，并标明"修改"字样。修改的内容为投标文件的组成部分。

6）开标与评标

招标人在规定的投标截止时间（开标时间）和投标人须知前附表规定的地点公开开标，并邀请所有投标人的法定代表人或其委托代理人准时参加。评标由招标人依法组建的评标委员会负责。评标委员会由招标人或其委托的招标代理机构熟悉相关业务的代表，以及有关技术、经济等方面的专家组成。评标委员会成员人数以及技术、经济等方面专家的确定方式见投标人须知前附表。评标委员会成员有下列情形之一的，应当回避：

（1）招标人或投标人的主要负责人的近亲属；

（2）项目主管部门或者行政监督部门的人员；

（3）与投标人有经济利益关系，可能影响对投标公正评审的；

（4）曾因在招标、评标以及其他与招标投标有关活动中从事违法行为而受过行政处罚或刑事处罚的。

7）合同授予

（1）定标方式。除投标人须知前附表规定评标委员会直接确定中标人外，招标人依据评标委员会推荐的中标候选人确定中标人，评标委员会推荐中标候选人的人数见投标人须知前附表。

（2）中标通知。在规定的投标有效期内，招标人以书面形式向中标人发出中标通知书，同时将中标结果通知未中标的投标人。

（3）履约担保。在签订合同前，中标人应按投标人须知前附表规定的金额、担保形式和招标文件"合同条款及格式"规定的履约担保格式向招标人提交履约担保。联合体中标的，其履约担保由牵头人递交，并应符合投标人须知前附表规定的金额、担保形式和招标文件第四章"合同条款及格式"规定的履约担保格式要求。中标人不能按要求提交履约担保的，视为放弃中标，其投标保证金不予退还，给招标人造成的损失超过投标保证金数额的，中标人还应当对超过部分予以赔偿。

（4）签订合同。招标人和中标人应当自中标通知书发出之日起 30 天内，根据招标文件和中标人的投标文件订立书面合同。中标人无正当理由拒签合同的，招标人取消其中标资格，其投标保证金不予退还；给招标人造成的损失超过投标保证金数额的，中标人还应当对超过部分予以赔偿。发出中标通知书后，招标人无正当理由拒签合同的，招标人向中标人退还投标保证金；给中标人造成损失的，还应当赔偿损失。

3. 评标办法

我国目前常用的评标方法有经评审的最低投标价法和综合评估法等。具体见单元四任务二建设工程施工评标的内容。

4. 合同条款及格式

招标文件中的合同条件，是招标人与中标人签订合同的基础，是双方强权利义务的约定，合同条件是否完善、公平，将影响合同内容的正常履行。为了方便招标人和中标人签订合同，目前国际上和国内都制定有相关的合同条件标准模式，如国际工程承发包中广泛使用的 FIDIC 合同条件、住房与城乡建设部和国家工商行政管理总局 2013 年 4 月 3 日联合下发的适合国内工程承发包使用的《建设工程施工合同（示范文本）》（GF—2013—0201）中的合同条款等。我国的合同条款分为三部分，第一部分是协议书，第二部分是通用条款，是运用于各类建设工程项目的具有普遍适应性的标准化条件，其中凡双方未明确提出或者声明修改、补充或取消的条款，就是双方都要履行的；第三部分是专用条款，是针对某一特定工程项目，对通用条件的修改、补充或取消。

合同的格式是指招标人在招标文件中拟定好的合同具体格式，在定标后由招标人与中标人达成一致协议后签署。招标文件中的合同格式，主要有合同协议书格式、银行履约保函格式、履约担保书格式、预付款银行保函格式等。

5. 工程量清单

招标文件中的工程量清单是按国家颁布的统一工程项目划分，统一计量单位和统一的工程量计算规则,根据施工图纸计算工程量,给出工程量清单,作为投标人投标报价的基础。工程量清单中工程量项目应是施工的全部项目,并且要按一定的格式编写。

1)工程量清单说明

(1)工程量清单是按分部分项工程提供的。

(2)工程量清单是依据有关工程量计算规则编制的。

(3)工程量清单中的工程量是招标人的估算值。

(4)工程量清单中,投标人标价并中标后,该工程量清单则作为合同文件的重要组成部分。

2)工程量清单报价表

工程量清单报价表是招标人在招标文件中提供给投标人,投标人按表中的项目填报每项的价格,按逐项的价格汇总成整个工程的投标报价。

【相关链接】工程量清单表如2-5所示,投标报价汇总表如表2-6所示。

表2-5 工程量清单表

_____(项目名称)_____标段

序号	编码	子目名称	内　容　描　述	单位	数量	单价	合价

本页报价合计:_____

表2-6 投标报价汇总表

_____(项目名称)_____标段

汇总内容	金额	备注
……		
……		
清单小计　A		
包含在清单小计中的材料、工程设备暂估价　B 专业工程暂估价　C 暂列金额　E 包含在暂列金额中的计日工　D 暂估价　$F=B+C$ 规费　G 税金　H 投标报价　$P=A+C+E+G+H$		

6. 图纸

图纸是招标文件的重要组成部分,是投标人在拟定施工方案,确定施工方法,计算或校核工程量,计算投标报价不可缺少的资料。招标人应对其所提供的图纸资料的正确性负责。

7. 技术标准和要求(略)

8. 投标文件格式、投标人须知前附表规定的其他材料(略)

任务 5 投标资格审查

2.5.1 资格预审公告

在招投标过程中,对已经获得招标信息愿意参加投标的报名者都要进行资格审查。资格审查分为资格预审和资格后审两类,资格预审在投标之前进行,资格后审在开标后进行。我国大多数地方采用资格预审的方式。

资格预审是对已获得招标信息愿意参加投标的报名者进行通过对申请单位填报的资格预审文件和资料进行评比和分析,按程序确定出合格的潜在投标人名单,并向其发出资格预审合格通知书,通知其在规定的时间内领取招标文件、图纸及有关技术资料。招标人可以根据招标工程的需要,对投标申请人进行资格预审,也可以委托工程招标代理机构对投标申请人进行资格预审。实行资格预审时,招标人应当在招标公告或投标邀请书中明确对投标人资格预审文件和获取资格预审文件的办法,并按照规定的条件和办法对报名或邀请的投标人进行资格预审。资格预审的要求与内容,一般在公布招标公告之前预先发布招标资格预审通告或在招标公告中提出。

资格后审是指投标人在提交投标书的同时报送资格审查的资料,以便评标委员会在开标后或评标前对投标人资格进行审查,资格后审的审查内容基本上同资格预审的审查内容,经评标委员会审查资格合格者,才能列入进一步评标的工作程序。资格后审适用于某些开工要求紧迫,工程较为简单的情况。资格后审制与资格预审制相比有四个方面的明显变化:投标人身份不确定性、投标人之间不接触性、投标人数广泛性、投标人信息湮没性,这些有益的变化有力地遏制了串围标现象的发生,有利于规范市场秩序、降低工程造价、节约财政资金。

根据《中华人民共和国房屋建筑和市政工程标准施工招标资格预审文件》(2010 年版),资格预审公告如下:

_____(项目名称)_____标段施工招标
资格预审公告(代招标公告)

1. 招标条件

本招标项目_____(项目名称)已由_____(项目审批、核准或备案机关名称)以_____(批文名称及编号)批准建设,项目业主为_____,建设资金来自_____(资金来源),项目出资比例为_____,招标人为_____,招标代理机构为_____。项目已具备招标条件,现进行公开招标,特邀请有兴趣的潜在投标人(以下简称申请人)提出资格预审申请。

2. 项目概况与招标范围

(说明本次招标项目的建设地点、规模、计划工期、合同估算价、招标范围、标段划分(如果有)等)。

3. 申请人资格要求

3.1 本次资格预审要求申请人具备_____资质,_____(类似项目描述)业绩,并在人员、设备、资金等方面具备相应的施工能力,其中,申请人拟派项目经理须具备_____专业_____级注册建造师执业资格和有效的安全生产考核合格证书,且未担任其他在施建设工程项目的项目经理。

3.2 本次资格预审_____(接受或不接受)联合体资格预审申请。联合体申请资格预审的,应满足下列要求:_____。

3.3 各申请人可就本项目上述标段中的_____(具体数量)个标段提出资格预审申请,但最多允许中标_____

（具体数量）个标段（适用于分标段的招标项目）。

4. 资格预审方法

本次资格预审采用_____（合格制/有限数量制）。采用有限数量制的,当通过详细审查的申请人多于_____家时,通过资格预审的申请人限定为_____家。

5. 申请报名

凡有意申请资格预审者,请于____年____月____日至____年____月____日（法定公休日、法定节假日除外）,每日上午____时至____时,下午____时至____时（北京时间,下同）,在_____（有形建筑市场/交易中心名称及地址）报名。

6. 资格预审文件的获取

6.1 凡通过上述报名者,请于____年____月____日至____年____月____日（法定公休日、法定节假日除外）,每日上午____时至____时,下午____时至____时,在（详细地址）持单位介绍信购买资格预审文件。

6.2 资格预审文件每套售价_____元,售后不退。

6.3 邮购资格预审文件的,需另加手续费（含邮费）_____元。招标人在收到单位介绍信和邮购款（含手续费）后____日内寄送。

7. 资格预审申请文件的递交

7.1 递交资格预审申请文件截止时间（申请截止时间,下同）为____年____月____日____时____分,地点为_____（有形建筑市场/交易中心名称及地址）。

7.2 逾期送达或者未送达指定地点的资格预审申请文件,招件人不予受理。

8. 发布公告的媒介

本次资格预审公告同时在_____（发布公告的媒介名称）上发布。

9. 联系方式

招 标 人:_____	招标代理机构:_____
地　　址:_____	地　　址:_____
邮　　编:_____	邮　　编:_____
联 系 人:_____	联 系 人:_____
电　　话:_____	电　　话:_____
传　　真:_____	传　　真:_____
电子邮件:_____	电子邮件:_____
网　　址:_____	网　　址:_____
开户银行:_____	开户银行:_____
账　　号:_____	账　　号:_____

_____年____月____日

资格预审公告发布时,申请人须知以申请人须知前附表（见表2-7）的形式一起发布。

表 2-7　申请人须知前附表

条款号	条 款 名 称	编 列 内 容
1.1.2	招标人	名　称: 地　址: 联系人: 电　话: 电子邮件:

条款号	条款名称	编列内容
1.1.3	招标代理机构	名　　称： 地　　址： 联系人： 电　　话： 电子邮件：
1.1.4	项目名称	
1.1.5	建设地点	
1.2.1	资金来源	
1.2.2	出资比例	
1.2.3	资金落实情况	
1.3.1	招标范围	
1.3.2	计划工期	计划工期：_____日历天 计划开工日期：___年___月___日 计划竣工日期：___年___月___日
1.3.3	质量要求	质量标准：
1.4.1	申请人资质条件、能力和信誉	资质条件： 财务要求： 业绩要求：（与资格预审公告要求一致） 信誉要求： (1)诉讼及仲裁情况 (2)不良行为记录 (3)合同履约率 项目经理资格：_____专业_____级（含以上级）注册建造师执业资格和有效的安全生产考核合格证书,且未担任其他在施建设工程项目的项目经理。 其他要求： (1)拟投入主要施工机械设备情况 (2)拟投入项目管理人员 (3)……
1.4.2	是否接受联合体资格预审申请	□ 不接受 □ 接受,应满足下列要求： 其中:联合体资质按照联合体协议约定的分工认定,其他审查标准按联合体协议中约定的各成员分工所占合同工作量的比例,进行加权折算
2.2.1	投标人要求澄清 资格预审文件的截止时间	
2.2.2	招标人澄清 资格预审文件的截止时间	
2.2.3	申请人确认收到 资格预审文件澄清的时间	
2.3.1	招标人修改 资格预审文件的截止时间	
2.3.2	申请人确认收到 资格预审文件修改的时间	

条款号	条款名称	编列内容
3.1.1	申请人需补充的其他材料	(9)其他企业信誉情况表 (10)拟投入主要施工机械设备情况 (11)拟投入项目管理人员情况 ……
3.2.4	近年财务状况的年份要求	___年,指___年___月___日起至___年___月___日止。
3.2.5	近年完成的类似项目的年份要求	___年,指___年___月___日起至___年___月___日止。
3.2.7	近年发生的诉讼及仲裁情况的年份要求	___年,指___年___月___日起至___年___月___日止。
3.3.1	签字和(或)盖章要求	
3.3.2	资格预审申请文件副本份数	_____份
3.3.3	资格预审申请文件的装订要求	□不分册装订 □分册装订,共分__册,分别为: _____ _____ 每册采用____方式装订,装订应牢固、不易拆散和换页,不得采用活页装订
4.1.2	封套上写明	招标人的地址: 招标人全称: ____(项目名称)____标段施工招标资格预审申请文件在___年___月___日___时___分前不得开启
4.2.1	申请截止时间	___年___月___日___时___分
4.2.2	递交资格预审申请文件的地点	
4.2.3	是否退还资格预审申请文件	□否　　　　□是,退还安排:
5.1.2	审查委员会人数	审查委员会构成:____人,其中招标人代表____人(限招标人在职人员,且应当具备评标专家的相应的或者类似的条件),专家____人; 审查专家确定方式:_____
5.2	资格审查方法	□合格制　　　　□有限数量制
6.1	资格预审结果的通知时间	
6.3	资格预审结果的确认时间	
9	需要补充的其他内容	
9.1	词语定义	
9.1.1	类似项目 类似项目是指:	
9.1.2	不良行为记录 不良行为记录是指:	
……	……	
9.2	资格预审申请文件编制的补充要求	
9.2.1	"其他企业信誉情况表"应说明企业不良行为记录、履约率等相关情况,并附相关证明材料,年份同第3.2.7项的年份要求	
9.2.2	"拟投入主要施工机械设备情况"应说明设备来源(包括租赁意向)、目前状况、停放地点等情况,并附相关证明材料	

条款号	条 款 名 称	编 列 内 容
9.2.3		"拟投入项目管理人员情况"应说明项目管理人员的学历、职称、注册执业资格、拟任岗位等基本情况,项目经理和主要项目管理人员应附简历,并附相关证明材料
9.3	通过资格预审的申请人(适用于有限数量制)	
9.3.1		通过资格预审申请人分为"正选"和"候补"两类。资格审查委员会应当根据第三章"资格审查办法(有限数量制)"第3.4.2项的排序,对通过详细审查的情况人按得分由高到低顺序,将不超过第三章"资格审查办法(有限数量制)"第1条规定数量的申请人列为通过资格预审申请人(正选),其余的申请人依次列为通过资格预审的申请人(候补)
9.3.2		根据本章第6.1款的规定,招标人应当首先向通过资格预审申请人(正选)发出投标邀请书
9.3.3		根据本章第6.3款、通过资格预审申请人项目经理不能到位或者利益冲突等原因导致潜在投标人数量少于第3章"资格审查办法(有限数量制)"第1条规定的数量的,招标人应当按照通过资格预审申请人(候补)的排名次序,由高到低依次递补
9.4	监督	
		本项目资格预审活动及其相关当事人应当接受有管辖权的建设工程招标投标行政监督部门依法实施的监督
9.5	解释权	
		本资格预审文件由招标人负责解释
9.6	招标人补充的内容	
……	……	

2.5.2 资格预审申请文件

资格预审申请文件格式

目　录

一、资格预审申请函

二、法定代表人身份证明

三、授权委托书

四、联合体协议书

五、申请人基本情况表

六、近年财务状况表

七、近年完成的类似项目情况表

八、正在施工的和新承接的项目情况表

九、近年发生的诉讼和仲裁情况

十、其他材料

(一)其他企业信誉情况表

(二)拟投入主要施工机械设备情况表

(三)拟投入项目管理人员情况表

……

一、资格预审申请函

_____(招标人名称):

1. 按照资格预审文件的要求,我方(申请人)递交的资格预审申请文件及有关资料,用于你方(招标人)审查我方参加 _____(项目名称)____标段施工招标的投标资格。

2. 我方的资格预审申请文件包含第二章"申请人须知"第3.1.1项规定的全部内容。

3. 我方接受你方的授权代表进行调查,以审核我方提交的文件和资料,并通过我方的客户,澄清资格预审申请文件中有关财务和技术方面的情况。

4. 你方授权代表可通过_____(联系人及联系方式)得到进一步的资料。

5. 我方在此声明,所递交的资格预审申请文件及有关资料内容完整、真实和准确,且不存在第二章"申请人须知"第1.4.3项规定的任何一种情形。

申请人:_____(盖单位章)

法定代表人或其委托代理人:_____(签字)

电　　话:_____

传　　真:_____

申请人地址:_____

邮政编码:_____

_____年_____月_____日

二、法定代表人身份证明

申　请　人:_____

单位性质:_____

地　　址:_____

成立时间:_____年_____月_____日

经营期限:_____

姓　　名:_____性　　别:_____

年　　龄:_____职　　务:_____

系_____(申请人名称)的法定代表人。

特此证明。

申请人:_____(盖单位章)

_____年_____月_____日

三、授权委托书

本人_____(姓名)系_____(申请人名称)的法定代表人,现委托_____(姓名)为我方代理人。代理人根据授权,以我方名义签署、澄清、说明、补正、递交、撤回、修改_____(项目名称)____标段施工招标资格预审文件,其法律后果由我方承担。

委托期限:_____

_____。

代理人无转委托权。

附:法定代表人身份证明

申　请　人：_____（盖单位章）

法定代表人：_____（签字）

身份证号码：_____

委托代理人：_____（签字）

身份证号码：_____

_____年_____月_____日

四、联合体协议书

牵头人名称：_____

法定代表人：_____

法定住所：_____

成员二名称：_____

法定代表人：_____

法定住所：_____

……

鉴于上述各成员单位经过友好协商,自愿组成_____（联合体名称）联合体,共同参加_____（招标人名称）（以下简称招标人）_____（项目名称）_____标段（以下简称合同）。现就联合体投标事宜订立如下协议：

1. _____（某成员单位名称）为_____（联合体名称）牵头人。

2. 在本工程投标阶段,联合体牵头人合法代表联合体各成员负责本工程资格预审申请文件和投标文件编制活动,代表联合体提交和接收相关的资料、信息及指示,并处理与资格预审、投标和中标有关的一切事务;联合体中标后,联合体牵头人负责合同订立和合同实施阶段的主办、组织和协调工作。

3. 联合体将严格按照资格预审文件和招标文件的各项要求,递交资格预审申请文件和投标文件,履行投标义务和中标后的合同,共同承担合同规定的一切义务和责任,联合体各成员单位按照内部职责的划分,承担各自所负的责任和风险,并向招标人承担连带责任。

4. 联合体各成员单位内部的职责分工如下：_____

_____。

按照本条上述分工,联合体成员单位各自所承担的合同工作量比例如下：_____

_____。

5. 资格预审和投标工作以及联合体在中标后工程实施过程中的有关费用按各自承担的工作量分摊。

6. 联合体中标后,本联合体协议是合同的附件,对联合体各成员单位有合同约束力。

7. 本协议书自签署之日起生效,联合体未通过资格预审、未中标或者中标时合同履行完毕后自动失效。

8. 本协议书一式_____份,联合体成员和招标人各执一份。

牵头人名称：_____（盖单位章）

法定代表人或其委托代理人：_____（签字）

成员二名称：_____（盖单位章）

法定代表人或其委托代理人：_____（签字）

……

_____年_____月_____日

备注：本协议书由委托代理人签字的,应附法定代表人签字的授权委托书。

五、申请人基本情况表

申请人名称							
注册地址					邮政编码		
联系方式	联系人				电 话		
	传 真				网 址		
组织结构							
法定代表人	姓名		技术职称			电话	
技术负责人	姓名		技术职称			电话	
成立时间				员工总人数:			
企业资质等级			其中	项目经理			
营业执照号				高级职称人员			
注册资本金				中级职称人员			
开户银行				初级职称人员			
账号				技 工			
经营范围							
体系认证情况	说明:通过的认证体系、通过时间及运行状况						
备 注							

六、近年财务状况表

近年财务状况表指经过会计师事务所或者审计机构的审计的财务会计报表,以下各类报表中反映的财务状况数据应当一致,如果有不一致之处,以不利于申请人的数据为准。

（一）近年资产负债表

（二）近年损益表

（三）近年利润表

（四）近年现金流量表

（五）财务状况说明书

备注:除财务状况总体说明外,本表应特别说明企业净资产,招标人也可根据招标项目具体情况要求说明是否拥有有效期内的银行 AAA 资信证明、本年度银行授信总额度、本年度可使用的银行授信余额等。

七、近年完成的类似项目情况表

类似项目业绩须附合同协议书和竣工验收备案登记表复印件。

项目名称	
项目所在地	
发包人名称	
发包人地址	
发包人电话	

项目名称	
合同价格	
开工日期	
竣工日期	
承包范围	
工程质量	
项目经理	
技术负责人	
总监理工程师及电话	
项目描述	
备　注	

八、正在施工的和新承接的项目情况表

正在施工和新承接项目须附合同协议书或者中标通知书复印件。

项目名称	
项目所在地	
发包人名称	
发包人地址	
发包人电话	
签约合同价	
开工日期	
计划竣工日期	
承包范围	
工程质量	
项目经理	
技术负责人	
总监理工程师及电话	
项目描述	
备　注	

九、近年发生的诉讼和仲裁情况

备注:近年发生的诉讼和仲裁情况仅限于申请人败诉的,且与履行施工承包合同有关的案件,不包括调解结案以及未裁决的仲裁或未终审判决的诉讼。

类别	序号	发生时间	情况简介	证明材料索引
诉讼情况				
仲裁情况				

十、其他材料

（一）其他企业信誉情况表（年份同诉讼及仲裁情况年份要求）

（1）企业不良行为记录情况主要是近年申请人在工程建设过程中因违反有关工程建设的法律、法规、规章或强制性标准和执业行为规范，经县级以上建设行政主管部门或其委托的执法监督机构查实和行政处罚，形成的不良行为记录。应当结合第二章"申请人须知"前附表第 9.1.2 项定义的范围填写。

（2）合同履行情况主要是申请人在施工程和近年已竣工工程是否按合同约定的工期、质量、安全等履行合同义务，对未竣工工程合同履行情况还应重点说明非不可抗力原因解除合同（如果有）的原因等具体情况，等等。

1. 近年不良行为记录情况

序号	发生时间	简要情况说明	证明材料索引

2. 在施工程以及近年已竣工工程合同履行情况

序号	工程名称	履约情况说明	证明材料索引

3. 其他

（略）

（二）拟投入主要施工机械设备情况表

机械设备名称	型号规格	数　量	目前状况	来　源	现停放地点	备　注

　　备注："目前状况"应说明已使用所限、是否完好以及目前是否正在使用，"来源"分为"自有"和"市场租赁"两种情况，正在使用中的设备应在"备注"中注明何时能够投入本项目，并提供相关证明材料。

（三）拟投入项目管理人员情况表

姓名	性别	年龄	职称	专业	资格证书编号	拟在本项目中担任的工作或岗位

附表 1：项目经理简历表

项目经理应附建造师执业资格证书、注册证书、安全生产考核合格证书、身份证、职称证、学历证、养老保险复印件以及未担任其他在施建设工程项目项目经理的承诺,管理过的项目业绩须附合同协议书和竣工验收备案登记表复印件。类似项目限于以项目经理身份参与的项目。

姓　名		年　龄			学　历		
职　称		职　务			拟在本工程任职		项目经理
注册建造师资格等级			级		建造师专业		
安全生产考核合格证书							
毕业学校		年毕业于		学校		专业	
主要工作经历							
时　间	参加过的类似项目名称		工程概况说明			发包人及联系电话	

附表 2：主要项目管理人员简历表

主要项目管理人员指项目副经理、技术负责人、合同商务负责人、专职安全生产管理人员等岗位人员。应附注册资格证书、身份证、职称证、学历证、养老保险复印件,专职安全生产管理人员应附有效的安全生产考核合格证书,主要业绩须附合同协议书。

岗位名称			
姓　　名		年　　龄	
性　　别		毕业学校	
学历和专业		毕业时间	
拥有的执业资格		专业职称	
执业资格证书编号		工作年限	
主要工作业绩及 担任的主要工作			

附表 3：承诺书

承　诺　书

_____（招标人名称）：

我方在此声明,我方拟派往_____（项目名称）_____标段(以下简称"本工程")的项目经理_____（项目经理姓名）现阶段没有担任任何在施建设工程项目的项目经理。

我方保证上述信息的真实和准确,并愿意承担因我方就此弄虚作假所引起的一切法律后果。

特此承诺

申请人：_____（盖单位章）

法定代表人或其委托代理人：_____（签字）

年_____月_____日

（四）其他

2.5.3　资格审查

一、资格审查办法（合格制）

（一）资格审查办法前附表

资格审查办法前附表

条款号			审查因素	审查标准
2.1	初步审查标准		申请人名称	与营业执照、资质证书、安全生产许可证一致
			申请函签字盖章	有法定代表人或其委托代理人签字并加盖单位章
			申请文件格式	符合第四章"资格预审申请文件格式"的要求
			联合体申请人（如有）	提交联合体协议书,并明确联合体牵头人
			……	……
2.2	详细审查标准		营业执照	具备有效的营业执照 是否需要核验原件：□是□否
			安全生产许可证	具备有效的安全生产许可证 是否需要核验原件：□是□否
			资质等级	符合"申请人须知"第1.4.1项规定 是否需要核验原件：□是□否
			财务状况	符合"申请人须知"第1.4.1项规定 是否需要核验原件：□是□否
			类似项目业绩	符合"申请人须知"第1.4.1项规定 是否需要核验原件：□是□否
			信誉	符合"申请人须知"第1.4.1项规定 是否需要核验原件：□是□否
			项目经理资格	符合"申请人须知"第1.4.1项规定 是否需要核验原件：□是□否
		其他要求	（1）拟投入主要施工机械设备	符合"申请人须知"第1.4.1项规定
			（2）拟设入项目管理人员	
			……	

条款号	审查因素	审查标准
	联合体申请人（如有）	符合"申请人须知"第1.4.2项规定
	……	……
3.1.2	核验原件的具体要求	

条款号	编列内容	
3	审查程序	详见资格审查详细程序

（二）资格审查详细程序

资格审查活动将按以下五个步骤进行：

（1）审查准备工作；

（2）初步审查；

（3）详细审查；

（4）澄清、说明或补正；

（5）确定通过资格预审的申请人及提交资格审查报告。

1. 审查准备工作

1）审查委员会成员签到

审查委员会成员到达资格审查现场时应在签到表上签到以证明其出席。审查委员会签到表见附表A-1。

2）审查委员会的分工

审查委员会首先推选一名审查委员会主任。招标人也可以直接指定审查委员会主任。审查委员会主任负责评审活动的组织领导工作。

3）熟悉文件资料

（1）招标人或招标代理机构应向审查委员会提供资格审查所需的信息和数据，包括资格预审文件及各申请人递交的资格预审申请文件，经过申请人签认的资格预审申请文件递交时间和密封及标识检查记录，有关的法律、法规、规章以及招标人或审查委员会认为必要的其他信息和数据。

（2）审查委员会主任应组织审查委员会成员认真研究资格预审文件，了解和熟悉招标项目基本情况，掌握资格审查的标准和方法，熟悉本章及附件中包括的资格审查表格的使用。如果本章及附件所附的表格不能满足所需时，审查委员会应补充编制资格审查工作所需的表格。未在资格预审文件中规定的标准和方法不得作为资格审查的依据。

（3）在审查委员会全体成员在场见证的情况下，由审查委员会主任或审查委员会成员推荐的成员代表检查各个资格预审申请文件的密封和标识情况并打开密封。密封或者标识不符合要求的，资格审查委员会应当要求招标人作出说明。必要时，审查委员会可以就此向相关申请人发出问题澄清通知，要求相关申请人进行澄清和说明，申请人的澄清和说明应附上由招标人签发的"申请文件递交时间和密封及标识检查记录表"。如果审查委员会与招标人提供的"申请文件递交时间和密封及标识检查记录表"核对比较后,认定密封或者标识不符合要求系由于招标人保管不善所造成的,审查委员会应当要求相关申请人对其所递交的申请文件内容进行检查确认。

4)对申请文件进行基础性数据分析和整理工作

(1)在不改变申请人资格预审申请文件实质性内容的前提下,审查委员会应当对申请文件进行基础性数据分析和整理,从而发现并提取其中可能存在的理解偏差、明显文字错误、资料遗漏等存在明显异常、非实质性问题,决定需要申请人进行书面澄清或说明的问题,准备问题澄清通知。

(2)申请人接到审查委员会发出的问题澄清通知后,应按审查委员会的要求提供书面澄清资料并按要求进行密封,在规定的时间递交到指定地点。申请人递交的书面澄清资料由审查委员会开启。

2. 初步审查

(1)审查委员会根据规定的审查因素和审查标准,对申请人的资格预审申请文件进行审查,并使用附表 A-2 记录审查结果。

(2)提交和核验原件。

① 如果本章前附表约定需要申请人提交"申请人须知"第3.2.3 项至第3.2.7 项规定的有关证明和证件的原件,审查委员会应当将提交时间和地点书面通知申请人。

② 审查委员会审查申请人提交的有关证明和证件的原件。对存在伪造嫌疑的原件,审查委员会应当要求申请人给予澄清或者说明或者通过其他合法方式核实。

(3)澄清、说明或补正。在初步审查过程中,审查委员会应当就资格预审申请文件中不明确的内容,以书面形式要求申请人进行必要的澄清、说明或补正。申请人应当根据问题澄清通知,以书面形式予以澄清、说明或补正,并不得改变资格预审申请文件的实质性内容。澄清、说明或补正应当根据本章第3.3 款的规定进行。

(4)申请人有任何一项初步审查因素不符合审查标准的,或者未按照审查委员会要求的时间和地点提交有关证明和证件的原件、原件与复印件不符或者原件存在伪造嫌疑且申请人不能合理说明的,不能通过资格预审。

3. 详细审查

(1)只有通过了初步审查的申请人可进入详细审查。

(2)审查委员会根据"申请人须知"第1.4.1 项(前附表)规定的程序、标准和方法,对申请人的资格预审申请文件进行详细审查,并使用附表 A-3 记录审查结果。

(3)联合体申请人。

① 联合体申请人的资质认定。a. 两个以上资质类别相同但资质等级不同的成员组成的联合体申请人,以联合体成员中资质等级最低者的资质等级作为联合体申请人的资质等级。b. 两个以上资质类别不同的成员组成的联合体,按照联合体协议中约定的内部分工分别认定联合体申请人的资质类别和等级,不承担联合体协议约定由其他成员承担的专业工程的成员,其相应的专业资质和等级不参与联合体申请人的资质和等级的认定。

② 联合体申请人的可量化审查因素(如财务状况、类似项目业绩、信誉等)的指标考核,首先

分别考核联合体各个成员的指标,在此基础上,以联合体协议中约定的各个成员的分工占合同总工作量的比例作为权重,加权折算各个成员的考核结果,作为联合体申请人的考核结果。

(4)澄清、说明或补正。在详细审查过程中,审查委员会应当就资格预审申请文件中不明确的内容,以书面形式要求申请人进行必要的澄清、说明或补正。申请人应当根据问题澄清通知,以书面形式予以澄清、说明或补正,并不得改变资格预审申请文件的实质性内容。澄清、说明或补正应当根据本章第3.3款的规定进行。

(5)审查委员会应当逐项核查申请人是否存在规定的不能通过资格预审的任何一种情形。

(6)不能通过资格预审。申请人有任何一项详细审查因素不符合审查标准的,或者存在规定的任何一种情形的,均不能通过详细审查。

4. 确定通过资格预审的申请人

1)汇总审查结果

详细审查工作全部结束后,审查委员会应按照附表 A-4 的格式填写审查结果汇总表。

2)确定通过资格预审的申请人

凡通过初步审查和详细审查的申请人均应确定为通过资格预审的申请人,记入附表 A-5 中。通过资格预审的申请人均应被邀请参加投标。

3)通过资格预审申请人的数量不足 3 个

通过资格预审申请人的数量不足 3 个的,招标人应当重新组织资格预审或不再组织资格预审而直接招标。招标人重新组织资格预审的,应当在保证满足法定资格条件的前提下,适当降低资格预审的标准和条件。

4)编制及提交书面审查报告

审查委员会根据规定向招标人提交书面审查报告。审查报告应当由全体审查委员会成员签字。审查报告应当包括以下内容:

(1)基本情况和数据表;

(2)审查委员会成员名单;

(3)不能通过资格预审的情况说明;

(4)审查标准、方法或者审查因素一览表;

(5)审查结果汇总表;

(6)通过资格预审的申请人名单;

(7)澄清、说明或补正事项纪要。

5. 特殊情况的处置程序

1)关于审查活动暂停

(1)审查委员会应当执行连续审查的原则,按审查办法中规定的程序、内容、方法、标准完成全部审查工作。只有发生不可抗力导致审查工作无法继续时,审查活动方可暂停。

(2)发生审查暂停情况时,审查委员会应当封存全部申请文件和审查记录,待不可抗力的影响结束且具备继续审查的条件时,由原审查委员会继续审查。

2）关于中途更换审查委员会成员

（1）除发生下列情形之一外，审查委员会成员不得在审查中途更换：

① 因不可抗拒的客观原因，不能到场或需在中途退出审查活动。

② 根据法律法规规定，某个或某几个审查委员会成员需要回避。

（2）退出审查的审查委员会成员，其已完成的审查行为无效。由招标人根据本资格预审文件规定的审查委员会成员产生方式另行确定替代者进行审查。

3）记名投票

在任何审查环节中，需审查委员会就某项定性的审查结论做出表决的，由审查委员会全体成员按照少数服从多数的原则，以记名投票方式表决。

附表 A－1：审查委员会签到表

审查委员会签到表

工程名称：＿＿＿＿＿＿＿＿＿＿＿＿（项目名称）＿＿标段　　　　　　审查时间：　　年　　月　　日

序号	姓名	职称	工作单位	专家证号码	签到时间
1					
2					
3					
4					
5					
6					
7					

附表 A－2：初步审查记录表

初步审查记录表

工程名称：＿＿＿＿＿＿＿＿＿＿＿＿（项目名称）＿＿标段

序号	审查因素	审查标准	申请人名称和审查结论以及原件核验等相关情况说明				
1	审请人名称	与投标报名、营业执照、资质证书、安全生产许可证一致					
2	申请函签字盖章	有法定代表人或其委托代理人签字并加盖单位章					
3	申请文件格式	符合第四章"资格预审申请文件格式"的要求					
4	联合体申请人	提交联合体协议书，并明确联合体牵头人和联合体分工（如有）					
5	……	……					

初步审查结论：
通过初步审查标注为√；未通过初步审查标注为×

审查委员会全体成员签字/日期：

附表 A－3：详细审查记录表

详细审查记录表

工程名称：＿＿＿＿＿＿＿＿＿＿＿＿＿（项目名称）＿＿＿标段

序号	审查因素		审查标准	有效的证明材料	申请人名称及定性的审查结论以及相关情况说明				
1	营业执照		具备有效的营业执照	营业执照复印件及年检记录					
2	安全生产许可证		具备有效的安全生产许可证	建设行政主管部门核发的安全生产许可证复印件					
3	企业资质等级		符合第二章"申请人须知"第1.4.1项规定	建设行政主管部门核发的资质等级证书复印件					
4	财务状况		符合第二章"申请人须知"第1.4.1项规定	经会计师事务所或者审计机构审计的财务会计报表，包括资产负债表、损益表、现金流量表、利润表和财务状况说明书					
5	类似项目业绩		符合第二章"申请人须知"第1.4.1项规定	中标通知书、合同协议书和工程竣工验收证书（竣工验收备案登记表）复印件					
6	信誉		符合第二章"申请人须知"第1.4.1项规定	法院或者仲裁机构作出的判决、裁决等法律文书，县级以上建设行政主管部门处罚文书，履约情况说明					
7	项目经理资格		符合第二章"申请人须知"第1.4.1项规定	建设行政主管部门核发的建造师执业资格证书、注册证书和有效的安全生产考核合格证书复印件，以及未在其他在施建设工程项目担任项目经理的书面承诺					
8	其他要求	(1) 拟投入主要施工机械设备	符合第二章"申请人须知"第1.4.1项规定	自有设备的原始发票复印件、折旧政策、停放地点和使用状况等的说明文件，租赁设备的租赁意向书或带条件生效的租赁合同复印件					
		(2) 拟投入项目管理人员		相关证书、证件、合同协议书和工程竣工验收证书（竣工验收备案登记表）复印件					
		(3)							
9	联合体申请人		符合第二章"申请人须知"第1.4.2项规定	联合体协议书及联合体各成员单位提供的上述详细审查因素所需的证明材料					

序号	审查因素	审查标准	有效的证明材料	申请人名称及定性的审查结论以及相关情况说明		
第二章"申请人须知"第1.4.3项规定的申请人不得存在的情形审查情况记录						
1	独立法人资格	不是招标人不具备独立法人资格的附属机构（单位）	企业法人营业执照复印件			
2	设计或咨询服务	没有为本项目前期准备提供设计或咨询服务,但设计施工总承包除外	由申请人的法定代表人或其委托代理人签字并加盖单位章的书面承诺文件			
3	与监理人关系	不是本项目监理人或者与本项目监理人不存在隶属关系或者为同一法定代表人或者相互控股或者参股关系	营业执照复印件以及由申请人的法定代表人或其委托代理人签字并加盖单位章的书面承诺文件			
4	与代建人关系	不是本项目代建人或者与本项目代建人的法定代表人不是同一人或者不存在相互控股或者参股关系	营业执照复印件以及由申请人的法定代表人或其委托代理人签字并加盖单位章的书面承诺文件			
5	与招标代理机构关系	不是本项目招标代理机构或者与本项目招标代理机构的法定代表人不是同一人或者不存在相互控股或者参股关系	营业执照复印件以及由申请人的法定代表人或其委托代理人签字并加盖单位章的书面承诺文件			
6	生产经营状态	没有被责令停业	营业执照复印件以及由申请人的法定代表人或其委托代理人签字并加盖单位章的书面承诺文件			
7	投标资格	没有被暂停或者取消投标资格	由申请人的法定代表人或其委托代理人签字并加盖单位章的书面承诺文件			
8	履约历史	近三年没有骗取中标和严重违约及重大工程质量问题	由申请人的法定代表人或其委托代理人签字并加盖单位章的书面承诺文件			

续表

序号	审查因素	审查标准	有效的证明材料	申请人名称及定性的审查结论以及相关情况说明			
第三章"资格审查办法"第3.2.2项(1)和(3)目规定的情形审查情况记录							
1	澄清和说明情况	按照审查委员会要求澄清、说明或者补正	审查委员会成员的判断				
2	申请人在资格预审过程中遵章守法	没有发现申请人存在弄虚作假、行贿或者其他违法违规行为	由申请人的法定代表人或其委托代理人签字并加盖单位章的书面承诺文件以及审查委员会成员的判断				

详细审查结论:通过详细审查标注为√;
未通过详细审查标注为×

审查委员会全体成员签字/日期:

附表 A-4:审查结果汇总表

资格预审审查结果汇总表

工程名称:＿＿＿＿＿＿＿＿＿(项目名称)＿＿标段

序号	申请人名称	初步审查		详细评审		审查结论	
		合格	不合格	合格	不合格	合格	不合格

审查委员会全体成员签字/日期:

附表 A－5:通过资格预审的申请人名单

通过资格预审的申请人名单

工程名称:＿＿＿＿＿＿＿＿＿＿＿＿(项目名称)＿＿＿标段

序号	申请人名称	备注
审查委员会全体成员签字/日期:		

备注:本表中通过预审的申请人排名不分先后。

二、资格审查办法(有限数量制)

(一)资格审查办法前附表

资格审查办法前附表

条款号		条款名称	编列内容
1		通过资格预审的人数	当通过详细审查的申请人多于＿＿家时,通过资格预审的申请人限定为＿＿家
2		审查因素	审查标准
2.1	初步审查标准	申请人名称	与营业执照、资质证书、安全生产许可证一致
		申请函签字盖章	有法定代表人或其委找代理人签字并加盖单章
		申请文件格式	符合第四章"资格预审申请文件格式"的要求
		联合体申请人(如有)	提交联合体协议书,并明确联合体牵头人
		……	……
2.2	详细审查标准	营业执照	具备有效的营业执照 是否需要核验原件:□是 □否
		安全生产许可证	具备有效的安全生产许可证 是否需要核验原件:□是 □否
		资质等级	符合第二章"申请人须知"第 1.4.1 项规定 是否需要核验原件:□是 □否

条款号	条款名称				编列内容
2.2	详细审查标准	财务状况			符合第二章"申请人须知"第1.4.1项规定 是否需要核验原件：□是 □否
		类似项目业绩			符合第二章"申请人须知"第1.4.1项规定 是否需要核验原件：□是 □否
		信誉			符合第二章"申请人须知"第1.4.1项规定 是否需要核验原件：□是 □否
		项目经理资格			符合第二章"申请人须知"第1.4.1项规定 是否需要核验原件：□是 □否
		其他要求	（1）	拟投入主要施工机械设备	符合第二章"申请人须知"第1.4.1项规定
			（2）	拟设入项目管理人员	
			……		
		联合体申请人（如有）			符合第二章"申请人须知"第1.4.2项规定
		……			……
2.3	评分标准	评分因素			评分标准
		财务状况			……
		项目经理			……
		类似项目业绩			……
		认证体系			……
		信誉			……
		生产资源			……
3.1.2	核验原件的具体要求				
条款号					编列内容
3	审查程序				详见本章附件 A－1～A－5：资格审查详细程序

（二）资格审查详细程序

资格审查活动将按以下五个步骤进行：

（1）审查准备工作；

（2）初步审查；

（3）详细审查；

（4）澄清、说明或补正；

（5）确定通过资格预审的申请人（正选）、通过资格预审的申请人（候补）及提交资格审查报告。

其中前四个步骤同前，下面就评分进行说明：

1. 审查委员会进行评分的条件

（1）通过详细审查的申请人超过前附表规定的数量时，审查委员会按照规定的评分标准进行评分。

（2）按照规定，通过详细审查的申请人不少于3个且没有超过本章第1条（前附表）规定数量的，审查委员会不再进行评分，通过详细审查的申请人均通过资格预审。

2. 审查委员会进行评分的对象

审查委员会只对通过详细审查的申请人进行评分。

3．评分

（1）审查委员会成员根据规定的标准，分别对通过详细审查的申请人进行评分，并使用附表 A-6 记录评分结果。

（2）申请人各个评分因素的最终得分为审查委员会各个成员评分结果的算术平均值，并以此计算各个申请人的最终得分。审查委员会使用附表 A-7 记录评分汇总结果。

（3）评分分值计算保留小数点后两位，小数点后第三位四舍五入。

4．通过详细审查的申请人排序

（1）审查委员会根据附表 A-7 的评分汇总结果，按申请人得分由高到低的顺序进行排序，并使用附表 A-8 记录排序结果。

（2）审查委员会对申请人进行排序时，如果出现申请人最终得分相同的情况，以评分因素中针对项目经理的得分高低排定名次，项目经理的得分也相同时，以评分因素中针对类似项目业绩的得分高低排定名次。

5．确定通过资格预审的申请人

1）确定通过资格预审的申请人（正选）

审查委员会应当根据附表 A-8 的排序结果和前附表规定的数量，按申请人得分由高到低顺序，确定通过资格预审的申请人名单，并使用附表 A-9 记录确定结果。

2）确定通过资格预审的申请人（候补）

（1）审查委员会应当根据附表 A-8 的排序结果，对未列入附表 A-9 中的通过详细审查的其他申请人按照得分由高到低的顺序，确定带排序的候补通过资格预审的申请人名单，并使用附表 A-10 记录确定结果。

（2）如果审查委员会确定的通过资格预审的申请人（正选）未在第二章"申请人须知"前附表规定的时间内确认是否参加投标、明确表示放弃投标或者根据有关规定被拒绝投标时，招标人应从附表 A-10 记录的通过资格预审申请人（候补）中按照排序依次递补，作为通过资格预审的申请人。

（3）按照第二章"申请人须知"第 6.3 款，经过递补后，潜在投标人数量不足 3 个的，招标人应重新组织资格预审或者不再组织资格预审而直接招标。

3）通过详细审查的申请人数量不足 3 个

通过详细审查的申请人数量不足 3 个的，招标人应当重新组织资格预审或不再组织资格预审而直接招标。招标人重新组织资格预审的，应当在保证满足法定资格条件的前提下，适当降低资格预审的标准和条件。

4）编制及提交书面审查报告

审查委员会根据规定向招标人提交书面审查报告。审查报告应当由全体审查委员会成员签字。审查报告应当包括以下内容：

（1）基本情况和数据表；

（2）审查委员会成员名单；

（3）不能通过资格预审的情况说明；

（4）审查标准、方法或者审查因素一览表；

（5）审查结果汇总表；

（6）通过资格预审的申请人（正选）名单；

（7）通过资格预审申请人（候补）名单；

（8）澄清、说明或补正事项纪要。

一 **附表 A－6:评分记录表**

评分记录表——财务状况

工程名称:＿＿＿＿＿ (项目名称)＿＿＿＿＿ 标段＿＿＿＿＿ 申请人名称:＿＿＿＿＿

审查委员会成员姓名:＿＿＿＿＿

序号		评分因素	标准分		评分标准	分项得分	合计得分	备注
			分项	合计				
Ⅰ	财务状况	1	净资产总值(以近＿＿年平均值为准)	＿＿分		超过＿＿(含)万元 ＿＿分			
						超过＿＿(含)万元 ＿＿分			
						不足＿＿(不含)万元 ＿＿分			
		2	资产负债率(以近＿＿年平均值为准)		＿＿分	超过＿＿%(不含) ＿＿分			
						超过＿＿%(含)但不超过＿＿% ＿＿分			
						超过＿＿%(含) ＿＿分			
		3	年度银行授信余额			大于＿＿万元(含) ＿＿分			
		4	……						

审查委员会成员签字/日期:＿＿＿＿＿

附表 A－6:评分记录表(续1)

评分记录表——项目经理

工程名称:＿＿＿＿＿ (项目名称)＿＿＿＿＿ 标段＿＿＿＿＿ 申请人名称:＿＿＿＿＿

审查委员会成员姓名:＿＿＿＿＿

序号		评分因素	标准分		评分标准	分项得分	合计得分	备注
			分项	合计				
Ⅱ	项目经理	1	职称	＿＿分	＿＿分	高级工程师(含)以上 ＿＿分		Ⅰ	
						中级职称 ＿＿分			
						其他 ＿＿分			

续表

序号	评分因素		标准分		评分标准	分项得分	合计得分	备注
			分项	合计				
Ⅱ	项目经理	2	学历	____分	全日制大学本科（含）以上 ____分			
					全日制大学专科 ____分			
					其他 ____分			
		3	类似项目业绩	____分	以项目经理身份主持过三个以上（含）类似项目 ____分			
					以项目经理身份主持过两个类似项目 ____分			
					以项目经理身份主持过一个类似项目 ____分			
		4	……	____分	____分			
					____分			

审查委员会成员签字/日期：

附表 A-6：评分记录表

评分记录表（续 2）

评分记录表——类似项目业绩和认证体系

工程名称：_____　（项目名称）_____　标段_____　申请人名称：_____

审查委员会成员姓名：

序号	评分因素		标准分		评分标准	分项得分	合计得分	备注
			分项	合计				
Ⅲ	类似项目业绩	1	近____年类似项目业绩	____分	____分	有 1 个 ____分			
						每增加一个 ____分			
						无同类工程业绩 ____分			
Ⅳ	认证体系	1	认证体系	____分	____分	已经取得 ISO9000 质量管理体系认证项目运行情况良好 ____分			
						已经取得 ISO14000 环境管理体系认证项目运行情况良好 ____分			

85

续表

序号	评分因素	标准分 分项	标准分 合计		评分标准	分项得分	合计得分	备注
IV	认证体系	——分	——分	认证体系 1	已经取得 OHSAS18000 职业安全健康管理体系认证且运行情况良好	——分		
						——分		
						——分		
						——分		

审查委员会成员签字/日期：_____

附表 A－6：评分记录表（续3）

评分记录表——信誉

工程名称：_____（项目名称）_____ 标段_____ 申请人名称：_____ 审查委员会成员姓名：_____

序号	评分因素	标准分 分项	标准分 合计		评分标准	分项得分	合计得分	备注
V	信誉			1 近——年诉讼和仲裁情况	没有涉及与工程承包合同的签订或履行有关的法律诉讼或仲裁，或虽有但无败诉；——分	——分		
		——分			作为原告或被告曾有败诉记录少于 3 个（不含）；——分	——分		
					作为原告或被告曾有败诉记录多于 3 个（含）。——分	——分		
			——分	2 近——年不良行为记录	没有任何不良行为记录——分	——分		
					有 3 个以下（不含）不良行为记录；——分	——分		
					有 3 个以上（含）不良行为记录；——分	——分		
		——分		3 近——年合同履约率	合同履约率 100%；——分	——分		合同履约率指按期竣工、质量符合合同约定，尤其是没有因非不可抗力因素
					合同履约率 95%；（含）以上；——分	——分		
					合同履约率不足 95%（不含）。——分	——分		
				4				

审查委员会成员签字/日期：_____

附表A-6:评分记录表(续4)

工程名称:＿＿＿＿

评分记录表——拟投入生产资源

（项目名称）:＿＿＿＿　标段:＿＿＿　申请人名称:＿＿＿　审查委员会成员姓名:＿＿＿

序号	评分因素	标准分 分项	标准分 合计	评分标准	分项得分	合计得分	备注
VI 拟投入生产资源之一	1 自有施工机械设备情况	＿＿分		数量充足,性能可靠 ＿＿分 数量合理,性能基本可靠 ＿＿分 数量不足,性能不够可靠 ＿＿分			
	2 市场租赁施工机械设备情况		＿＿分	数量合理,性能可靠,来源有保障 ＿＿分 数量偏多,性能可靠,来源有保障 ＿＿分 数量偏多,性能和来源存在不确定性 ＿＿分			
	3 拟设入主要施工机械设备总体情况		＿＿分	配置合理,满足工程施工需要 ＿＿分 配置基本合理,基本满足工程施工需要 ＿＿分 配置欠合理或者来源存在不确定性 ＿＿分			

审查委员会成员签字/日期:

附表A-6:评分记录表(续5)

工程名称:＿＿＿＿

评分记录表——拟投入生产资源

（项目名称）:＿＿＿＿　标段:＿＿＿　申请人名称:＿＿＿　审查委员会成员姓名:＿＿＿

序号	评分因素	标准分 分项	标准分 合计	评分标准	分项得分	合计得分	备注
VI 拟投入生产资源之二	1 拟派项目管理人员构成	＿＿分		人员配备合理,专业齐全 ＿＿分 人员配备情况一般,专业基本齐全 ＿＿分 人员配备欠合理,专业不够齐全 ＿＿分			
	2 在施工程和新承接工程情况		＿＿分	在施及新承接的工程规模(与企业规模和实力相比)适中 ＿＿分 在施及新承接的工程规模过大,占用资源过多 ＿＿分	＿＿分		

续表

序号	评分因素	标准分		评分标准	分项得分	合计得分	备注
		分项	合计				
3	……	___分		在施及新承接的工程规模过小，缺乏市场竞争力 ___分			
得分总计							

审查委员会成员签字/日期：

附表 A-7：评分汇总记录表

评分汇总记录表

审查委员会成员姓名	通过详细审查的申请人名称及其评定得分					
1:						
2:						
3:						
4:						
5:						
6:						
7:						
8:						
9:						
各成员评分合计						
各成员评分平均值						
申请人最终得分						

审查委员会全体成员签字/日期：

附表 A-8:通过详细审查的申请人排序表

通过详细审查的申请人排序表

工程名称:＿＿＿＿＿＿＿＿＿＿(项目名称)＿＿＿标段

序号	申请人名称	评分结果	备注
1			
2			
3			
4			
5			
6			
7			
8			
9			
10			
审查委员会全体成员签字/日期:			

备注:本表中申请人按评分结果得分由高到低排序。

附表 A-9:通过资格预审的申请人(正选)名单

通过资格预审的申请人(正选)名单

工程名称:＿＿＿＿＿＿＿＿＿＿(项目名称)＿＿＿标段

序号	申请人名称	评分结果	备注
审查委员会全体成员签字/日期:			

备注:本表中申请人按评分结果的得分由高到低排序。

附表 A-10:通过资格预审的申请人(候补)名单

通过资格预审的申请人(候补)名单

工程名称:＿＿＿＿＿＿＿＿＿＿(项目名称)＿＿＿标段

序号	申请人名称	评分结果	备注

序号	申请人名称	评分结果	备注
审查委员会全体成员签字/日期:			

备注:本表中申请人按评分结果的得分由高到低排序。

任务6 建设工程招标标底

2.6.1 建设工程招标标底的概念及作用

建设工程招标标底是指建设工程招标人对招标工程项目在方案、质量、期限、价格、方法、措施等方面的理想控制目标和预期要求。从这个意义上讲,建设工程的勘察设计招标、工程施工招标、工程监理招标、物资采购招标等都应根据其不同特点,设相应的标底。但考虑到某些指标,特别是某些特定性指标比较抽象且难以衡量,常以价格或费用来反映标底。所以标底从狭义上讲,通常指招标人对招标工程预期的价格或费用。

建设工程招标标底的作用主要体现在以下几个方面:

(1)是衡量投标报价的尺度。

(2)是评标的重要指标。

(3)是建设单位预先明确招标工程的投资额度,并据此筹措和安排建设资金的依据。

(4)是上级主管部门核实建设规模的依据。

2.6.2 建设工程招标标底的主要内容

标底一般由下列内容组成:

(1)标底的综合编制说明。

(2)标底报审表、标底价格计算书、带有价格的工程量清单、现场因素、各种施工措施费的测算明细以及采用固定价格工程的风险系数测算明细等。

(3)主要材料用量。

(4)标底附件。如各项交底纪要,各种材料及设备的价格来源,现场的地质、水文、地上情况的有关资料,编制标底价格所依据的施工方案或施工组织设计等。

2.6.3 建设工程标底的编制要求

1. 建设工程标底编制的资质要求

建设工程标底编制是一项技术性、政策性很强的经济活动,目前我国对标底的编制单位采用严格的资质管理,只有具备相应的资质,才可以编制标底。如果招标人有编制标底的资质,招标人可自行编制标底,否则应委托具有编制标底资质的社会中介机构(招标代理机构、造价咨询公司等)代为编制。

2. 建设工程标底的编制原则

建设工程标底价格的编制应遵循的原则有:

(1)根据国家公布的统一工程项目划分、统一计量单位、统一计算规则以及具体工程的施工图纸、招标文件,并参照国家制定的基础定额和国家、行业、地方规定的技术标准规范,以及要素市场价格确定工程量和编制标底价格。

(2)按工程项目类别差别计价。

(3)标底价格作为招标人的期望值,应力求与市场的实际变化吻合,要有利于竞争和保证工程质量。

(4)标底价格应由成本、利润、税金等组成,一般应控制在批准的总概算(或修正概算)及投资包干的限额内。

(5)标底价格应考虑人工、材料、设备、机械台班等价格变化因素,还应包括不可预见费(特殊情况)、措施费(赶工措施费、施工技术措施费)、现场因素费用,保险以及采用固定价格的工程的风险金等。工程要求优良的还应增加相应的费用。

(6)选择合适的计算方法。根据我国现行的工程造价计算方法又考虑到与国际惯例接轨,所以在工程量清单计价上采用工料单价法和综合单价法两种方法。编制标底时应选择一种。

(7)一个工程只能编制一个标底价格。

2.6.4　建设工程招标标底的编制方法和步骤

1. 标底的编制方法

目前,我国建设工程施工招标标底主要采用工料单价法和综合单价法来编制。

(1)工料单价法:是根据施工图纸及技术说明,按照预算定额规定的分部分项工程子目,逐项计算出工程量,再套用相应项目定额单价(或单位估价表)确定定额直接费,然后按规定的费用定额确定其他直接费、现场经费、间接费、计划利润和税金,还要加上材料调价系数和适当的不可预见费,汇总后即可作为工程标底价格的基础。

(2)综合单价法:按工料单价法中的工程量计算方法,计算出工程量后,应确定其各分项工程的单价,包括人工费、材料费、机械费、管理费、材料调价、利润、税金以及采用固定价格的风险金等全部费用,即称之为综合单价。综合单价确定后,再与各分项工程量相乘汇总,加上设备总价、现场因素、措施费等,即可得到标底价格。如发包人要求增报保险费和暂定金额的,标底中应包含。

如果以建设程序为依据进行分类,标底的计价方法有三种:

(1)按初步设计编制。设计单位进行单项工程初步设计时,同时有初步设计概算书。招标单位按初步设计编制标底时,首先需要确定采用的概算定额或概算指标;然后计算分部分项工程量,确定采用材料价格和各种取费标准,编制概算定额单价或指标单价,计算直接费、各项取费、编制单位工程概算造价;再将各单位工程归纳综合为单项工程概算造价,另外加上其他工程费和工程建设预备费汇总成为总概算造价。

(2)按技术设计编制。技术设计是初步设计的深化阶段,其实物工程量比初步设计详细。因此,根据技术设计编制标底要比根据初步设计编制标底更为准确和接近设计预算造价。

（3）按施工图编制。这是现阶段采用的主要方法。首先按施工图计算工程量，将工程量汇总后套用预算定额单价，计算取费，汇总得出预算总造价，再将总造价除以建筑面积，得出平方米造价。同时，招标单位向投标单位提供实物工程量表，以便投标报价。

2. 编制标底的主要依据

（1）招标文件。

（2）工程施工图纸、工程量计算规则。

（3）施工现场地质、水文、地上情况的有关资料。

（4）施工方案或施工组织设计。

（5）现行工程预算定额、工期定额、工程项目计价类别及取费标准。

（6）国家或地方有关价格调整文件规定。

（7）招标时建筑安装材料及设备的市场价格。

（8）标底价格计算书、报审的有关表格。

3. 标底的编制步骤

（1）确定标底的编制单位。标底由招标人自行编制或委托具有编制标底资格能力的中介机构代理编制。

（2）按标底的编制要求提供完整的资料，以便进行标底计算。

（3）参加交底会及现场踏勘。标底编、审人员均应参加施工图交底以及现场踏勘、招标预备会、便于标底的编、审工作。

（4）编制标底。编制人员应严格按照国家的有关政策、规定、科学公正地编制标底价格。

4. 标底的审定

标底的审定，是指政府有关主管部门对招标人已完成的标底进行的审查认定。工程施工招标的标底价格应按规定报招标管理机构审查，招投标管理机构在规定时间内完成标底的审定工作，未经审查的标底一律无效。

（1）标底审查时应提交的各类文件。标底报送招标管理机构审查时，应提交工程招标文件、施工图纸、填有单价与合价的工程量清单、标底计算书、标底汇总表、标底报审表、采用固定价格的工程的风险系数测算明细以及现场因素、各种施工措施费测算明细、主要材料用量、设备清单等。

（2）标底审定内容。对采用工料单价法编制的标底价格，主要审查以下内容：工程量计算是否准确、项目套用是否正确、费用计取是否正确等。对采用综合单价法编制的标底价格，主要审查以下内容：标底计价内容、综合单价组成分析、设备市场供应价格、措施费、现场因素费用等。

（3）标底的审定时间。根据工程的规模大小和结构的复杂难易程度，在相应的规定时间内应审定完毕。

（4）标底的保密。标底审定完后应及时封存，直至开标时，所有接触过标底价格的人均负有保密责任，不得泄露，否则将追究其法律责任。

（5）我国建筑工程招标标底的优劣。招标标底的编制虽然重要，但也存在负面作用。

首先，由于价格是施工合同的核心内容之一，但高质量低价格才是一个企业的竞争能力的具体体现，若以标底价格作为确定合同价格的标准，有时难以激励企业改进技术和管理，提高本身的竞争力，因此在一定程度上限制了企业间的竞争。

其次,招标项目设置标底时,由于标底在评标时的重要作用,致使投标人特别是预算员承受巨大的压力,或者不时出现一些泄露标底、知晓标底而行贿受贿的违法行为。

有鉴于此,《招标投标法》第 40 条规定:没有标底的,评标时应当参考标底。说明标底只是作为评审和比较的参考标准,而不是绝对、唯一的客观标准或决定中标的标准。若被评为最低评标价的投标超过标底规定的幅度,招标人应当调查分析超出标底的原因,如果是合理的话,该投标应当有效;若被评为最低标底价的投标大大低于标底的话,招标人也应当调查分析,如果属于合理成本,该投标也应当有效。

目前确定中标价格的趋势是:实行定额的量价分离,以市场价格和施工企业内部定额确定中标价格;要逐步淡化标底作用,引导企业在国家定额的指导下,依据自身技术和管理的情况建立内部定额,提高投标报价的技巧和水平,并积极推行工程索赔的开展,最终实现在国家宏观调控下由市场确定工程价格。

任务7 开标、评标与定标

2.7.1 建设工程施工开标

招标人在规定的时间和地点,在要求投标人参加的情况下,当众公开拆开投标资料(包括投标函件),宣布各投标人的名称、投标报价、工期等情况,这个过程叫工程开标。

公开招标和邀请招标均应举行开标会议,体现招标的公平、公开和公正原则。

建设工程施工开标的时间、地点:

开标时间:开标应在招标文件确定的投标截止同一时间公开进行。

开标地点:应是在招标文件规定的地点,已经建立建设工程交易中心的地方,开标应当在当地建设工程交易中心举行。

推迟开标时间的情况:

(1)招标文件发布后对原招标文件作了变更或补充。

(2)开标前发现有影响招标公正情况的不正当行为。

(3)出现突发事件等。

建设工程施工开标的程序:

1. 参加开标会议的人员

开标会议由招标单位主持,所有投标单位的法定代表人或其代理人必须参加,公证机构公证人员及监督人员也要参加。

2. 开标程序

(1)招标人签收投标人递交的投标文件。在开标当日且在开标地点递交的投标文件的签收应当填写投标文件报送签收一览表,招标人专人负责接收投标人递交的投标文件。提前递交的投标文件也应当办理签收手续,由招标人携带至开标现场。在招标文件规定的截标时间后递交的投标文件不得接收,由招标人原封退还给有关投标人。在截标时间前递交投标文件的投标人少于三家的,招标无效,开标会即告结束,招标人应当依法重新组织招标。

（2）投标人出席开标会的代表签到。投标人授权出席开标会的代表本人填写开标会签到表，招标人专人负责核对签到人身份，应与签到的内容一致。

（3）开标会主持人宣布开标会开始主持人宣布开标人、唱标人、记录人和监督人员。主持人一般为招标人代表，也可以是招标人指定的招标代理机构的代表。开标人一般为招标人或招标代理机构的工作人员，唱标人可以是投标人的代表或者招标人或招标代理机构的工作人员，记录人由招标人指派，有形建筑市场工作人员同时记录唱标内容，招标办监管人员或招标办授权的有形建筑市场工作人员进行监督。记录人按开标会记录的要求开始记录。

（4）开标会主持人介绍主要与会人员。主要与会人员包括到会的招标人代表、招标代理机构代表、各投标人代表、公证机构公证人员、见证人员及监督人员等。

（5）主持人宣布开标会程序、开标会纪律和当场废标的条件。开标会纪律一般包括：场内严禁吸烟、凡与开标无关人员不得进入开标会场、参加会议的所有人员应关闭手机等，开标期间不得高声喧哗、投标人代表有疑问应举手发言，参加会议人员未经主持人同意不得在场内随意走动。

投标文件有下列情形之一的，应当场宣布为废标：逾期送达的或未送达指定地点的；未按招标文件要求密封的。

（6）核对投标人授权代表的身份证件、授权委托书及出席开标会人数。招标人代表出示法定代表人委托书和有效身份证件，同时招标人代表当众核查投标人的授权代表的授权委托书和有效身份证件，确认授权代表的有效性，并留存授权委托书和身份证件的复印件。法定代表人出席开标会的要出示其有效证件。主持人还应当核查各投标人出席开标会代表的人数，无关人员应当退场。

（7）招标人领导讲话。有此项安排的招标人领导讲话，一般可以不讲话。

（8）主持人介绍招标文件、补充文件或答疑文件的组成和发放情况，投标人确认。主要介绍招标文件组成部分、发标时间、答疑时间、补充文件或答疑文件组成，发放和签收情况。可以同时强调主要条款和招标文件中的实质性要求。

（9）主持人宣布投标文件截止和实际送达时间。宣布招标文件规定的递交投标文件的截止时间和各投标单位实际送达时间。在截标时间后送达的投标文件应当场废标。

（10）招标人和投标人的代表共同（或公证机关）检查各投标书密封情况。密封不符合招标文件要求的投标文件应当场废标，不得进入评标。密封不符合招标文件要求的，招标人应当通知招标办监管人员到场见证

（11）主持人宣布开标和唱标次序。一般按投标书送达时间逆顺序开标、唱标。

（12）唱标人依唱标顺序依次开标并唱标。开标由指定的开标人在监督人员及与会代表的监督下当众拆封，拆封后应当检查投标文件组成情况并记入开标会记录，开标人应将投标书和投标书附件以及招标文件中可能规定需要唱标的其他文件交唱标人进行唱标。唱标内容一般包括投标报价、工期和质量标准、质量奖项等方面的承诺、替代方案报价、投标保证金、主要人员等，在递交投标文件截止时间前收到的投标人对投标文件的补充、修改同时宣布，在递交投标文件截止时间前收到投标人撤回其投标的书面通知的投标文件不再唱标，但须在开标会上说明。

（13）开标会记录签字确认。开标会记录应当如实记录开标过程中的重要事项，包括开标时

间、开标地点、出席开标会的各单位及人员、唱标记录、开标会程序、开标过程中出现的需要评标委员会评审的情况,有公证机构出席公证的还应记录公证结果,投标人的授权代表应当在开标会记录上签字确认,对记录内容有异议的可以注明,但必须对没有异议的部分签字确认

（14）公布标底。招标人设有标底的,标底必须公布。唱标人公布标底。

（15）投标文件、开标会记录等送封闭评标区封存。实行工程量清单招标的,招标文件约定在评标前先进行清标工作的,封存投标文件正本,副本可用于清标工作。

（16）主持人宣布开标会结束

开标会开始致辞

女士们,先生们:

上午好!

受××××××××××××委托,××××××招标代理有限公司组织了××××××工程建设项目施工的国内招标。按照招标文件规定的投标截止时间,现在是公元×××年××月××日北京时间上午 9 时整,在此以后收到的任何形式的投标均告无效。

首先,我们对参加本次投标的所有公司表示欢迎,对参加开标大会的领导和委托方代表表示感谢!为保证开标大会顺利进行,敬请各位暂时关闭手机,保持会场肃静。

开标大会第一项议程:宣布开标大会开始

介绍参加开标大会的监标人:

××市建设局　　　　　　　×××主任

××市招投标监督管理局　　×××科长

业主方代表:

×××××××××××　　　　　×××科长

介绍参加开标大会的工作人员:

主　持　人:××××××招标代理有限公司　　×××

唱　标　人:××××××招标代理有限公司　　×××

记　录　人:××××××招标代理有限公司　　×××

开　标　人:××××××招标代理有限公司　　×××

开标活动现场纪律

一、提交投标文件截止时间已到,全体到场人员到指定位置就坐。

二、自觉维护现场秩序,保持现场安静,不得大声喧哗、随意走动。

三、自觉关闭随身携带的通信工具或设置为静音状态,不得在场内拨打或接听电话。

四、自觉维护场内环境卫生,爱护公共设施、设备,禁止吸烟。

五、唱标过程中,投标人若有异议,在唱标单现场签字确认前或唱标仪式结束后举手示意提出。如有质疑、投诉,可在开标活动结束后向招标人、纪检监察机关、相关行政监督部门提出书面质疑、投诉或举报,但不得在开标现场吵闹、滋事。

六、对干扰现场秩序且不听劝阻的人员,工作人员将劝其退场;损坏公共设施、设备的,损坏人要予以赔偿。

七、开标活动结束后,投标人到指定位置等待询标或听取评标结果。

开标记录表如下所示。

_____（项目名称）_____标段施工开标记录表

开标时间：___年___月___日___时___分

序号	投标人	密封情况	投标保证金	投标报价(元)	质量目标	工期	备注	签名
1								
2								
3								
4								

招标人编制的标底

招标人代表：_____ 记录人：_____ 监标人：_____
　　　　　　　　_____年_____月_____日

3. 无效投标文件的认定

投标文件有下列情形之一的,招标人不予受理：

(1)逾期送达的或者未送达指定地点的。

(2)未按招标文件要求密封的。

在开标时,投标文件出现下列情形之一的,应当作为无效投标文件,不得进入评标：

(1)逾期送达的或者未送达指定地点的。

(2)投标文件未按照招标文件的要求予以密封的。

(3)投标文件无投标人单位盖章并无法定代表人签字或盖章的,或者法定代表人委托代理人没有合法、有效的委托书(原件)和委托代理人签字或盖章的。

(4)投标文件未按规定的格式填写,内容不全或关键内容字迹模糊、无法辨认的。

(5)投标人未按照招标文件的要求提供担保或者所提供的投标担保有瑕疵的。

(6)组成联合体投标的,投标文件未附联合体各方共同投标协议的。

2.7.2 建设工程施工评标

一、建设工程施工评标原则

(1)认真阅读招标文件,严格按照招标文件规定的要求和条件对投标文件进行评审。

(2)公正、公平、科学合理。

(3)质量好、信誉高、价格合理、工期适当、施工方案先进可行。

(4)规范性与灵活性相结合。

(5)评标委员会成员应当依照规定,按照招标文件规定的评标标准和方法,客观、公正地对投标文件提出评审意见。招标文件没有规定的评标标准和方法不得作为评标的依据。

(6)招标项目设有标底的,招标人应当在开标时公布。标底只能作为评标的参考,不得以投标报价是否接近标底作为中标条件,也不得以投标报价超过标底上下浮动范围作为否决投标的条件。

(7)投标文件中有含义不明确的内容、明显文字或者计算错误,评标委员会认为需要投标人作出必要澄清、说明的,应当书面通知该投标人。投标人的澄清、说明应当采用书面形式,并不得超出投标文件的范围或者改变投标文件的实质性内容。

二、建设工程施工评标要求

1）对评标委员会的要求

评标由招标人依法组建的评标委员会负责。其评标委员会由招标人的代表和有关技术、经济等方面的专家组成,成员人数为 5 人以上单数,其中招标人、招标代理机构以外的技术、经济等方面专家不得少于成员总数的三分之二。确定专家成员一般应当采取随机抽取的方式。

与投标人有利害关系的人不得进入相关项目的评标委员会;已经进入的应当更换。评标委员会成员的名单在中标结果确定前应当保密。

评标委员会成员有下列情形之一的,应当回避:

（1）招标人或投标人的主要负责人的近亲属。

（2）项目主管部门或者行政监督部门的人员。

（3）与投标人有经济利益关系,可能影响对投标公正评审的。

（4）曾因在招标、评标及其他与招标投标有关活动中从事违法行为而受过行政处罚或刑事处罚的。

2）对招标人的纪律要求

招标人不得泄漏招标投标活动中应当保密的情况和资料,不得与投标人串通损害国家利益、社会公共利益或者他人合法权益。

3）对投标人的纪律要求

投标人不得相互串通投标或者与招标人串通投标,不得向招标人或评标委员会成员行贿谋取中标,不得以他人名义投标或者以其他方式弄虚作假骗取中标;投标人不得以任何方式干扰、影响评标工作。

4）对与评标活动有关的工作人员的纪律要求

与评标活动有关的工作人员不得收受他人的财物或者其他好处,不得向他人透漏对投标文件的评审和比较、中标候选人的推荐情况及评标有关的其他情况。在评标活动中,与评标活动有关的工作人员不得擅离职守,影响评标程序正常进行。

三、建设工程施工评标步骤

大中型工程项目的评审因评审内容复杂、涉及面宽,通常分成初步评审和详细评审两个阶段进行。

1. 初步评审

初步评审也称对投标书的响应性审查,是以投标须知为依据,检查各投标书是否为响应性投标,确定投标书的有效性。初步评审主要包括以下内容。

1）符合性评审

符合性评审如表 2-8 所示,审查内容如下:

（1）投标人的资格。

（2）投标文件的有效性。

（3）投标文件的完整性。

（4）与招标文件的一致性。

表 2-8 ××××项目符合性评审表

序号	符合性评审（评审结果为合格、不合格）	投标单位名称及审查意见（合格、不合格）		备注说明
1	投标文件上法定代表人或法定代表人授权代理人的签字齐全			
2	投标文件按照招标文件规定的格式、内容填写，投标函件、技术标书、经济标书中主要内容齐全，字迹清晰可辨			
3	提供了有效的资质证明、投标承诺书（包括投标单位、项目经理）、拖欠工程款和农民工工资清理情况回执单、安全资格审查意见、外埠施工单位备案手续等招标文件中已明确要求提供的资料			
4	投标文件上标明的投标人申请人未发生实质性改变			
5	按照工程量清单要求填报了单价和总价，未发现修改工程量清单内容问题，编制人资格符合要求并加盖了印章；投标总价、分部分项工程量清单计价、综合单价分析表、主要材料价格表、设备价格表逻辑关系一致，无重大偏差			
6	工期、质量标准、质量目标、安全生产和文明施工要求、项目管理班组人员组成、主要材料和设备性能等满足招标文件要求			
7	除按招标文件规定在提供替代技术方案的同时，提交选择性报价外，同一份投标文件中，仅有一个报价			
8	未提出与招标文件中相悖的不合理要求			
9	未发现有明显的串标、围标行为			
"√"表示通过，"×"表示不通过		评委签字：		日期：

按《中华人民共和国招标投标法实施条例》第51条规定，评标委员会可否决其投标情况。有下列情形之一的，评标委员会应当否决其投标：

（1）投标文件未经投标单位盖章和单位负责人签字；

（2）投标联合体没有提交共同投标协议；

（3）投标人不符合国家或者招标文件规定的资格条件；

（4）同一投标人提交两个以上不同的投标文件或者投标报价，但招标文件要求提交备选投标的除外；

（5）投标报价低于成本或者高于招标文件设定的最高投标限价；

（6）投标文件没有对招标文件的实质性要求和条件作出响应；

（7）投标人有串通投标、弄虚作假、行贿等违法行为。

2）技术性评审

投标文件的技术性评审包括施工方案、工程进度与技术措施、质量管理体系与措施、安全保证措施、环境保护管理体系与措施、资源（劳务、材料、机械设备）、技术负责人等方面是否与国家相应规定及招标项目符合。

3）商务性评审

投标文件的商务性评审主要是指投标报价的审核，审查全部报价数据计算的准确性。

4）对招标文件响应的偏差

投标文件对招标文件实质性要求和条件响应的偏差分为重大偏差和细微偏差。所有存在重大偏差的投标文件都属于在初评阶段应淘汰的投标书。

下列情况属于重大偏差：

（1）没有按照招标文件要求提供投标担保或者所提供的投标担保有瑕疵。

（2）投标文件没有投标人授权代表签字和加盖公章。

（3）投标文件载明的招标项目完成期限超过招标文件规定的期限。

（4）明显不符合技术规格、技术标准的要求。

（5）投标文件载明的货物包装方式、检验标准和方法等不符合招标文件的要求。

（6）投标文件附有招标人不能接受的条件。

（7）不符合招标文件中规定的其他实质性要求。

投标文件有上述情形之一的，为未能对招标文件作出实质性响应，并按规定作废标处理。

细微偏差是指投标文件在实质上响应招标文件要求，但在个别地方存在漏项或者提供了不完整的技术信息和数据等情况，并且补正这些遗漏或者不完整不会对其他投标人造成不公平的结果。

5）投标文件作废标处理的其他情况

投标文件有下列情形之一的，由评标委员会初审后按废标处理：

（1）无单位盖章并无法定代表人或法定代表人授权的代理人签字或盖章的。

（2）未按规定的格式填写，内容不全或关键字迹模糊、无法辨认的。

（3）投标人递交两份或多份内容不同的投标文件，或在一份投标文件中对同一招标项目报有两个或多个报价，且未声明哪一个有效，按招标文件规定提交备选投标方案的除外。

（4）投标人名称或组织结构与资格预审时不一致的。

（5）未按招标文件要求提交投标保证金的。

（6）联合体投标未附联合体各方共同投标协议的。

2. 详细评审

详细评审指在初步评审的基础上，对经初步评审合格的投标文件，按照招标文件确定的评标标准和方法，对其技术部分（技术标）和商务部分（经济标）进一步审查，评定其合理性，以及合同授予该投标人在履行过程中可能带来的风险。

3. 对投标文件的澄清

先以口头形式询问并解答，随后在规定的时间内投标人以书面形式予以确认作出正式答复。但澄清或说明的问题不允许更改投标价格或投标书的实质内容。

投标文件中的大写金额和小写金额不一致的，以大写金额为准；总价金额与单价金额不一致的，以单价金额为准，但单价金额小数点有明显错误的除外；对不同文字文本投标文件的解释发生异议的，以中文文本为准。

问题澄清通知格式如下：

问题澄清通知

编号：

＿＿＿＿＿＿＿＿＿＿（投标人名称）：

＿＿＿＿＿＿＿＿＿＿（项目名称）＿＿＿＿＿标段施工招标的评标委员会，对你方的投标文件进行了仔细的审查，现需你方对下列问题以书面形式予以澄清：

1.

2.

……

请将上述问题的澄清于____年____月____日____时前递交至_____（详细地址）或传真至_____（传真号码）。采用传真方式的,应在____年____月____日____时前将原件递交至_____（详细地址）。

评标工作组负责人：_____（签字）

_____ 年 _____ 月 _____ 日

四、建设工程施工评标主要方法

我国目前常用的评标方法有经评审的最低投标价法和综合评估法等。

1. 经评审的最低投标价法

1）适用情况

一般适用于具有通用技术、性能标准或者招标人对其技术、性能没有特殊要求的招标项目。

2）评标程序及原则

（1）评标委员会根据招标文件中评标办法规定对投标人的投标文件进行初步评审。有一项不符合评审标准的,作废标处理。

（2）评标委员会应当根据招标文件中规定的评标价格调整方法,对所有投标人的投标报价及投标文件的商务部分作必要的价格调整。

（3）评标委员会应当拟定一份"标价比较表",连同书面评标报告提交招标人。"标价比较表"应当注明投标人的投标报价、对商务偏差的价格调整和说明以及经评审的最终投标价。

（4）除招标文件中授权评标委员会直接确定中标人外,评标委员会按照经评审的价格由低到高的顺序推荐中标候选人。

3）评标方法

评标委员会对满足招标文件实质要求的投标文件,根据规定的量化因素及量化标准进行价格折算,按照经评审的投标价由低到高的顺序推荐中标候选人,或根据招标人授权直接确定中标人,但投标报价低于其成本的除外。经评审的投标价相等时,投标报价低的优先;投标报价也相等的,由招标人自行确定。

4）评审标准

（1）初步评审标准。

① 形式评审标准：见评标办法前附表,如表 2-9 所示。

② 资格评审标准：未进行资格预审的见评标办法前附表（见表 2-9）;已进行资格预审的见资格预审文件"资格审查办法"详细审查标准（见表 2-9）。

③ 响应性评审标准：见评标办法前附表（见表 2-9）。

④ 施工组织设计和项目管理机构评审标准：见评标办法前附表（见表 2-9）。

（2）详细评审标准。

详细评审标准：见评标办法前附表（见表 2-9）。

表 2－9　评标办法前附表(经评审的最低投标价法)

条款号		评审因素	评审标准
2.1.1	形式评审标准	投标人名称	与营业执照、资质证书、安全生产许可证一致
		投标函签字盖章	有法定代表人或其委托代理人签字或加盖单位章
		投标文件格式	符合第八章"投标文件格式"的要求
		联合体投标人	提交联合体协议书,并明确联合体牵头人(如有)
		报价唯一	只能有一个有效报价
		……	……
2.1.2	资格评审标准	营业执照	具备有效的营业执照
		安全生产许可证	具备有效的安全生产许可证
		资质等级	符合第二章"投标人须知"第1.4.1项规定
		财务状况	符合第二章"投标人须知"第1.4.1项规定
		类似项目业绩	符合第二章"投标人须知"第1.4.1项规定
		信誉	符合第二章"投标人须知"第1.4.1项规定
		项目经理	符合第二章"投标人须知"第1.4.1项规定
		其他要求	符合第二章"投标人须知"第1.4.1项规定
		联合体投标人	符合第二章"投标人须知"第1.4.2项规定(如有)
		……	……
2.1.3	响应性评审标准	投标内容	符合第二章"投标人须知"第1.3.1项规定
		工期	符合第二章"投标人须知"第1.3.2项规定
		工程质量	符合第二章"投标人须知"第1.3.3项规定
		投标有效期	符合第二章"投标人须知"第3.3.1项规定
		投标保证金	符合第二章"投标人须知"第3.4.1项规定
		权利义务	符合第四章"合同条款及格式"规定
		已标价工程量清单	符合第五章"工程量清单"给出的范围及数量
		技术标准和要求	符合第七章"技术标准和要求"规定
		……	……
2.1.4	施工组织设计和项目管理机构评审标准	施工方案与技术措施	……
		质量管理体系与措施	……
		安全管理体系与措施	……
		环境保护管理体系与措施	……
		工程进度计划与措施	……
		资源配备计划	……
		技术负责人	……
		其他主要人员	……
		施工设备	……
		试验、检测仪器设备	……
		……	……

续表

条款号		评审因素	评审标准
2.2	详细评审标准	单价遗漏	……
		付款条件	……
		……	……

5）评标程序

（1）初步评审。

对于未进行资格预审的，评标委员会可以要求投标人提交"投标人须知"规定的有关证明和证件的原件，以便核验。评标委员会依据规定的标准对投标文件进行初步评审。有一项不符合评审标准的，作废标处理。

对于已进行资格预审的，评标委员会依据规定的标准对投标文件进行初步评审。有一项不符合评审标准的，作废标处理。当投标人资格预审申请文件的内容发生重大变化时，评标委员会依据规定的标准对其更新资料进行评审。

（2）详细评审。

评标委员会按规定的量化因素和标准进行价格折算，计算出评标价，并编制价格比较一览表。

某项目标价比较表如下如示。

标价比较表

招标编号：　　　　　　评标时间：　　　年　　月　　日

公司名称或代码	投标总价	对商务偏差的价格调整和说明	经评审的最终报价

评委签名：

评标委员会发现投标人的报价明显低于其他投标报价，或者在设有标底时明显低于标底，使得其投标报价可能低于其成本的，应当要求该投标人作出书面说明并提供相应的证明材料。投标人不能合理说明或者不能提供相应证明材料的，由评标委员会认定该投标人以低于成本报价竞标，其投标作废标处理。

（3）投标文件的澄清和补正。

① 在评标过程中，评标委员会可以书面形式要求投标人对所提交的投标文件中不明确的内容进行书面澄清或说明，或者对细微偏差进行补正。评标委员会不接受投标人主动提出的澄清、说明或补正。

② 澄清、说明和补正不得改变投标文件的实质性内容（算术性错误修正的除外）。投标人的书面澄清、说明和补正属于投标文件的组成部分。

③ 评标委员会对投标人提交的澄清、说明或补正有疑问的，可以要求投标人进一步澄清、说明或补正，直至满足评标委员会的要求。

2. 综合评估法

综合评估法，是对价格、施工组织设计（或施工方案）、项目经理的资历和业绩、质量、工期、信誉和业绩等各方面因素进行综合评价,从而确定中标人的评标定标方法。它是适用最广泛的评标定标方法。

评标委员会对满足招标文件实质性要求的投标文件,按照规定的评分标准进行打分,并按得分由高到低顺序推荐中标候选人,或根据招标人授权直接确定中标人,但投标报价低于其成本的除外。综合评分相等时,以投标报价低的优先;投标报价也相等的,由招标人自行确定。

定量综合评估法的主要特点是要量化各评审因素。从理论上讲,评标因素指标的设置和评分标准分值的分配,应充分体现企业的整体素质和综合实力,准确反映公开、公平、公正的竞标法则,使质量好、信誉高、价格合理、技术强、方案优的企业能中标。

1) 评审标准。

评审标准,见评标办法前附表,如表 2-10 所示。

表 2-10　评标办法前附表(综合评估法)

条款号	评审因素	评审标准
2.1.1	形式评审标准	投标人名称　与营业执照、资质证书、安全生产许可证一致
		投标函签字盖章　有法定代表人或其委托代理人签字或加盖单位章
		投标文件格式　符合第八章"投标文件格式"的要求
		联合体投标人　提交联合体协议书,并明确联合体牵头人
		报价唯一　只能有一个有效报价
		……　……
2.1.2	资格评审标准	营业执照　具备有效的营业执照
		安全生产许可证　具备有效的安全生产许可证
		资质等级　符合第二章"投标人须知"第1.4.1项规定
		财务状况　符合第二章"投标人须知"第1.4.1项规定
		类似项目业绩　符合第二章"投标人须知"第1.4.1项规定
		信誉　符合第二章"投标人须知"第1.4.1项规定
		项目经理　符合第二章"投标人须知"第1.4.1项规定
		其他要求　符合第二章"投标人须知"第1.4.1项规定
		联合体投标人　符合第二章"投标人须知"第1.4.2项规定
		……　……
2.1.3	响应性评审标准	投标内容　符合第二章"投标人须知"第1.3.1项规定
		工期　符合第二章"投标人须知"第1.3.2项规定
		工程质量　符合第二章"投标人须知"第1.3.3项规定
		投标有效期　符合第二章"投标人须知"第3.3.1项规定
		投标保证金　符合第二章"投标人须知"第3.4.1项规定
		权利义务　符合第四章"合同条款及格式"规定
		已标价工程量清单　符合第五章"工程量清单"给出的范围及数量
		技术标准和要求　符合第七章"技术标准和要求"规定
		……　……

续表

条款号	条款内容	编列内容
2.2.1	分值构成 （总分100分）	施工组织设计：_____分 项目管理机构：_____分 投标报价：_____分 其他评分因素：_____分
2.2.2	评标基准价计算方法	
2.2.3	投标报价的偏差率 计算公式	偏差率＝100％×（投标人报价 － 评标基准价）/评标基准价

条款号	评分因素	评分标准
2.2.4（1）	施工组织设计评分标准	内容完整性和编制水平 ……
		施工方案与技术措施 ……
		质量管理体系与措施 ……
		安全管理体系与措施 ……
		环境保护管理体系与措施 ……
		工程进度计划与措施 ……
		资源配备计划 ……
		…… ……
2.2.4（2）	项目管理机构评分标准	项目经理任职资格与业绩 ……
		技术负责人任职资格与业绩 ……
		其他主要人员 ……
		…… ……
2.2.4（3）	投标报价评分标准	偏差率 ……
		…… ……
2.2.4（4）	其他因素评分标准	…… ……

2）分值构成与评分标准

分值构成与评分标准每个项目不同，表2－11、表2－12为某项目的分值构成与评分标准。

例：某工程项目分值构成与评分标准

表 2－11 技术标评分标准（满分 100 分，占 20%）

项目		满分	评分标准
总体概述		5	工程整体有深刻认识，表述完整、清晰；措施先进，施工段划分清晰、合理，符合规范要求得 0～5 分
施工组织设计（满分 68 分）	施工进度计划和进度保证措施	25	（1）所报工期符合招标文件要求，否则投标无效 （2）网络计划编排合理、可行，关键路线清晰、准确、无错误，得 0～15 分 （3）进度保证措施可靠，冬、雨季施工措施具体可行，农忙保勤措施可信、可行，得 0～5 分 （4）已完工程保护措施是否完善得 0～5 分
	劳动力、材料、机械设备投入计划及保证措施	5	投入计划与进度计划相呼应，满足工程施工需要，投入计划合理准确得 0～5 分
	施工总平面图	5	总平面图内容齐全、有针对性、合理、符合安全文明生产要求，满足施工需要得 0～5 分
	针对项目实际，对关键施工技术、工艺及工程项目实施的重点、难点，分析和解决方案	18	（1）对关键技术、工艺有深入表述得 0～8 分 （2）对重点、难点解决方案完整、安全、经济、切实可行、措施得力，得 0～10 分
	安全文明施工	5	针对项目实际情况，采用规范正确，有具体完整的措施和应急救援预案，措施齐全、预案可行（防洪、防火、防触电、防坠落、防倒塌等）得 0～5 分
	质量保证	10	（1）所报质量等级必须符合招标文件要求，否则投标无效 （2）有完整的质量体系，针对项目实际情况，有先进、可行、具体保证措施得 0～5 分 （3）有针对本工程的通病治理措施的得 0～5 分
项目机构组成（满分 21 分）	项目经理	10	（1）项目经理近三年内具有同类工程业绩的，每 1 个业绩得 1 分，最多加 3 分 （2）项目经理为国家壹级注册建造师得 2 分，是高级职称得 2 分，中级职称得 1 分，其余不得分 （3）项目经理承担的工程获得省级优良加 1 分，有效期三年；获国家级优良加 2 分，有效期三年，最高加 2 分 （4）对于投标项目负责人承担的工程获得省级以上住建行政主管部门评定的"安全文明示范工地"奖项的加分，其中：省级最高加 0.5 分；获国家级最高加 1 分，有效期均为三年。加分时只针对上述奖项中的一个最高奖项计分
	技术负责人	5	（1）技术负责人具有高级职称得 2 分，中级职称得 1 分，其余不得分 （2）近三年曾担任过同类项目技术负责人的，每一项加 1 分，最多加 3 分
	项目部配备	6	（1）项目班子管理人员及技术人员配备合理，组织机构设置合理科学，满足招标文件要求，0～5 分 （2）有资料专管人员，得 1 分
企业信誉及业绩（满分 6 分）	质量	2	企业近三年获国家"鲁班奖"（或同等级别质量奖）的加 2 分，获"泰山杯"（或同等级别奖）的加 1 分 同一工程以获最高奖计，不重复计分
	安全	2	企业近三年承建的建筑工程获省部级及其以上"安全文明示范工地"奖的，加 2 分
	业绩	2	企业近三年具有类似工程业绩的，加 2 分
合　计		100	

表 2-12　商务标评分标准（满分 100 分，占 80%）

项目			满分	评分标准
总报价			36	各投标人总报价与评标基准值 A 值相等的，得基本分 36 分；高出 A 值后，每再高于 A 值 1%（商值）时，在基本分基础上减 0.4 分，减完为止；低于 A 后，每再低于 A 值 1%（商值）时，在基本分基础上减 0.2 分，减完为止（不足 1% 的按插入法计算保留小数点后两位有效数字）
主要项目综合单价报价			40	（1）从所有清单项目中由造价专家按 1:3（或 1:2）的比例随机选取占工程造价权重较大的 N 个子项的综合单价进行比较；在监督人员监督下，由专家成员随机抽取其中的 N/3（或 N/2）项作为评分依据，由工作人员现场宣读项目编码、项目名称、工程量等并由专家组成员签字确认。 （2）抽出的每个项目中，各投标人所报单价与评标基准价 A 值相等时得 40/N 分，每高出 A 值 1%（商值）减 0.1 分，减完为止；每低于 A 值 1%（商值）减 0.05 分，减完为止（不足 1% 的按插入法计算保留小数点后两位有效数字）。 （3）本项得分等于抽出的每个单项综合单价报价得分之和
措施项目报价			10	各投标人的措施项目报价与评标基准值 A 值相等的，得基本分 10 分，每高出 A 值 1% 时（商值），在基本分基础上减 0.5 分，每低于 A 值 1%（商值）在基本分基础上减 0.25 分，减完为止（不足 1% 的按插入法计算保留小数点后两位有效数字）
综合单价合理性分析			1	综合单价组成及分析是否符合清单计价规范，得 0~1 分
总包服务费率			2	各投标人的总包服务费报价与评标基准值 A 值相等的，得基本分 2 分，每高出 A 值 1% 时（差值），在基本分基础上减 0.2 分，每低于 A 值 1%（差值）在基本分基础上减 0.1 分，减完为止（不足 1% 的按插入法计算保留小数点后两位有效数字）
计日工			1	投标单位所报单价与评标基准值 A 值相同者得满分；比 A 值每高 1 元扣 0.2 分，扣完为止；比 A 值每低 1 元扣 0.1 分，扣完为止
人工单价			1	投标单位所报单价与评标基准值 A 值相同者得满分；比 A 值每高 1 元扣 0.2 分，扣完为止；比 A 值每低 1 元扣 0.1 分，扣完为止
清单以外项目费率竞报	施工管理费费率（满分 3 分）	建筑企业管理费费率	1	凡所报费率等于评标基准值 A 值得 1 分。所报费率每高于 A 值 1%（差值）减 0.01 分，所报费率每低于 A 值 1%（差值）减 0.05 分，减完为止
		装饰企业管理费费率	1	凡所报费率等于评标基准值 A 值得 1 分。所报费率每高于 A 值 10%（差值）减 0.1 分，所报费率每低于 A 值 10%（差值）减 0.05 分，减完为止
		安装企业管理费费率	1	凡所报费率等于评标基准值 A 值 1 分。所报费率每高于 A 值 5%（差值）减 0.1 分，所报费率每低于 A 值 5%（差值）减 0.05 分，减完为止
	利润率费率（满分 3 分）	建筑利润率	1	凡所报利润率等于评标基准值 A 值得 1 分。所报利润率每高于 A 值 1%（差值）减 0.1 分，所报利润率每低于 A 值 1%（差值）减 0.05 分，减完为止
		装饰利润率	1	凡所报费率等于评标基准值 A 值得 1 分。所报利润率每高于 A 值 10%（差值）减 0.1 分，所报利润率每低于 A 值 10%（差值）减 0.05 分，减完为止
		安装利润率	1	凡所报利润率等于评标基准值 A 值得 1 分。所报利润率每高于 A 值 5%（差值）减 0.1 分，所报利润率每低于 A 值 5%（差值）减 0.05 分，减完为止

项目		满分	评分标准
清单以外项目费率竞报	措施费费率（满分3分）	建筑措施费费率	1	凡所报费率等于评标基准值 A 值得 1 分。所报费率每高于 A 值 1%（差值）减 0.1 分，所报费率每低于 A 值 1%（差值）减 0.05 分，减完为止
		装饰措施费费率	1	凡所报费率等于评标基准值 A 值得 1 分。所报费率每高于 A 值 10%（差值）减 0.1 分，所报费率每低于 A 值 10%（差值）减 0.05 分，减完为止
		安装措施费费率	1	凡所报费率等于评标基准值 A 值得 1 分。所报费率每高于 A 值 5%（差值）减 0.1 分，所报费率每低于 A 值 5%（差值）减 0.05 分，减完为止
合　计		100	

3）评标程序

（1）初步评审。

对于未进行资格预审的，评标委员会可以要求投标人提交"投标人须知"规定的有关证明和证件的原件，以便核验。评标委员会依据规定的标准对投标文件进行初步评审。有一项不符合评审标准的，作废标处理。

对于已进行资格预审的，评标委员会依据规定的评审标准对投标文件进行初步评审。有一项不符合评审标准的，作废标处理。当投标人资格预审申请文件的内容发生重大变化时，评标委员会依据规定的标准对其更新资料进行评审。

（2）详细评审。

评标委员会按规定的量化因素和分值进行打分，并计算出综合评估得分。

评标委员会发现投标人的报价明显低于其他投标报价，或者在设有标底时明显低于标底，使得其投标报价可能低于其个别成本的，应当要求该投标人作出书面说明并提供相应的证明材料。投标人不能合理说明或者不能提供相应证明材料的，由评标委员会认定该投标人以低于成本报价竞标，其投标作废标处理。

五、评标报告

评标委员会在完成评标后，应向招标人提出书面评标结论性报告，并抄送有关行政监督部门。

评标报告应当如实记载以下内容：

（1）基本情况和数据表；

（2）评标委员会成员名单；

（3）开标记录；

（4）符合要求的投标一览表；

（5）配表情况说明；

（6）评标标准、评标方法或者评标因素一览表；

（7）经评审的价格或者评分比较一览表；

（8）经评审的投标人排序；

（9）推荐的中标候选人名单与签订合同前要处理的事宜；

（10）澄清、说明、补正事项纪要。

评标报告由评标委员会全体成员签字。评标委员会应当对此作出书面说明并记录在案。评标委员会推荐的中标候选人应当限定在 1～3 人,并标明排列顺序。

向招标人提交书面评标报告后,评标委员会即告解散。

[**案例 2-1**] 某工程项目评标报告

××工程项目招 标 评 标 报 告

一、项目简介

受××××××工程建设管理办公室委托,××××××工程管理(集团)有限公司组织了××××××工程建设项目公开招标工作,本项目采用资格后审形式。

二、招标过程简介

××××××工程建设项目依照相关法律规定,采用国内公开招标方式,于××××年××月在国家和省指定的招标公告发布媒介发布招标公告,××月××日至××日有来 8 家符合公告要求的投标人前来登记并购买了招标文件。

投标截止时间××××年××月××日上午 9 时整,共有 4 家投标人在投标截止时间前递交了投标文件,他们是 A 建筑工程有限责任公司、B 建筑工程有限责任公司、C 建筑工程有限责任公司、D 建筑工程有限责任公司。

开标一览表附后。

三、评标委员会组成情况

评标委员会由技术、经济专家 5 人组成,他们是×××、×××、×××、×××、×××、×××。本次评标的专家是在××市评标专家库××子库中随机抽取,负责本项目的评审工作,评委组推荐×××担任评标组长。

为协助做好评标工作,招标代理人确定 3 名工作人员,负责管理招标、投标和评标文件、资料及评标工作使用的表格,完成评标委员会指定的统计、计算、填表、核实、监督等工作,无评议权和投票权。

四、评标程序及情况

1. 初步评审

评标委员会对投标文件进行了形式评审、资格评审、响应性评审。

本次评标对投标文件进行的形式评审标准有(有不符合下列情况之一的投标文件作为废标处理,不能进入下一阶段的评标):

(1)投标人名称与营业执照、资质证书、安全生产许可证一致。

(2)投标函签字盖章,有法定代表人或其委托代理人签字或加盖单位章。

(3)投标文件格式,符合第八章"投标文件格式"的要求。

(4)报价唯一,只能有一个有效报价。

(5)投标文件的正副本数量,一正四副(完整投标文件电子版 2 份,投标报价电子版 2 份 Excel 2003 版)。

(6)投标文件的印制和装订,投标文件的正本与副本应采用 A4 纸印刷(图表页可例外),分别装订成册,编制目录和页码,并不得采用活页装订。

(7)形式评审其他标准。

本次评标对投标人进行的资格评审标准有(有不符合下列情况之一的投标文件作为废标处

理,不能进入下一阶段的评标):

(1)营业执照。具备有效的营业执照。

(2)安全生产许可证。具备有效的安全生产许可证。

(3)资质要求。水利水电工程施工总承包二级及以上。

(4)财务要求。近两年财务状况良好(无亏损情况)。

(5)业绩要求。近两年(2009 年元月至 2010 年 11 月,以施工承包合同签订日期为准)共承接 ×× 类似工程合同额达到 6000 万元以上。

(6)信誉要求。根据 ×× 省 ×× 厅《关于开展 ×× 工程投标企业信誉登记工作的通知》要求,投标企业须获 ×× 省 ×× 厅信用等级认证并签署《承诺书》,在 ×× 市 ×× 局备案。

(7)项目经理资格。在投标单位注册的二级及以上项目经理或二级及以上 ×× 工程类注册建造师。

(8)技术负责人资格。高级工程师。

(9)其他要求。需取得建设行政主管部门颁发的安全生产许可证(并在有效期以内)。

(10)企业主要负责人安全生产考核合格证。具备有效的安全生产考核证。

本次评标对投标人进行的响应性评审标准有(有下列情况之一的投标文件作为废标处理,不能进入下一阶段的评标):

(1)招标范围。本项目的建筑及安装工程。

(2)计划工期。150 日历天。

(3)质量要求。满足设计要求达到合格标准。

(4)投标有效期。投标截止日期后的90 天(日历天)。

(5)投标保证金。本招标项目投标保证金金额为人民币贰拾万元整,缴纳截止时间为 ××× ×年 ×× 月 ×× 日上午 9 时 0 分整前(投标文件递交截止时间前,以到账时间为准),投标保证金需交到荆门市综合招投标中心专用账户,投标人缴纳投标保证金必须从投标人的基本账户以实时电汇的方式,汇至荆门市综合招标投标中心专用账户,不接受其他方式交纳。

(6)权利义务。符合招标文件第四章"合同条款及格式"规定。

(7)已标价工程量清单。符合招标文件第五章"工程量清单"给出的范围及数量。

(8)技术标准和要求。符合招标文件第七章"技术标准和要求"规定。

(9)签署与递交投标文件以及参加开标大会的投标人代表(投标委托代理人),必须是投标人法定代表人或拟任本招标工程的项目经理(投标人法定代表人授权的注册在投标人的建造师或符合招标文件要求的项目经理),且投标人代表须进行原件与其复印件的一致性审查,否则,投标文件将被拒收或视为无效投标文件。拟任本招标工程的项目经理的身份证明包括身份证、建造师注册证书(或符合招标文件要求的项目经理证书)、社会保险证明。

(10)招标文件涉及的投标人资格、信誉、业绩、能力以及相关人员证件等证明文件的复印件,须进行原件审查,只有原件与其复印件一致且符合评分标准要求的才为有效证明文件,否则为无效证明文件。

(11)招标人不提供标底而采用最高和最低限价的,投标总价(包括按招标文件要求进行算术修正后的投标总价)超过最高限价或低于最低限价的,其投标文件作废标处理。

经评标委员评定本次投标的 4 家投标人均通过初步评审。初步评审表表附后。

2. 详细评审

其内容由施工组织设计、项目管理机构、投标报价、其他评分因素共四部分组成,总分值为100分。

(1)施工组织设计(0~14分,内容略)。

(2)项目管理机构(0~10分,内容略)。

(3)投标报价(0~60分)。

① 投标总价(0~48分,内容略)。

② 投标报价的合理性(0~10分,内容略)。

(4)其他评标因素(-6~16分,内容略)。

(5)其他(略)。

投标人最终得分计算方法,投标人的最终得分为所有评委的综合评分去掉一个最高和一个最低分之后的算术平均值(保留小数点后两位,第三位小数四舍五入)。

定标原则:

(1)招标人将按照评标委员会推荐的中标候选人,依排名顺序依次确定中标人。排名第一的中标候选人放弃中标、因不可抗力提出不能履行合同、或在规定的时间内因自身原因未能与招标人签订合同,招标人可以确定排名第二的中标候选人为中标人。排名第二的中标候选人因上述的同样原因不能签订合同的,招标人可以确定排名第三的中标候选人为中标人。

(2)当出现两名及以上排名第一的中标候选人得分相同时,选定投标总报价相对较低的为中标人。

(3)当出现两名及以上排名第一的中标候选人得分相同且投标总报价相同时,选定分部工程投标报价得分较高的为中标人。

此次本项目的招标有三位投标人放弃了投标资格,他们是一标段××××工程有限公司、×××实业有限责任公司、××××建设有限责任公司。

五、评标结论及推荐建议

评标委员会决定按上述推荐的中标候选人排序结果上报××建设项目办公室,由××建设项目办公室最终确定首选预中标人和备选预中标人,推荐中标候选人排序表如下所示。

推荐中标候选人排序表

项目 \ 投标单位			
得分排序	1	2	3
投标报价(人民币/元)			

评标小组组长签字:
评标委员会签字:
监督人签字:

××××年××月××日

2.7.3 建设工程施工定标及签订合同

一、建设工程施工定标

定标亦称决标,是指招标人最终确定中标的单位。除特殊情况外,评标和定标应当在投标有效期结束日30个工作日前完成。招标文件应当载明投标有效期。投标有效期从提交投标文件截止日起计算。

评标完成后,评标委员会应当向招标人提交书面评标报告和中标候选人名单。中标候选人应当不超过 3 个,并标明排序。

评标报告应当由评标委员会全体成员签字。对评标结果有不同意见的评标委员会成员应当以书面形式说明其不同意见和理由,评标报告应当注明该不同意见。评标委员会成员拒绝在评标报告上签字又不书面说明其不同意见和理由的,视为同意评标结果。

依法必须进行招标的项目,招标人应当自收到评标报告之日起 3 日内公示中标候选人,公示期不得少于 3 日。

投标人或者其他利害关系人对依法必须进行招标的项目的评标结果有异议的,应当在中标候选人公示期间提出。招标人应当自收到异议之日起 3 日内作出答复;作出答复前,应当暂停招标投标活动。

国有资金占控股或者主导地位的依法必须进行招标的项目,招标人应当确定排名第一的中标候选人为中标人。排名第一的中标候选人放弃中标、因不可抗力不能履行合同、不按照招标文件要求提交履约保证金,或者被查实存在影响中标结果的违法行为等情形,不符合中标条件的,招标人可以按照评标委员会提出的中标候选人名单排序依次确定其他中标候选人为中标人,也可以重新招标。

中标候选人的经营、财务状况发生较大变化或者存在违法行为,招标人认为可能影响其履约能力的,应当在发出中标通知书前由原评标委员会按照招标文件规定的标准和方法审查确认。

招标人和中标人应当依照《招标投标法》规定签订书面合同,合同的标的、价款、质量、履行期限等主要条款应当与招标文件和中标人的投标文件的内容一致。招标人和中标人不得再行订立背离合同实质性内容的其他协议。

招标人最迟应当在书面合同签订后 5 日内向中标人和未中标的投标人退还投标保证金及银行同期存款利息。

根据《招标投标法》及其配套法规和有关规定,定标应满足下列要求:

(1)评标委员会经评审,认为所有投标都不符合招标文件要求的,可以否决所有投标。且招标人应当依本法重新招标。

(2)在确定中标人前,招标人不得与投标人就投标价格、投标方案等实质性内容进行谈判。

(3)评标委员会推荐的中标候选人应该为 1~3 人,并且要排列先后顺序,招标人优先确定排名第一的中标候选人作为中标人。

(4)依法必须进行招标的项目,招标人应当自确定中标人之日起 15 日内,向工程所在地县级以上建设行政主管部门提交招标投标情况的书面报告。

(5)中标人确定后,招标人应当向中标人发出中标通知书,并同时将中标结果通知所有未中标的投标人并退还他们的投标保证金或保函。中标通知书发出即生效,且对招标人和中标人都具有法律效力,招标人改变中标结果或中标人拒绝签订合同均要承担相应的法律责任。

(6)招标人和中标人应当自中标通知书发出之日起 30 日内,按照招标文件和中标人的投标文件订立书面合同。

(7)中标人应当按照合同约定履行义务,完成中标项目。中标人不得向他人转让中标项目,也不得将中标项目肢解后分别向他人转让。

(8)定标时,应当由业主行使决策权。

(9)中标人的投标应当符合下列条件之一。

① 能够最大限度地满足招标文件中规定的各项综合评价标准。

② 能够满足招标文件的各项要求,并经评审的价格最低,但投标价格低于成本的除外。

(10)投标有效期是招标文件规定的从投标截止日起至中标人公布日止的期限。一般不能延长,因为它是确定投标保证金有效期的依据。不能在投标有效期结束日 30 个工作日前完成评标和定标的,招标人应当通知所有投标人延长投标有效期。拒绝延长投标有效期的投标人有权收回投标保证金。

(11)退回招标文件押金。公布中标结果后,未中标的投标人应当在发出中标通知书后的 7 日内退回招标文件和相关的图样资料,同时招标人应当退回未中标人的投标文件和发放招标文件时收取的押金。

二、发出《中标通知书》

中标人确定后,招标人应当向中标人发出《中标通知书》,同时通知未中标人,并与中标人在 30 个工作日之内签订合同。《中标通知书》对招标人和中标人具有法律约束力。

招标人迟迟不确定中标人或者无正当理由不与中标人签订合同的,给予警告,根据情节可处 1 万元以下的罚款;造成中标人损失的,并应当赔偿损失。

中标通知书样式如下:

中标通知书

(中标人名称):

你方于_____(投标日期)所递交的_____(项目名称)_____标段施工投标文件已被我方接受,被确定为中标人。

中标价:_____元。

工期:_____日历天。

工程质量:符合_____标准。

项目经理:_____(姓名)。

请你方在接到本通知书后的____日内到_____(指定地点)与我方_____签订施工承包合同,在此之前按招标文件第二章"投标人须知"第 7.3 款规定向我方提交履约担保。

特此通知。

招标人:_____(盖单位章)

法定代表人:_____(签字)

年   月   日

三、签订合同

1. 合同签订

招标人和中标人应当在《中标通知书》发出 30 日内,按照招标文件和中标人的投标文件订立书面合同。招标人与中标人不得再行订立背离合同实质性内容的其他协议。

2. 投标保证金和履约保证

(1)投标保证金的退还。招标人与中标人签订合同后 5 个工作日内,应当向中标人和未中标的投标人退还投标保证金。

(2)提交履约保证。招标文件要求中标人提交履约保证金的,中标人应当提交。若中标人不能按时提供履约保证,可以视为投标人违约,没收其投标保证金,招标商再与下一位候选中标人商签合同。当招标文件要求中标人提供履约保证时,招标人也应当向中标人提供工程款支付担保。

复习思考题

1. 我国建筑工程项目必须进行招标的规定是什么？

2. 工程招标应具备哪些条件？

3. 招标代理行为的特点是什么？

4. 简述建设工程招标的程序。

5. 建设工程招标文件有哪几部分构成？

6. 何为标底？标底编制应遵循什么原则？

7. 建设工程标底的编制方法有哪几种？

8. 建设工程标底价格由哪些内容组成？

9. 建设工程施工招标资格审查的内容有哪些？

10. 建设工程施工招标资格审查文件的内容有哪些？

11. 资格审查的程序和方法有哪些？

12. 开标时作为无效投标文件的情形有哪些？

13. 简述评标的程序。

14. 建设工程评标方法主要有哪几种？请分别解释。

15. 建设工程中标人一经确定就可以签订建设工程承发包合同吗？

16. 评标报告应包括哪些内容？

17. 废标的情况有哪些？

18. [案例]

背景

某大型工程，由于技术难度大，对施工单位的施工设备和同类工程施工经验要求高，而且对工期的要求也比较紧迫。业主在对有关单位和在建工程考察的基础上，仅邀请了 3 家国有一级施工企业参加投标，并预先与咨询单位和该 3 家施工单位共同研究确定了施工方案。业主要求投标单位将技术标和商务标分别装订报送。经招标领导小组研究确定的评标规定如下：

（1）技术标共 30 分，其中施工方案 10 分（因已确定施工方案，各投标单位均得 10 分）、施工总工期 10 分、工程质量 10 分。满足业主总工期要求（36 个月）者得 4 分，每提前 1 个月加 1 分，不满足者不得分；自报工程质量合格者得 4 分，自报工程质量优良者得 6 分（若实际工程质量未达到优良将扣罚合同价的 2%），近三年内获鲁班工程奖每项加 2 分，获省优工程奖每项加 1 分。

（2）商务标共 70 分。报价不超过标底（35 500 万元）的 5%者为有效标，超过者为废标。报价为标底的 98%者得满分（70 分），在此基础上，报价比标底每下降 1%，扣 1 分；每上升 1%，扣 2 分（计分按四舍五入取整）。

各投标单位的有关情况如表 4-13 所示。

表 4-13　投标单位的有关情况

投标单位	报价（万元）	总工期（月）	自报工程质量	鲁班工程奖	省优工程奖
A	35 642	33	优良	1	1
B	34 364	31	优良	0	2
C	33 867	32	合格	0	1

问题：（1）该工程采用邀请招标方式且仅邀请 3 家施工单位投标，是否违反有关规定？为什么？

（2）请按综合得分最高者中标的原则确定中标单位。

（3）若改变该工程评标的有关规定，将技术标增加到40分，其中施工方案20分（各投标单位均得20分），商务标减少为60分，是否会影响评标结果？为什么？若影响，应由哪家施工单位中标？

19. 计算题

某工程某标段报价得分和报价合理性得分计算。

资料：投标报价评分标准

（1）投标总价（0~48分）

$$F_i = \begin{cases} 48 - 1.0 \times 100 \times \left| \dfrac{B_i - C}{C} \right| \cdots \text{当 } B_i \leq C \text{ 时;} \\ 48 - 1.5 \times 100 \times \left| \dfrac{B_i - C}{C} \right| \cdots \text{当 } B_i > C \text{ 时。} \end{cases}$$

式中　　F_i——第 i 个有效报价的投标人的得分（保留两位小数，小数点后第三位四舍五入）；

B_i——第 i 个有效报价。$i = 1$、2、3、…、n；

C——评标基准价；

n——有效投标文件的投标人总计数。

如果投标总价得分计算后小于或等于0分，则按0分计。

投标总价得分可由评标工作人员计算，在评委对其他详细评审项目评审结束后由评标委员会复核。

（2）投标报价的合理性（0~10分）

分别计算各项目编号对应的投标人已标价工程量清单中的单价 W_{ij} 合理性得分，然后计算投标报价合理性得分 S_i 单价 W_{ij} 合理性得分计算式为：

$R_{ij} = 10/Jm - 0.05 \times 100 \times |W_{ij} - Q_j|/Q_j$　　$(0 \leq R_{ij} \leq 10/J_m$；保留一位小数，第二位小数四舍五入$)$

投标报价合理性得分计算式为：

$$S_i = \sum R_{ij} + P_i (0 \leq S_i \leq 10)。$$

式中　　j——从招标文件工程量清单中在评标委员会规定的范围内随机抽取的项目编号的顺序号，其值为1、2、…、J_m。

J_m——从招标文件工程量清单中在评标委员会规定的范围内随机抽取的项目编号的顺序号 j 的最大值。当工程量清单中的项目数大于5时，Jm 为5；当工程量清单中的项目数小于或等于5且大于1时，J_m 为2；当工程量清单中的项目数等于1时，J_m 为1。

H_j——第 j 个从招标文件工程量清单中在评标委员会规定的范围内随机抽取的项目编号。从招标文件工程量清单中随机抽取 J_m 个项目编号 H_j 应在对投标文件进行详细评审前按本评分标准附件规定的方法进行。

R_{ij}——第 i 个投标人及其已标价工程量清单中第 j 个项目编号为 H_j 的单价 W_{ij} 的合理性得分。

W_{ij}——第 i 个投标人及其已标价工程量清单中第 j 个项目编号为 H_j 的单价。

i——同前。

Q_j——j 相同的所有投标人的 W_{ij} 的算术平均值（保留四位小数，第五位小数四舍五入）。

S_i——第 i 个投标人投标报价合理性得分。

P_i——抽取的单价分析表中的单价与已标价工程量清单中对应的单价不一致或投标总价与

已标价工程量清单合价的总计不一致时,除按招标文件规定对投标报价进行修正外,每一处不一致扣0.5分的合计负值。

单价 W_{ij} 合理性得分可由评标工作人员计算,评标委员会核定。

(3)投标报价的一致性(0~2分)

单价分析表中的单价与投标报价汇总表中对应的单价完全一致时得2分,否则在大于或等于0且小于2分之间得分(每一处不一致少得0.5分,同时还应按招标文件规定对投标报价进行修正)。

评标基准价 C 计算:招标人不提供标底而采用最高和最低限价,最高限价于××××年××月××日在××市招标投标信息网上发布,最低限价为最高限价的85%。

$$计算公式:C = \begin{cases} \dfrac{B_1+B_2+\cdots+B_n-M-L}{n-2}\times(1-K) & (n\geqslant 5) \\[2mm] \dfrac{B_1+B_2+\cdots+B_n}{n}\times(1-K) & (n\leqslant 4) \end{cases}$$

式中　C——评标基准价(以万元为单位,保留四位小数,小数点后第五位四舍五入);

B_i——投标人的有效报价($i=1,2,\cdots,n$)。

n——有效报价的投标人个数。

M——最高的投标人有效报价。

L——最低的投标人有效报价。

K——评标基准价下降比例值。K值为0、0.5%、1%、1.5%、2%、2.5%、3%等7个值的任意一个。具体数值由投标人代表在开标前,在监督人和其他投标人监督下,在开标现场当众随机抽取。

注:有效报价 B_i:有效投标报价是指初步评审合格、符合招标文件实质性要求的投标文件的投标总价(包括按招标文件要求进行算术修正后的投标总报价;评标过程中投标文件被废标的,其投标总价不作为有效报价)

投标人最终得分计算方法,投标人的最终得分为所有评委的综合评分去掉一个最高和一个最低分之后的算术平均值(保留小数点后两位,第三位小数四舍五入)。

根据评分方法分别填写表中空白部分。

投标总报价得分计算表

项目名称:××××建设项目施工招标　　　　　　　　　时间:××××年××月××日

序号	投标人名称	投标总报价(万元)	已发布的拦标价(万元)	投标报价是否在有效范围内	随机抽取的K值	评标基准价(万元)	是否大于评标基准价	得分
1	A建筑工程有限责任公司	290.0000		是				
2	B建筑工程有限责任公司	296.0000		是				
3	C建筑工程有限责任公司	291.0000		是				
4	D建筑工程有限责任公司	291.5000	无	是	0	291.3400		
5	E建筑工程有限责任公司	292.0000		是				
6	F建筑工程有限责任公司	290.5000		是				
7	G建筑工程有限责任公司	291.7000		是				

投标报价合理性得分统计表

合同名称															
合同编号															

| 随机抽取的项目编号 H_j | | | | | | 3 | | 5 | | 6 | | 8 | | 11 | |
| 项目名称 | | | | | | ×× | | ×× | | ×× | | ×× | | ×× | |

序号	投标人	合计得分 S_i	是否有效投标文件	是否有漏项	扣分 P_i	单价 W_{i1}	得分 R_{i1}	单价 W_{i2}	得分 R_{i2}	单价 W_{i3}	得分 R_{i3}	单价 W_{i4}	得分 R_{i4}	单价 W_{i5}	得分 R_{i5}
				平均单价 Q_j											
1	A建筑工程有限责任公司		是	无	0.00	500.00		23.00		56.00		110.00		33.00	
2	B建筑工程有限责任公司		是	无	0.00	501.00		23.50		56.10		111.00		32.00	
3	C建筑工程有限责任公司		是	无	0.00	500.50		23.60		56.30		112.00		23.00	
4	D建筑工程有限责任公司		是	无	0.00	500.70		23.70		57.00		113.00		34.00	
5	E建筑工程有限责任公司		是	无	0.00	500.90		23.40		59.00		112.00		23.00	
6	F建筑工程有限责任公司		是	无	0.00	499.70		22.80		58.00		112.00		24.00	
7	G建筑工程有限责任公司		是	无	0.00	499.80		22.90		60.00		111.00		24.00	

单元 3

投标方的工作

知识目标：

（1）了解投标人的投标资质、权利和义务，投标报价的主要依据。

（2）理解建设工程施工投标步骤、主要工作内容，投标报价的步骤、方法，投标文件的组成。

（3）掌握建设工程施工投标程序和投标文件的编制。

能力目标：

（1）掌握参加建筑工程投标工程的能力。

（2）掌握编制建筑工程投标文件的能力。

任务 1 了解建设工程投标基础知识

3.1.1 投标的基本概念

建设工程投标是工程招标的对称概念，指具有相应资质的建设工程承包单位即投标人，响应招标并购买招标文件，按招标文件的要求和条件填写投标文件，编制投标报价，在招标限定的时间内送达招标单位，争取中标的行为。

建设工程招标与投标，是建设工程承发包人签订建设工程施工合同的首个环节。根据《合同法》规定，当事人订立合同，采取要约、承诺方式，而招投标的这个过程就是在完成建设工程施工合同订立的过程。建设工程招标人根据自己工程的情况编制的招标文件在合同法中属于要约邀请，投标人在响应招标文件的前提下，按照招标文件的要求和条件编写投标文件及投标报价属于要约，招标人在收到多个投标人的投标文件之后，进行评标，择优选择投标人并发出中标通知书属于承诺，承发包人即可签订施工合同。

在整个合同订立的过程中，由于招标人发出的招标文件（要约邀请）不具备合同的主要条款如合同价格，因此招标文件不具有法律约束力，也就是说招标人可以在多个投标人当中择优选择投标人，与之签订施工合同，并不一定是投标人投标了就会中标。但是投标人递送的投标文件（要约）和招标人向某一投标人发出的中标通知书（承诺），由于已经具备了合同的主要条款，因此具有法律约束力,所以投标人在投标之前和招标人在发出中标通知书前应慎重考虑。

3.1.2 建设工程投标人

1. 建设工程招标人的概念

建设工程招标人是建设工程招投标活动中的另一方主体,它是指响应招标并在规定的期限内购买招标文件,并按照招标文件的要求和条件参与投标的法人或者其他组织。

2. 投标人应具备的能力条件

《招标投标法》规定,投标人应当具备承担招标项目的能力。投标人参加建设工程招标活动,并不是所有感兴趣的法人或其他组织都可以参加投标。

投标人通常应当具备下列条件:

(1)与招标文件要求相适应的人力、物力和财力;

(2)招标文件要求的资质证书和相应的工作经验与业绩证明;

(3)法律、法规规定的其他条件。

建设工程投标人的范围主要是指:勘察设计单位、施工企业、建筑装饰企业、工程材料设备供应企业、工程总承包单位以及咨询、工程监理企业等。

3. 联合体投标

联合体投标承包工程是相对一家承包商独立承包工程而言的承包方式。当一个承包商不能自己独立完成一个建设工程项目时,由一个国籍或不同国籍的两家或两家以上具有法人资格的承包商以协议方式组成联营体,以联营体名义,共同参加某项工程的资格预审、投标签约并共同完成承包合同的一种承包方式。但在联合体投标时应注意以下几个问题:

(1)要看招标人是否在资格预审公告、招标公告或者投标邀请书中载明是否接受联合体投标。如不接受,一般不宜采用。

(2)招标人接受联合体投标并进行资格预审的,联合体应当在提交资格预审申请文件前组成。资格预审后联合体增减、更换成员的,其投标无效。

(3)联合体各方在同一招标项目中以自己名义单独投标或者参加其他联合体投标的,相关投标均无效。

(4)联合体各方均应当具备承担招标项目的相应能力;国家有关规定或者招标文件对投标人资格条件有规定的,联合体各方均应当具备规定的相应资格条件。

(5)由同一专业的单位组成的联合体,按照资质等级较低的单位确定联合体的资质等级。

(6)联合体各方应当签订共同投标协议,明确约定各方拟承担的工作和责任,并将共同投标协议连同投标文件一并提交招标人联合体中标的,联合体各方应当共同与招标人签订合同,就中标项目向招标人承担连带责任。

(7)招标人不得强制投标人组成联合体共同投标,不得限制投标人之间的竞争。

3.1.3 建设工程投标人的投标资质

建设工程投标人的投标资质(又称投标资格),是指建设工程投标人参加投标所必须具备的条件和素质,包括企业资历、业绩、人员素质、管理水平、资金数量、技术力量、技术装备、社会信誉等几方面的因素。

不同资质等级的投标人所能从事的工程范围是不同的,资质等级超高,所能从事的工程范围越广。而投标人所投标的工程超出其资质等级所能从事的范围,是绝对不允许的。对建设工程投标单位的投标资质进行管理的,主要是政府主管机构,由其对建设工程投标单位的投标资质提出认定和划分标准,确定具体等级,发放相应的资质证书,并对其进行监督检查。

建筑施工企业,是指从事土木工程、建筑工程、线路管道设备安装工程、装修工程的新建、扩建、改建等活动的企业。施工企业应当按照其拥有的注册资本、专业技术人员、技术装备和已完成的建筑工程业绩等条件申请资质,经审查合格,取得建筑业企业资质证书后,方可在资质许可的范围内从事建筑施工活动。禁止施工企业超越其资质等级许可的范围或者以其他施工企业的名义承揽建设工程施工业务。施工企业的专业技术人员参加建设工程施工招标投标活动,应持有相应的执业资格证书,并在其执业资格证书许可的范围内进行。

施工企业资质分为施工总承包、专业承包和劳务分包三个序列。取得施工总承包资质的企业(以下简称施工总承包企业),可以承接施工总承包工程。施工总承包企业可以对所承接的施工总承包工程内各专业工程全部自行施工,也可以将专业工程或劳务作业依法分包给具有相应资质的专业承包企业或劳务分包企业。取得专业承包资质的企业(以下简称专业承包企业),可以承接施工总承包企业分包的专业工程和建设单位依法发包的专业工程。专业承包企业可以对所承接的专业工程全部自行施工,也可以将劳务作业依法分包给具有相应资质的劳务分包企业。取得劳务分包资质的企业(以下简称劳务分包企业),可以承接施工总承包企业或专业承包企业分包的劳务作业。

在建设工程招投标过程中,国内实施项目经理岗位责任制。建设工程项目经理指受企业法人代表人委托对工程项目施工过程全面负责的项目管理者,是企业法定代表在工程项目上的代表人。建筑施工企业项目经理由注册建造师担任。

注册建造师分为注册一级建造师和注册二级建造师,注册一级建造师可以担任《建筑业企业资质等级标准》中规定的必须由特级、一级建筑业企业承建的建设工程项目施工的项目经理,注册二级建造师只可以担任二级及以下建筑业企业承建的建设工程项目施工的项目经理。

3.1.4 建设工程投标人的权利和义务

1. 建设工程投标人的权利

建设工程投标单位在建设工程招投标活动中,应享有下列权利:

(1)有权平等地获得和利用招标信息。

(2)凡持有营业执照和相应资质证书的施工企业或施工企业联合体,均可按招标文件的要求参加投标。

(3)根据自己的经营状况和掌握的市场信息,有权确定自己的投标报价。

(4)根据自己的经营状况有权参与投标竞争或拒绝参与竞争。

(5)有权对要求优良的工程优质优价。

(6)有权要求招标人或招标代理机构对招标文件中的有关问题答疑。

(7)控告、检举招标过程中的违法违规行为。

（8）有权在开标时，检查投标文件密封情况。开标时的密封情况检查，是投标人在对招标人检查其标书保管责任，检查招标人有没有私自调换标书，或者事先拆封投标人的投标文件，以保护自己的商业机密和维护其他合法权益不受侵害。

2. 建设工程投标人的义务

建设工程投标单位在建设工程招投标活动中，应履行下列义务：

（1）遵守法律规章制度。

（2）接受招标投标管理机构的监督管理。

（3）保证所提供的投标文件的真实性，提供投标保证金或其他形式的担保。

（4）按招标人或招标代理人的要求对投标文件的有关问题进行答疑。

（5）不得串通投标报价。

（6）中标后与招标人签订并履行合同，非经招标人同意不得转让或分包合同。

（7）履行依法约定的其他各项义务。

任务 2   建设工程施工投标程序

3.2.1   建设工程施工投标步骤

建设工程施工投标是一项程序性、法制性很强的工作，必须依照特定和程序进行，投标过程是指从填写资格预审调查表开始，到将正式投标文件送交业主为止所进行的全部工作。这一阶段工作量很大，时间紧迫。投标工程步骤如图 3-1 所示。

3.2.2   建设工程施工投标主要工作内容

1. 获取招标项目信息

这此工作的内容主要是通过各种媒介渠道，收集招标人所发布的招标公告信息。投标人获取招标项目信息的途径主要有：

（1）主要报纸。如《中国日报》《人民日报》《中国建设报》及其他主要地方性报纸。一般各省市的招投标管理机构会规定当地的主要报纸为发布招标公告信息的指定报纸媒介。

（2）信息网络。如中国采购与招标网、中国招标网及其他主要地方性网站。一般各省市的招投标管理机构会成立本省市的招投标网站为发布招标公告信息的指定网络媒介。

（3）其他方式。如杂志、电视等其他途径。

现在，建设工程投标人主要通过分开发行的报纸、信息网络来获取招标项目信息。投标人应积极地通过各种途径搜集招标工程信息，使企业获得最多的工程投标机会。当然也有可能招标人会向投标人发出投标邀请书，邀请投标人进行投标。

2. 前期投标决策

投标人在通过各种途径获取的招标项目信息或接到招标人发出投标邀请书后，接下来要做的工作就是进行前期投标决策。此项工作的主要内容就是对是否参加项目的投标进行分析、论证，并做出决择。

当得知某一工程进行招标的，投标人就要获取各种信息及自身因素，来决定是否参加该项目的投标。主要考虑以下因素：

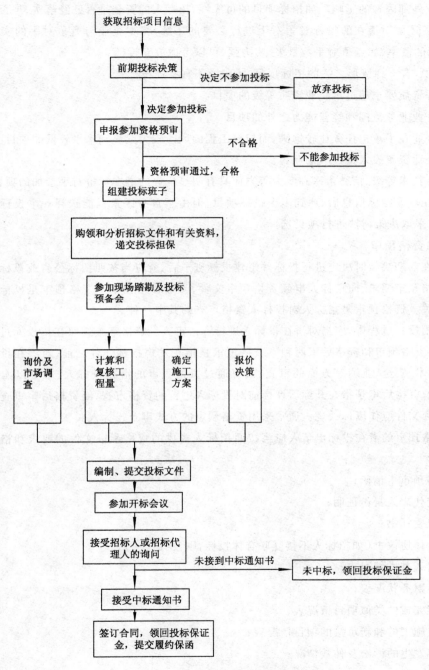

图 3-1　建设工程施工投标步骤

（1）企业自身因素的影响。承包招标项目的可能性与可行性，即是否有能力承包该项目，如超出本企业的技术等级，就只能放弃投标。如万一中标，能否抽调出管理力量、技术力量参加项目实施，如不能，就有可能导致巨大的经济损失，并损害企业的信誉与形象，对企业以后在市场中的竞争造成不利影响。如本企业施工任务饱满,对赢利水平低、风险大的项目可以考虑放弃。

(2)企业外部因素的影响。如招标项目的可靠性,招标人的资金是否已经落实,是否有拖欠工程款的可能。还要对潜在的投标竞争对手进行必要的了解,将本企业与竞争对手的实力进行对比,判断中标的概率,如竞争对手数量多,实力强,可以考虑放弃投标。

一般来说,有下列情形之一的招标项目,承包商不宜参加投标:

(1)工程资质要求超过本企业资质等级的项目。

(2)本企业业务范围和经营能力之外的项目。

(3)本企业在手承包任务比较饱满,而招标工程的风险较大或赢利水平较低的项目。

(4)本企业资源投入量过大的项目。

(5)有在技术等级、信誉水平和实力等方面具有明显优势的潜在竞争对手参加的项目。

投标人在获取招标信息后,遇到多个投标项目,但由于自身因素只能选择一个投标项目进行投标时,可以采取决策树法进行项目选择。

3. 参加资格预审

承包商在前期决策时决定进行投标并组建投标班子后,就应当按照招标公告或投标邀请书中所提出的资格预审要求,向招标人申领资格预审文件,参加资格预审。资格预审是投标人投标过程中的第一关。资格预审是招标人对投标人资格审查的其中一种。

在我国招投标过程中,应当对潜在投标人进行资格审查。资格审查按照在招投标过程审查时间不同,分为资格预审和资格后审两种。资格预审是指在发售招标文件之前,对潜在投标人进行资质条件、技术、资金、业绩等方面的审查,只有通过资格预审的潜在投标人,才可以购买招标文件,参加投标;资格后审是指在开标后评标前对投标人进行的资格审查,经资格后审审查不合格的投标人的投标文件应作废标处理。通常采用资格预审的方式审查投标人。

参加资格预审的潜在投标申请人应当按照招标人提供的资格预审文件的要求和格式提供如下资料:

(1)资格预审申请函;

(2)法定代表人身份证明;

(3)授权委托书;

(4)联合体协议书(如招标人不接受联合体投标,则没有这项);

(5)申请人基本情况表;

(6)近年财务状况表;

(7)近年完成的类似项目情况表;

(8)正在施工的和新承接的项目情况表;

(9)近年发生的诉讼及仲裁情况;

(10)其他材料。

4. 组建投标班子

投标工作是一项技术性很强的工作,不仅要比报价的高低,还要比技术、比实力、比经验和比信誉。所以,投标人进行工程投标,需要有专门的机构和专业人员对投标的全过程加以组织和管理。这是投标人获得成功的重要保证。建立一个强有力的投标班子是获得投标成功的根本保证。投标的组织主要包括组建一个强有力的投标机构和配备高素质的各类人才。因此,投标班子应由企业法人代表亲自挂帅,配备经营管理类、工程技术类、财务金融类的专业人才 5~7 人,其班子成员必须具备以下素质:

(1)有较高的政治修养,事业心强。认真执行党和国家的方针、政策,遵守国家的法律和地方法规,自觉维护国家和企业利益,意志坚强,吃苦耐劳。

(2)知识渊博,经验丰富,视野广阔。必须在经营管理、施工技术、成本核算、施工预决算等领域都有相当的知识水平和实践经验,才能全面、系统地观察和分析问题。

(3)具备一定的法律知识和实际工作经验。对投标业务应遵循的法律、规章制度有充分了解;同时,有丰富的阅历和实际工作经验,对投标具有较强的预测能力和应变能力,能对可能出现的各种问题进行预测并采取相应措施。

(4)勇于开拓,有较强的思维能力和社会活动能力。积极参加有关的社会活动,扩大信息交流,正确处理人际关系,不断吸收投标工作所必需的新知识及有关情报。

(5)掌握科学的研究方法和手段。对各种问题进行综合、概括、总结、分析,并作出正确的判断和决策。

(6)对企业忠诚,对投标报价保密。为了迎接技术和管理方面的挑战,使投标人在激烈的投标竞争中取胜,组建投标机构和配备各类人员是极其重要的。

5. 购领和分析招标文件和有关资料,递交投标担保

1)购买招标文件

投标人在参加招标人规定的资格预审并通过后,就可以按招标公告规定的时间和地点购买招标人已经提前编制好的招标文件及其他相关资料。

2)分析招标文件

招标文件是投标的主要依据,投标人在编写投标文件时,一定要按照招标文件的要求和格式进行编写。如出现问题,投标文件可能会按废标处理。因此投标人应该仔细地分析研究招标文件,重点应放在投标者须知、评标方法、合同条件、设计图纸、工程范围以及工程量清单上,注意投标过程中各项活动的时间安排,明确招标文件中对投标报价、工期、质量等的要求,同时应对无效标书及废标的条件进行认真分析,最好有专人或者专门小组研究技术规范和设计图纸,弄清其特殊要求。若对招标文件有疑问或不清楚的问题需要招标人予以澄清和解答的,可以以书面形式向招标人提问或在之后的投标答疑会上提问,招标人应当给予解答。

3)递交投标措施保证金

投标保证金是指由担保人为投标人向招标人提供的保证投标人按照招标文件的规定参加招标活动的担保。投标人保证其投标被接受后对其投标书中规定的责任不得撤销或者反悔。否则,招标人将对投标保证金予以没收。作用是为了投标人在投标过程中擅自撤回投标或中标后不与招标人签订合同而设立的一种保证措施,对投标人的投标行为产生约束作用,保证招标投标活动的严肃性。数额不得超过投标总价的 2% ,且最高不超过 80 万元。投标人应当按照招标文件的要求提交规定金额的投标保证金,并作为其投标书的一部分。也就是说如果投标人不按招标文件要求提交投标保证金,投标人就属于实质上不响应招标文件的要求,投标文件按废标处理。

投标保证金的形式主要有以下几种:

(1)现金。对于数额较小的投标保证金采用现金方式提交是一个不错的选择,但对于数额较大的保证金(如万元以上)采用现金方式提交就不太合适了。因为现金不易携带,不方便递交,在开标会上清点大量的现金不仅浪费时间,操作手段也比较原始,既不符合我国的财务制度,也不符合现代的交易支付习惯。

(2)银行汇票。银行汇票是汇票的一种,是一种汇款凭证,由银行开出,交由汇款人转交给异地收款人,异地收款人再凭银行汇票在当地银行兑取汇款。用作投标保证金的银行汇票则是由银行开出,交由投标人递交给招标人,招标人再凭银行汇票在自己的开户银行兑取汇款。

(3)银行本票。本票是出票人签发的,承诺自己在见票时无条件支付确定的金额给收款人或者持票人的票据。对于用作投标保证金的银行本票而言则是由银行开出,交由投标人递交给招标人,招标人再凭银行本票到银行兑取资金。

银行本票与银行汇票、转账支票的区别在于银行本票是见票即付.而银行汇票、转账支票等则是从汇出、兑取到资金实际到账有一段时间。

(4)支票。支票是出票人签发的,委托办理支票存款业务的银行或者其他金融机构在见票时无条件支付确定的金额给收款人或者持票人的票据。支票可以支取现金(即现金支票),也可以转账(即转账支票)。对于用作投标保证金的支票而言则是由投标人开出,并由投标人交给招标人,招标人再凭支票在自己的开户银行支取资金。

(5)投标保函。投标保函是由投标人申请银行开立的保证函,保证投标人在中标人确定之前不得撤销投标,在中标后应当按照招标文件和投标文件与招标人签订合同。如果投标人违反规定,开立保证函的银行将根据招标人的通知,支付银行保函中规定数额的资金给招标人。

投标人有下列情况之一,投标保证金不予退回:

(1)投标人在投标函格式中规定的投标有效期内撤回其投标;

(2)中标人在规定期限内未能根据规定签订合同;

(3)中标人在规定期限内未能提交履约保证金。

对于未中标的投标人在投标过程中没有违反任何规定,招标人最迟应当在书面合同签订后5日内退还投标保证金及银行同期存款利息。

6. 参加现场踏勘及投标预备会

招标人在招标文件中已经标明现场踏勘及投标预备会这两项活动的时间及地点。投标人应当按照招标人规定的时间及地点参加活动。

1)现场踏勘

现场踏勘即实地勘察,投标人对招标的工程建设进行现场踏勘可以了解项目实施场地和周围环境情况,以获取有用的信息并据此做出关于投标策略、投标报价和施工方案的决定,对投标业务成败关系极大。投标人在拿到招标文件后对项目实施现场进行勘察,还要将招标文件中的有关规定和数据通过现场勘察进行详细核对,询问招标人,以使投标文件更加符合招标文件的要求。

现场踏勘通常应达到以下目的:

(1)掌握现场的自然地理条件包括当地地形、地貌、气象、水文、地质等情况对项目的实施的影响。

(2)了解现场所在地材料的供应品种及价格、供应渠道,设备的生产、销售情况。

(3)了解现场所在地周边交通运输条件及空运、海运、陆运等效能运输及运输工具买卖、租凭的价格等情况。

（4）掌握当地的人工工资及附加费用等影响报价的情况。

（5）了解现场的地形、管线设置情况，水、电供应情况、三通一平情况等。

（6）了解现场所在地周边建筑情况。

（7）国际招标还应了解项目实施所在国的政治、经济现状及前景和有关法律、法规等。

2）投标预备会

投标预备会一般安排在踏勘现场后的 1~2 天。投标预备会由招标人组织并主持召开，在预备会上对招标文件和现场情况作介绍或解释，并解答投标人提出的问题，包括书面提出的和口头提出的询问。投标预备会的主要工作内容有：

（1）澄清招标文件中的疑问，解答投标人对招标文件和勘察现场中所提出的问题。

（2）应对图纸进行交底和解释。

（3）投标预备会结束后，由招标人整理会议记录和解答内容，以书面形式将问题及解答同时送达到所有获得招标文件的投标人。

（4）所有参加投标预备会的投标人应签到登记，以证明出席投标预备会。

（5）不论招标人以书面形式向投标人发放的任何文件，还是投标人以书面形式提出的问题，均应以书面形式予以确定。

7. 询价及市场调查

询价及市场调查是投标报价的基础，为了能够准确地确定投标报价，在投标报价之前，投标人应当通过各种渠道，采用各种方式对工程所需的各种材料、设备等价格、工资标准、质量、供应时间、供应数量等与报价有关的市场价格信息进行调查，为准确报价提供依据。

8. 计算和复核工程量

为了使建筑市场形成有序价格竞争，在招投标过程中我国现已大力推行工程量清单计价模式，招标人或委托具有工程造价咨询资质的中介机构按照工程量清单计价办法和招标文件的有关规定，根据施工设计图纸及施工现场实际情况编制反映工程实体消耗和措施性消耗的工程量清单，并作为招标文件的一部分提供给投标人，由投标人依据工程量清单自主报价的计价方式。在工程招投标中采用工程量清单计价是国际上较为通行的做法。

对于招标文件中的工程量清单，投标者一定要进行校核，复核工程量，要与招标文件中所给的工程量进行对比。因为这直接影响到投标报价及中标机会。复核工程量应注意以下几个方面：

（1）针对工程量清单中工程量的遗漏或错误，是否向招标人提出修改意见取决于投标策略。投标人可以运用一些报价的技巧提高报价的质量，争取在中标后能获得更大的收益。例如，当投标者大体上确定了工程总报价之后，对某些项目工程量可能增加的，可以提高单价，而对某些项目工程量估计会减少的，可以降低单价。

（2）复核工程量的目的不是修改招标人提供的工程量清单，也就是说即使有误，投标人也不能自己随意修改工程量清单。因为工程量清单是招标文件的一部分，如投标人擅自修改工程量清单，属于实质上不响应投标文件的要求，投标按废标处理。对工程量清单存在的错误，可以向招标人提出，由招标人统一修改，并把修改情况通知所有投标人。

如发现工程量有重大出入的，特别是漏项的，必要时可找业主核对，要求业主认可，并给予书面证明,这对于总价固定合同尤为重要。

9. 确定施工方案

施工方案是投标内容中的一个重要部分,是投标报价的一个前提条件,也是投标单位评标时要考虑的因素之一,反映了投标人的施工技术、管理水平、机械装备等水平。施工方案应由投标单位的技术专家负责主持制定,主要考虑施工方法、主要施工机具的配置、各工种劳动力需用量计划及现场施工人员的平衡、施工进度计划(横道图与网络图)、施工质量保证体系、安全及环境保护和现场平面布置图等。投标单位对拟定的施工方案进行费用和成本的计算,以此作为报价的重要依据。

10. 报价决策

投标报价决策和技巧,是建筑工程投标活动中的另一个重要工作,是指投标人在投标竞争中的系统工作部署及其参与投标竞争的方式和手段。报价是否得当是影响投标成败的关键。采用一定的策略和技巧,进行合理报价,不仅要求对业主有足够的吸引力,增加投标的中标率,而且应使承包商获得一定的利益。因此,只有结合投标环境,在分析企业自身的竞争优势和劣势的基础上,制定正确的报价策略才有可能得到一个合理而有竞争力的报价。常用的投标策略主要有:

1)根据招标项目的不同特点采用不同报价

(1)遇到如下情况报价可高一些:①施工条件差的工程;②专业要求高的技术密集型工程,而投标人在这方面又能有专长,声望较高;③总价低的小工程,以及自己不愿做又不方便不投标的工程;④特殊的工程,如港口码头、地下开挖工程等;⑤工期要求急的工程;⑥投标对手少的工程;⑦支付条件不理想的工程等。

(2)遇到如下情况报价可低一些:①施工条件好的工程;②工作简单、工程量大而其他投标人都可以做的工程;③投标人目前急于打入某一地区、某一市场;④投标对手多,竞争激烈的工程;⑤非急需工程;⑥支付条件好的工程。

2)不平衡报价法

不平衡报价法是指一个工程项目的投标报价,在总价基本确定后,通过调整内部各个项目的报价,以期既不提高总报价、不影响中标,又能在结算时得到更理想的经济效益。一般适用以下情况:

(1)对能先拿到工程款的项目(如建筑工程中的土方、基础等前期工程)的单价可以报高一些,有利于资金周转,提高资金时间价值。后期工程如设备安装、装饰工程等的报价可适当降低。

(2)预计今后工程量会增加的项目,单价适当提高,这样在最终结算时可多赢利,而将来工程量有可能减少的项目单价降低,工程结算时损失不大。

(3)设计图纸不明确、修改后工程量要增加的,可以提高单价,而工程内容说明不清楚的,则可以降低一些单价。

(4)没有工程量的,只填单价的项目(如土方工程中的挖淤泥、岩石等),其单价宜高,这样做既不影响投标报价,以后发生时又可多获利。

(5)暂定项目又叫任意项目或选择项目,对这类项目如以后施工的可能性大,价格可高些,如施工的可能性小,价格可低些。

采用不平衡报价法,一定要建立在对工程量表中工程量仔细核对分析的基础上,优点是总价相对稳定,不会过高;缺点是难以掌握单价报高报低的合理幅度,不确定因素较多,调整幅度过大,有可能成为废标。因此一定要控制在合理幅度内,一般为8%~10%。

3)多方案报价法

对于一些招标文件,如果发现工程范围不明确,条款不清楚或很不公正,或技术规范要求过于苛刻时,则要在充分估计投标风险的基础上,按多方案报价法处理,即按原招标文件的要求报一个价,然后再提出如某某条款做某些变动,报价可降低多少,由此可报出一个较低的价。这样可以降低总价,吸引招标人。

4)计日工单价的报价

如果是单纯报计日工单价,而且不计入总价中,可以报高些,以便在招标人额外用工或使用施工机械时可多赢利。但如果计日工单价要计入总报价时,则需具体分析是否报高价,以免抬高总报价。

5)突然降价法

突然降价法是指为了迷惑竞争对手而采用的一种竞争方法。通常的做法是,在准备投标报价的过程中预先考虑好降价的幅度,然后有意散布一些假情报,如打算弃标、按一般情况报价或准备报高价等,等临近投标截止日期前,突然前往投标,并降低报价,以战胜竞争对手。

6)许诺优惠条件

投标报价时附带优惠条件是一种行之有效的手法。招标人评招时,除了主要考虑报价和技术方案外,还要分析别的条件,如工期、支付条件等,投标人许诺一些优惠条件,会增加中标机会。

11. 编制、提交投标文件

经过上述的准备工作后,投标人就要开始着手编制投标文件。投标人在编制投标文件时,一定要按照招标文件的要求和格式进行编写,如不按要求编制投标文件,按废标处理。投标文件编制结束后,按招标文件的要求进行密封,并按招标文件中规定的时间、地点递交投标文件。

12. 参加开标会议

开标会议是招标人主持召开一个会议,主要目的是为了体现招投标过程的公开、公正、公平原则。投标人在递交投标文件之后,应按招标文件中规定的时间、地点参加开标会议。按照惯例,投标人不参加开标会议的,视为弃标,其投标文件将不予启封,不予唱标,不允许参加评标。开标会议主要有以下内容:

(1)宣布开标纪律;

(2)公布在投标截止时间前递交投标文件的投标人名称,并点名确认投标人是否派人到场;

(3)宣布开标人、唱标人、记录人、监标人等有关人员姓名;

(4)按照投标人须知前附表规定检查投标文件的密封情况;

(5)按照投标人须知前附表的规定确定并宣布投标文件开标顺序;

(6)设有标底的,公布标底;

(7)按照宣布的开标顺序当众开标,公布投标人名称、标段名称、投标保证金的递交情况、投标报价、质量目标、工期及其他内容,并记录在案;

(8)投标人代表、招标人代表、监标人、记录人等有关人员在开票记录上签字确认;

(9)开标结束。

13. 接受招标人或招标代理人的询问

投标人在参加完开标会议后,招投标活动进入到评标阶段。在评标期间,评标委员会要求澄清投标文件中不清楚问题的,投标人应积极予以说明、解释、澄清。澄清投标文件一般可以采用向投标人发出书面询问,由投标人书面作出说明或澄清的方式,也可以采用如开澄清会的方式。

14. 接受中标通知书,签订合同,领回投标保证金,提交履约保函

经评标,投标人被确定为中标人后,应接受招标人发出的中标通知书。中标人收到中标通知书后,应在规定的时间和地点与招标人签订施工合同。招标人和中标人应当自中标通知书发出之日起的30天内根据相关法律规定,依据投标文件、投标文件的要求签订合同。同时,按照招标文件的要求提交履约保证金或履约保函,招标人同时退还中标人的投标保证金。中标人与招标人正式签订合同后,应按要求将合同副本分送有关主管部门备案。未中标的投标人有权要求招标人退还其投标保证金。

至此,投标程序结束。实际上,招标程序与投标程序是两个相对应的工程程序,如图3-2所示。

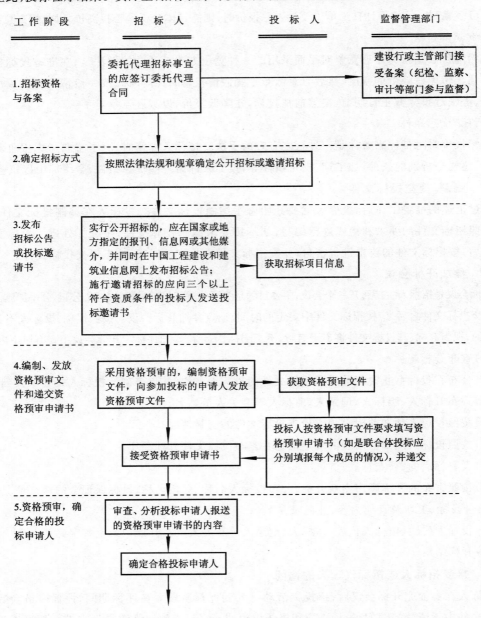

图 3-2

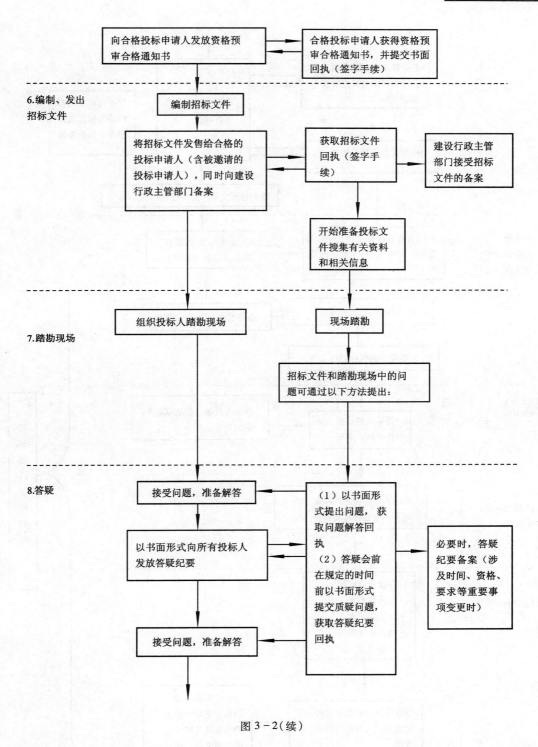

图 3-2(续)

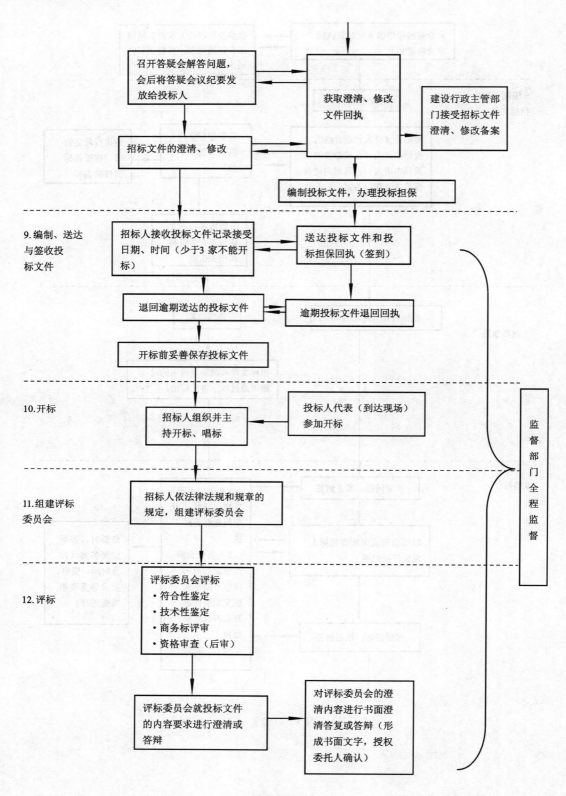

图 3－2（续）

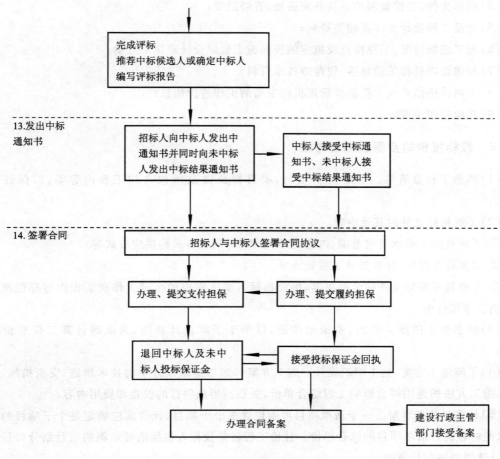

图 3-2　招标投标过程(续)

任务3　投标报价

投标报价是按照国家有关部门计价的规定和投标文件的规定,依据招标人提供的工程量清单、施工设计图纸、施工现场情况、拟定的施工方案、企业定额以及市场价格,在考虑风险因素、成本因素、企业发展战略等因素的条件下编制的参加建设项目投标竞争的价格。它是影响承包商投标成败的关键性因素。因此,正确编制建设工程投标报价十分重要。我国现在主要采用工程量清单计价模式投标报价。

3.3.1　投标报价的主要依据

根据《建设工程工程量清单计价规范》规定,投标报价应根据下列依据编制:

(1)工程量清单计价规范;

(2)国家或省级、行业建设主管部门颁发的计价办法;

(3)企业定额,国家或省级、行业建设主管部门颁发的计价定额;

（4）招标文件、工程量清单及其补充通知、答疑纪要；

（5）建设工程设计文件及相关资料；

（6）施工现场情况、工程特点及拟定的投标施工组织设计或施工方案；

（7）与建设项目相关的标准、规范等技术资料；

（8）市场价格信息或工程造价管理机构发布的工程造价信息；

（9）其他的相关资料。

3.3.2　投标报价的步骤及编制方法

（1）熟悉工程量清单。了解清单项目、项目特征以及所包含的工程内容等，以保证正确计价。

（2）了解招标文件的其他内容。

① 了解有关工程承发包范围、内容、合同条件、材料设备采购供应方式等。

② 对照施工图纸，计算复核工程量清单。

③ 正确理解招标文件的全部内容，保证招标人要求完成的全部工作和工程内容都能准确地反映到清单报价中。

（3）熟悉施工图纸。全面、系统地读图，以便于了解设计意图，为准确计算工程造价做好准备。

（4）了解施工方案、施工组织设计。施工方案和施工组织设计中的技术措施、安全措施、机械配置、施工方法的选用等会影响工程综合单价，关系到措施项目的设置和费用内容。

（5）计算计价工程量。一个清单项目可能包含多个子项目，计价前应确定每个子项目的工程量，以便综合确定清单项目的综合单价。计价工程量是投标人根据消耗定额的项目划分口径和工程量计算规则进行计算的。

（6）计算分部分项工程清单综合单价。

① 综合单价是完成每个清单项目发生的直接费、管理费、利润等全部费用的综合。

② 综合单价是完成每个清单项目所包含的工程内容的全部子项目的费用综合。

③ 综合单价应包括清单项目内容没有体现，而施工过程中又必须发生的工程内所需的费用。

④ 还应综合考虑在各种施工条件下需要增加的费用。

综合单价一般以消耗定额、基础单价和前述的分析为基础进行计算。不同时期的人工单价、材料单价、机械台班单价应反映在综合单价内，管理费和利润应包括在综合单价内。

（7）计算分部分项工程费。根据清单工程量和分部分项综合单价可以计算分部分项工程费，即：

分部分项工程费 = $\sum$（各项目清单工程量 × 综合单价）

计算时常采用列表的方式进行，如表 3-1 所示。

表 3－1　分部分项工程量清单与计价表

工程名称：　　　　　　　标段：　　　　　　　第　页共　页

序号	项目编码	项目名称	项目特征描述	计量单位	工程量	金　额（元）		
						综合单价	合价	其中:暂估价
			本页小计					
			合　　计					

（8）计算措施项目费。投标报价时，措施项目费由投标人根据自己企业的情况自行计算，如表 3－2所示，投标人没有计算或少计算的费用，视为此费用已包括在其他费项目内，额外的费用除招标文件和合同约定外，一般不予支付，这一点要特别注意。

表 3－2　措施项目清单与计价表

工程名称：　　　　　　　标段：　　　　　　　第　页共　页

序号	项目名称	计算基础	费率（%）	金　额（元）
	通用措施项目			
1	现场安全文明施工			
1.1	基本费			
1.2	考评费			
1.3	奖励费			
2	夜间施工			
3	冬雨季施工			
4	已完工程及设备保护			
5	临时设施			
6	材料与设备检验试验			
7	赶工措施			
8	工程按质论价			
	专业工程措施项目			
9	各专业工程以"费率"计价的措施项目			
	合　　计			

（9）其他项目费。编制人可参考各地制定的费用项目和计算方法进行计算，如表 3 - 3 所示。

表 3 - 3　其他项目清单与计价汇总表

工程名称：　　　　　　　标段：　　　　　　　　第　页共　页

序号	项目名称	计量单位	金　额(元)	备注
1	暂列金额			详见明细表
2	暂估价			
2.1	材料暂估价		—	详见明细表
2.2	专业工程暂估价			详见明细表
3	计日工			详见明细表
4	总承包服务费			详见明细表
5				
	合　　　计			

（10）计算规费、税金，汇总即为单位工程造价。

任务4　建设工程施工投标文件

建设工程投标文件是招标人判断投标人是否愿意参加投标的依据，也是评标委员会进行评审和比较的对象，中标的投标文件还和招标文件一起成为施工合同的组成部分，因此，投标人必须高度重视建设工程投标文件的编制工作。

3.4.1　投标文件的组成

建设工程投标文件，是建设工程投标人单方面阐述自己响应招标文件要求，旨在向招标人提出愿意订立合同的意思表示，是投标人确定、修改和解释有关招标事项的各种书面表达形式的统称。从合同订立过程来分析，投标人按招标文件要求编制的投标文件属于要约，即向招标人发出的希望与对方订立合同的意思表示，应符合下列条件：

（1）必须明确向招标人表示愿以招标文件的内容要求订立合同的意思；

（2）必须对招标文件中的要求和条件作出实质上的响应，不得以低于成本报价竞标；

（3）必须按照规定的时间、地点递交给招标人。

建设工程投标文件是由一系列有关投标方面的书面资料组成的。一般来说，投标文件由以下几个部分组成：

（1）投标函及投标函附录；

（2）法定代表人身份证明或附有法定代表人身份证明的授权委托书；

（3）联合体协议书；

（4）投标保证金；

（5）已标价工程量清单及报价表；

（6）施工组织设计；

（7）项目管理机构；

（8）拟分包项目情况表；

（9）对招标文件中合同协议条款内容的确认和响应；

（10）资格审查资料（采用资格后审时）；

（11）投标人须知前附表规定的其他材料。

实际上，投标文件有最主要的三个部分，分别是投标函、商务标部分和技术标部分。

3.4.2 投标文件的编制

1. 投标文件的编制步骤

投标人在领取招标文件之后，就要进行招标文件的编制工作。编制投标文件的一般步骤是：

（1）熟悉招标文件、图纸、资料，对图纸、资料有不清楚、不理解的地方，可以用书面或口头方式向招标人询问、澄清；

（2）参加招标人施工现场情况介绍和答疑会；

（3）调查当地材料供应和价格情况；

（4）了解交通运输条件和有关事项；

（5）编制施工组织设计，复查、计算图纸工程量；

（6）编制招标单价；

（7）计算取费标准或确定采用取费标准；

（8）计算投标报价；

（9）核对调整投标报价；

（10）确定投标报价；

（11）装订成册。

2. 编制建设工程投标文件的注意事项

编制投标文件时注意事项如下：

（1）投标人编制投标文件时必须使用招标文件提供的投标文件表格格式，但表格可以按同样格式扩展。投标保证金、履约保证金的方式，按招标文件有关条款的规定可以选择。招标人根据招标文件的要求和条件填写投标文件的空格时，凡要求填写的空格都必须填写，不得空着不填，实质性的项目或数字如工期、质量等级、价格等未填写的，属于实质上不响应招标文件的要求，投标文件按废标处理。

（2）应当编制的投标文件"正本"仅一份，"副本"的数量则按招标文件前附表所述的份数提供，同时在封面上要明确标明"投标文件正本"和"投标文件副本"字样。投标文件正副本如有不一致之处，以正本为准。

（3）投标文件正本与副本均应使用不能擦去的墨水打印或书写，各种投标文件的填写都要字迹清晰、端正，补充资料要整洁、美观。

（4）填报投标文件应反复校核，保证分项和汇总计算均无错误。全套投标文件均应无涂改和行间插字，除非这些删改是根据招标人的要求进行的，或者是投标人造成的必须修改的错误。修改处应由投标文件签字人签字证明并加盖印鉴。

（5）所有投标文件均由投标人的法定代表人签署、加盖印鉴，并加盖法人单位公章。

（6）投标人应将投标文件的正本和分份副本分别密封在内层包封，再密封在一个外层包封中，并在内包封上正确标明"投标文件正本"和"投标文件副本"字样。内、外包封上都应写明招标人名称和地址、合同名称、工程名称、招标编号，并注明开标时间以前不得开封。如果内外层包封没有按上述规定密封并加写标志，招标人将不承担投标文件错放或提前开封的责任，没有按规定密封并加写标志的投标文件，招标人可以拒绝接受，并退还给投标人。

（7）认真对待招标文件中关于废标的条件，以免投标文件被判为无效标书而前功尽弃。

投标文件有下列情形之一的，在开标时将被作为无效或作废的投标文件，不能参加评标：

（1）投标文件未按规定标志、密封的；

（2）未经法定代表人签署或未加盖投标人公章或未加盖法定代表人印鉴的；

（3）未按规定的格式填写，内容不全或字迹模辨认不清的；

（4）投标截止时间以后送达的投标文件；

（5）招标文件中规定的其他情况。

投标人在编制投标文件时应避免上述情况发生。

3. 投标文件的递交

投标人应当在招标文件中前附表规定的投标截止时间之前、规定的地点将投标文件递交给招标人。招标人可以按招标文件中投标须知规定的方式，酌情延长递交投标文件的截止日期，如延长了投标截止日期，招标人与投标人以前在投标截止期方面的全部权利、责任和义务，将适用于延长后新的投标截止期。在投标截止期以后送达的投标文件，招标人应当拒绝接收。

投标人可以在递交投标文件以后，在规定的投标截止时间之前，采用书面形式向招标人递交补充、修改或撤回其投标文件的通知。在投标截止日期之后的投标有效期内，投标人不能修改、撤回投标文件，可以澄清、说明投标文件，因为在评标时，投标文件中有含义不明确的内容、明显文字或者计算错误，评标委员会认为需要投标人作出必要澄清、说明的，应当书面通知该投标人，投标人的澄清、说明应当采用书面形式，并不得超出投标文件的范围或者改变投标文件的实质性内容，澄清、说明材料为投标文件的组成部分。在投标截止时间与规定的投标有效期终止日之间的这段时间内，投标人不能撤回、撤销或修改其投标文件，否则其投标保证金将不予退回。

任务5 建设工程施工招投标案例

3.5.1 某学院图书馆建设项目施工招标文件（节选）

第一章 投标人须知

一、投标人须知前附表

附表

项号	条款号	内 容	说明与要求
1	1.1	工程名称	某学院图书馆建设项目
2	1.1	建设地点	江夏区××镇××村
3	1.1	建设规模	本项目的面积约为 12108m²
4	1.1	承包方式	施工总承包
5	1.1	质量标准	达到现行国家施工验收规范合格标准
6	2.1	招标范围	施工设计图纸范围内的土建、水电安装等所有内容
7	2.2	工期要求	计划工期:360 日历天 计划开工日期:2011 年 10 月
8	3.1	资金来源	企业自筹
9	4.1	投标人资质等级要求	房屋建筑工程施工总承包叁级及以上资质
		项目经理资格要求	建筑工程二级及以上注册建造师资格
10	4.3	资格审查方式	资格预审
11	13.1	工程报价方式	采用工程量清单计价(综合单价法)
12	15.1	投标有效期	为 90 日历天(从投标截止之日算起)
13	16.1	投标担保金额	人民币 500 000.00 元,投标保证金必须在投标截止日期前到达以下账户,并以收款单位出具的投标保证金收款收据作为凭证 收款单位: 开户银行: 行　号: 账　号:
14	5.1	踏勘现场	投标人自行踏勘现场
15	17.1	安全生产管理目标	安全合格施工现场(市级安全优良施工现场)
		文明施工管理目标	文明施工优良工地(市级文明施工样板工地)
16	18.1	投标文件份数	文本一式三份,一份一本,二份副本
17	21.1	投标文件提交地点及截止时间	截止时间:2011 年 9 月 19 日 9 时 30 分 收件人:某工程招标有限公司 地点:××省建设工程招标投标交易管理中心 (××路 12 号建设大厦 A 座 19 楼)
18	25.1	开标	开标时间:2011 年 9 月 19 日 9 时 30 分 开标地点:××建设工程招标投标交易管理中心(××路 12 号建设大厦 A 座 19 楼)
19	33.2	评标方法及标准	综合评估法 详见附件 3
20	33.3	定标原则	招标人按照评标委员会推荐的中标候选人,依排名顺序,依法依序确定中标人
21	37	担保金额	投标人提供的履约担保金额为合同价款的 10% 招标人提供的支付担保金额为合同价款的 10%

注:招标人根据需要填写"说明与要求"的具体内容。

1. 总则

1.1 工程说明

1.1.1 本招标工程项目说明详见本须知前附表第1项~第7项。

1.1.2 本招标工程项目按照《中华人民共和国建筑法》、《中华人民共和国招标投标法》等有关法律、行政法规和部门规章,通过公开招标方式选定承包人。

1.2 招标范围及工期

1.2.1 本招标工程项目的范围详见本须知前附表第6项。

1.2.2 本招标工程项目的工期要求详见本须知前附表第7项。

1.3 资金来源

1.3.1 本招标工程项目资金来源详见投标人须知前附表第8项。

1.4 合格的投标人

1.4.1 投标人资质等级要求详见本须知前附表第9项。

1.4.2 投标人合格条件详见本招标工程施工招标公告。

1.4.3 本招标工程项目采用本须知前附表第10项所述的资格审查方式确定合格投标人。

1.5 踏勘现场

1.5.1 招标人将按本须知前附表第14项所述时间,组织投标人对工程现场及周围环境进行踏勘,以便投标人获取有关编制投标文件和签署合同所涉及现场的资料。投标人承担踏勘现场所发生的自身费用。

1.5.2 招标人向投标人提供的有关现场的数据和资料,是招标人现有的能被投标人利用的资料,招标人对投标人作出的任何推论、理解和结论均不负责任。

1.5.3 经招标人允许,投标人可为踏勘目的进入招标人的项目现场,但投标人不得因此使招标人承担有关的责任和蒙受损失。投标人应承担踏勘现场的全部费用、责任和风险。

1.6 投标费用

1.6.1 投标人应承担其参加本招标活动自身所发生的一切费用。

2. 招标文件

2.1 本招标文件的组成

2.1.1 招标文件包括下列内容:

第一章 投标人须知

第二章 合同条款

第三章 合同文件格式

第四章 工程建设标准

第五章 图纸

第六章 工程量清单

第七章 投标文件综合标格式

第八章 投标文件商务标格式

第九章 投标文件技术标格式

第十章 附件

附件 1：工程招标工作日程安排表

附件 2：合同专用条款

附件 3：评标方法和标准

附件 4：需要说明的其他事项

附件 5：工程量清单

2.1.2 除 7.1 内容外,招标人在提交投标文件截止时间<u>15</u> 天前,以书面形式发出的对招标文件的澄清或修改内容均为招标文件的组成部分,对招标人和投标人起约束作用。

2.1.3 投标人获取招标文件后,应仔细检查招标文件的所有内容,如有残缺等问题应在获得招标文件 3 日内向招标人提出,否则,由此引起的损失由投标人自己承担。投标人同时应认真审阅招标文件中所有的事项、格式、条款和规范要求等,若投标人的投标文件没有按招标文件要求提交全部资料,或投标文件没有对招标文件作出实质性响应,其风险由投标人自行承担,并根据有关条款规定,该投标有可能被拒绝。

2.2 招标文件的澄清

2.2.1 投标人若对招标文件有任何疑问,应于投标截止日期前 16 日以书面形式向招标人提出澄清要求,书面文件送至某招标有限公司,同时将电子版文件发送至某邮箱。无论是招标人根据需要主动对招标文件进行必要的澄清,或是根据投标人的要求对招标文件作出澄清,招标人都将于投标截止时间 15 日前以书面形式予以澄清,同时将书面澄清文件向所有投标人发送。投标人在收到该澄清文件后应于当日内,以书面形式给予确认,该澄清文件作为招标文件的组成部分,具有约束作用。

2.3 招标文件的修改

2.3.1 招标文件发出后,在提交投标文件截止时间 15 日前,招标人可对招标文件进行必要的澄清或修改。

2.3.2 招标文件的修改将以书面形式发送给所有投标人,投标人应于收到该修改文件后当日内以书面形式给予确认。招标文件的修改内容作为招标文件的组成部分,具有约束作用。

2.3.3 招标文件的澄清、修改、补充等内容均以书面形式明确的内容为准。当招标文件、投标文件的澄清、修改、补充等在同一内容的表述上不一致时,以最后发出的书面文件为准。

2.3.4 为使投标人在编制投标文件时有充分的时间对招标文件的澄清、修改、补充等内容进行研究,必要时,招标人将酌情延长提交投标文件的截止时间,具体时间将在招标文件的修改、补充通知中予以明确。

3.　投标文件的编制

3.1 投标文件的语言及度量衡单位

3.1.1 投标文件和与投标有关的所有文件的语言文字均使用中文。

3.1.2 除工程规范另有规定外,投标文件使用的度量衡单位,均采用中华人民共和国法定计量单位。

3.2 投标文件的组成

3.2.1 投标文件由综合标、商务标和技术标三部分组成。

3.2.2 综合标主要包括下列内容:

1. 投标函；

2. 投标函附录；

3. 投标担保（银行保函、投标保证金）；

4. 法定代表人身份证明书；

5. 投标文件签署授权委托书；

6. 招标文件要求投标人提交的其他投标资料。

必须包括但不限于：

（1）企业营业执照（复印件）；

（2）企业资质等级证书（复印件）；

（3）企业安全生产许可证（复印件）；

7. 项目管理机构配备

（1）项目管理机构配备情况表。

后附但不限于项目班子成员的岗位证书、学历证书、职称证书等（复印件）及工程经验的证明资料。

（2）项目经理简历表。

后附但不限于：

① 项目经理只承担本工程的承诺；

② 项目经理身份证、学历证书、职称证书、注册建造师证书等（复印件）；

③ 项目经理类似工程经验证明文件，包括施工合同、施工许可证、竣工验收证明单（复印件）等。

（3）项目技术负责人简历表。

后附但不限于：

① 项目技术负责人身份证、学历证书、职称证书等（复印件）；

② 项目技术负责人类似工程经验证明文件，包括施工合同、施工许可证、竣工验收证明单（复印件）等。

（4）其他辅助说明资料（证明等）。

3.2.3 商务标主要包括下列内容：

（1）投标总价；

（2）总说明；

（3）工程项目投标报价汇总表；

（4）单项工程投标报价汇总表；

（5）单位工程投标报价汇总表；

（6）分部分项工程量清单与计价表；

（7）工程量清单综合单价分析表

（8）措施项目清单与计价表（一）；

（9）措施项目清单与计价表（二）

（10）其他项目清单与计价汇总表；

　　(11)暂列金额明细表；

　　(12)材料暂估单价表；

　　(13)专业工程暂估价表；

　　(14)计日工表；

　　(15)总承包服务费计价表；

　　(16)规费、税金项目清单与计价表；

　　(17)投标报价需要的其他资料。

3.2.4 技术标主要包括下列内容：

　　(1)施工组织设计或施工方案；

　　(2)各分部分项工程的主要施工方法；

　　(3)拟投入的主要物资计划；

　　(4)拟投入的主要施工机械设备情况；

　　(5)劳动力安排计划；

　　(6)确保工程质量的技术组织措施；

　　(7)确保安全生产的技术组织措施；

　　(8)确保文明施工的技术组织措施；

　　(9)确保工期的技术组织措施；

　　(10)施工总进度表或施工网络图；

　　(11)施工总平面布置图；

　　(12)有必要说明的其他内容。

3.2.5 拟分包项目情况。

3.3 投标文件格式

3.3.1 投标文件包括本须知第 11 条中规定的内容,投标人提交的投标文件应当使用招标文件第七、第八、第九章所提供的投标文件全部格式(表格可以按同样格式扩展)。

3.4 工程量清单、工程量清单计价

3.4.1 本工程采用工程量清单计价,执行标准为建设部 2008 年 07 月 09 日发布的《建设工程工程量清单计价规范》(GB50500—2008)(以下简称"08 规范")。

3.4.2 工程量清单的编制

　　(1)工程量清单应由具有编制能力的招标人或受其委托,具有相应资质的工程造价咨询人编制。

　　(2)程量清单作为招标文件的组成部分,其准确性和完整性由招标人负责。

　　投标人依据工程量清单进行投标报价,对工程量清单不负有核实的义务,更不具有修改和调整的权力。

　　(3)工程量清单是工程量清单计价的基础,是编制招标控制价、投标报价、计算工程量、支付工程款、调整合同价款、办理竣工结算以及工程索赔等的依据之一。

　　(4)工程量清单应由分部分项工程量清单、措施项目清单、其他项目清单、规费项目清单、税金项目清单组成。

（5）编制工程量清单的依据：

① "08 规范"；

② 国家或省级、行业建设主管部门颁发的计价依据和办法；

③ 建设工程设计文件；

④ 与建设工程项目有关的标准、规范、技术资料；

⑤ 招标文件及其补充通知、答疑纪要；

⑥ 施工现场情况、工程特点及常规施工方案；

⑦ 其他相关资料。

（6）编制工程量清单出现"08 规范"附录中未包括的项目，编制人应作补充，并报省工程造价管理机构备案。

（7）特别提醒工程量清单编制人，分部分项工程量清单的项目特征是确定一个清单项目综合单价的重要依据，在编制的工程量清单中必须对其项目特征进行准确和全面的描述。

（8）招标人可依据项目特性，选择有代表性的或组成合同造价占较大比重的分部分项工程量清单项目，要求投标人作出"主要工程量清单综合单价分析表"。如招标文件未作详细规定，则投标人应做一份全部分部分项工程量清单的"工程量清单综合单价分析表"，按招标文件规定的次序附在投标文件商务标的正本中。

（9）依据财政部、国家发改委《关于公布取消和停止征收 100 项行政事业性收费项目的通知》（财综〔2008〕78 号）的文件规定，工程定额测定费自 2009 年 1 月 1 日起取消收费。规费项目清单中不列该项。

3.4.3 工程量清单计价

（1）采用工程量清单计价，建设工程造价由分部分项工程费、措施项目费、其他项目费、规费和税金组成。

（2）分部分项工程量清单采用综合单价计价。

（3）招标文件中的工程量清单标明的工程量是投标人投标报价的共同基础，竣工结算的工程量按发、承包双方在合同中约定应予计量且实际完成的工程量确定。

（4）措施项目清单计价应根据拟建工程的施工组织设计，可以计算工程量的措施项目，应按分部分项工程量清单的方式采用综合单价计价；其余的措施项目可以"项"为单位的方式计价，应包括除规费、税金外的全部费用。

（5）措施项目清单中的安全文明施工费应按照国家或省级、行业建设主管部门的规定计价，不得作为竞争性费用。

（6）其他项目清单应根据工程特点和第 13.4.6、13.5.6 条的规定计价。

（7）招标人在工程量清单中提供了暂估价的材料和专业工程属于依法必须招标的，由承包人和招标人共同通过招标确定材料单价与专业工程分包价。

若材料不属于依法必须招标的，经发、承包双方协商确认单价后计价。

若专业工程不属于依法必须招标的，由发包人、总承包人与分包人按有关计价依据进行计价。

（8）规费和税金应按国家或省级、行业建设主管部门的规定计算，不得作为竞争性费用。

（9）招标人应在招标文件或合同中明确风险内容及其范围（幅度），不得采用无限风险、所有风险或类似语句规定风险内容及其范围(幅度)。如招标文件或合同中未明确风险内容及其范围(幅度),则发、承包双方对施工阶段的风险按"08 规范"条文说明中相关条款规定的原则分摊。

3.4.4　招标控制价

(1)实行工程量清单招标的项目招标人应设置招标控制价。招标控制价超过批准的概算时,招标人应将其报原概算部门审核。投标人的投标报价高于招标控制价的,其投标将被拒绝。

(2)招标控制价应由具有编制能力的招标人,或受其委托具有相应资质的工程造价咨询人编制。

(3)招标控制价应根据下列依据编制:

① "08 规范";

② 国家或省级、行业建设主管部门颁发的计价定额和计价办法;

③ 建设工程设计文件及相关资料;

④ 招标文件中的工程量清单及有关要求;

⑤ 与建设项目相关的标准、规范、技术资料;

⑥ 工程造价管理机构发布的工程造价信息,工程造价信息没有发布的参照市场价;

⑦ 其他的相关资料。

(4)分部分项工程费应根据招标文件中的分部分项工程量清单项目的特征描述及有关要求,按第 3.4.3 条的规定确定综合单价计算。

综合单价中应包括招标文件中要求投标人承担的风险费用。

招标文件提供了暂估单价的材料,按暂估的单价计入综合单价。

(5)措施项目费应根据招标文件中的措施项目清单按第 3.4.3 条的规定计价。

(6)其他项目费应按下列规定计价:

① 暂列金额应根据工程特点,按有关计价规定估算;

② 暂估价中的材料单价应根据工程造价信息或参照市场价格估算,暂估价中的专业工程金额应分不同专业,按有关计价规定估算;

③ 计日工应根据工程特点和有关计价依据计算;

④ 总承包服务费应根据招标文件列出的内容和要求估算。

(7)规费和税金应按"08 规范"第 13.3.8 条的规定计算。

(8)招标控制价一般在招标时,最迟应在开标前 10 天公布,不应上调或下浮。同时招标人应将招标控制价及有关资料报送招投标监督机构和工程造价管理机构备查。

招标人在公布招标控制价时,应公布招标控制价各组成部分的详细内容,不得只公布招标控制价总价。

(9)投标人经复核认为招标人公布的招标控制价未按照"08 规范"的规定编制的,应在开标前 5 天向招投标监督机构或(和)工程造价管理机构投诉。

招投标监督机构应会同工程造价管理机构对投诉进行处理,发现有错误的,应责成招标人修改。

3.4.5　投标价

(1)除"08 规范"强制性规定外,投标价由投标人自主确定,但不得低于成本。投标价应由投标人或受其委托具有相应资质的工程造价咨询人编制。

投标人在进行工程量清单招标的投标报价时,不能进行投标总价优惠(或降价、让利),投标人对投标报价的任何优惠(或降价、让利)均应反映在相应清单项目的综合单价中。不得出现任意一项单价重大让利,低于成本报价。投标人不得以自有机械闲置、自有材料等不计成本为由进行投标报价。

(2)投标人应按招标人提供的工程量清单填报价格。填写的项目编码、项目名称、项目特征、计量单位、工程量必须与招标人提供的一致。

(3)投标报价应根据下列依据编制:

① "08 规范";

② 国家或省级、行业建设主管部门颁发的计价办法;

③ 企业定额,国家或省级、行业建设主管部门颁发的计价定额;

④ 招标文件、工程量清单及其补充通知、答疑纪要;

⑤ 建设工程设计文件及相关资料;

⑥ 施工现场情况、工程特点及拟定的投标施工组织设计或施工方案;

⑦ 与建设项目相关的标准、规范等技术资料;

⑧ 市场价格信息或工程造价管理机构发布的工程造价信息;

⑨ 其他的相关资料。

(4)分部分项工程费应依据"08 规范"第2.0.4条综合单价的组成内容,按招标文件中分部分项工程量清单项目的特征描述确定综合单价计算。

综合单价中应考虑招标文件中要求投标人承担的风险费用。

招标文件中提供了暂估单价的材料,按暂估的单价计入综合单价。

(5)投标人可根据工程实际情况结合施工组织设计,对招标人所列的措施项目进行增补。

措施项目费应根据招标文件中的措施项目清单及投标时拟定的施工组织设计或施工方案按第4.3.3条的规定自主确定。其中安全文明施工费应按照第4.3.3条的规定确定。

(6)其他项目费应按下列规定报价:

① 暂列金额应按招标人在其他项目清单中列出的金额填写。

② 材料暂估价应按招标人在其他项目清单中列出的单价计入综合单价;专业工程暂估价应按招标人在其他项目清单中列出的金额填写。

③ 计日工按招标人在其他项目清单中列出的项目和数量,自主确定综合单价并计算计日工费用。

④ 总承包服务费根据招标文件中列出的内容和提出的要求自主确定。

(7)规费和税金应按第4.3.3条的规定确定。

(8)投标总价应当与分部分项工程费、措施项目费、其他项目费和规费、税金的合计金额一致。

3.4.6 其他

(1)本工程在全部结构部位使用商品混凝土。

(2)本工程采用工程量清单范围内的固定单价承包方式。

(3)除非招标人对招标文件予以修改,投标人应按照招标人提供的工程量清单中列出的工程项目和工程量填报单价和合价。每一项目只允许有一个报价。任何有选择的报价将不予接受。投标人未填单价或合价的工程项目,在实施后招标人将不予支付,并视为该费用已包括在其他有价款的单价或合价内。

(4)招标文件要求的创优工程和赶工措施费用(如有)等,应体现在投标报价中。

(5)招标人将对中标候选人(中标人)进行不平衡报价的审查。中标候选人(中标人)的报价相对于市场价格严重不平衡和不合理的,招标人有权根据实际情况采取下列措施:在保持投标总价不变的前提下,要求中标候选人(中标人)对明显存在不平衡报价的投标单价进行适当调整,使其趋于平衡或直接对其不平衡的投标单价按照市场价格进行调整,中标候选人(中标人)不得拒绝。

4.4 投标货币

4.4.1 本工程投标报价采用的币种为人民币。

4.5 投标有效期

4.5.1 投标有效期见本须知前附表第 12 项所规定的期限,在此期限内,凡符合本招标文件要求的投标文件均保持有效。

4.6 投标担保

4.6.1 投标人应在提交投标文件的同时,按有关规定提交本须知前附表第 13 项所规定数额的投标担保,并作为其投标文件的一部分。

4.6.2 投标人应按要求提交投标担保,并采用投标保证金(4.6.2-2)的形式:

投标保函应为中国境内注册并经招标人认可的银行出具的银行保函,或具有担保资格或能力的担保机构出具的担保书。银行保函的格式,应按照担保银行提供的格式提供;担保书的格式,应按照招标文件中所附格式提供。银行保函或担保书的有效期应在投标有效期满后 28 天内继续有效。

投标保证金

(1)电汇。

(2)现金。

(3)对于未能按要求提交投标担保的投标,招标人将视为不响应招标文件而予以拒绝。

(4)未中标的投标人的投标担保将按照本须知第 15 条规定的投标有效期期满后 7 日内予以退还(不计利息)。

(5)中标人的投标担保,在中标人按本须知第 36 条规定签订合同并按本须知第 37 条规定提交履约担保后 3 日内予以退还(不计利息)。

(6)中标人未能在按本投标人须知第 36 条、第 37 条规定提交履约担保或签订合同协议,投标担保将被没收。

4.7 安全生产,文明施工管理目标

4.7.1 本招标工程的安全生产和文明施工管理目标按本须知前附表第 15 项要求执行。

4.7.2 根据《关于发布〈湖北省建筑安装工程费用定额〉的通知》(鄂建文〔2008〕216 号)文件精神,投标人在投标文件中必须对投标项目的文明施工提出明确的实施方案和相关措施,对招标文件关于文明施工的要求作出实质性承诺和明确细致的安排。这些方案和措施必须保证符合市政府和管理部门关于文明施工的规范标准。

4.7.3 安全生产和文明施工的措施及办法应充分考虑周边环境要求。

4.8 投标文件的份数和签署

4.8.1 投标人应按本须知前附表第 16 项规定的份数提交投标文件。

4.8.2 投标文件的正本和副本均需打印或使用不褪色的蓝、黑墨水笔书写,字迹应清晰易于辨认,并应在投标文件封面的右上角清楚地注明"正本"或"副本"。正本和副本有不一致之处,以正本为准。

4.8.3 投标文件封面、投标函均应加盖投标人印章并经法定代表人或其委托代理人签字或盖章,技术标实行标准保密化评审的,应在规定位置签署、盖章并密封。由委托代理人签字或盖章的投标文件中须同时提交投标文件签署授权委托书。投标文件签署授权委托书格式、签字、盖章及内容均应符合要求,否则投标文件签署授权委托书无效。

4.8.4 除投标人对错误处须修改外,全套投标文件应无涂改或行间插字和增删。如有修改,修改处应由投标人加盖投标人的印章或由投标文件签字人签字或盖章。技术标实行标准保密化评审的,应遵循本须知第 19.7.5 款规定。

5. 投标文件的提交

5.1 投标文件的制作、装订、密封和标记

5.1.1 投标文件的装订要求综合标和商务标合订为一本(分正、副本),两部分中间加封面间隔,技术标采用暗标形式单独装订。

5.1.2 投标人应将投标文件的综合标和商务标、技术标分别各做一个内层包装。并另附投标函和投标函附录,单独用一个信封密封。分别在内层或信封包装上标明"综合标和商务标"、"技术标"和"投标函和投标函附录"字样,然后合封在一个外层包装内。

5.1.3 在内层和外层投标文件密封袋上均应:

写明招标人名称或招标代理机构名称和投标人名称:

　　注明下列识别标志:

　　工程名称:某学院图书馆建设项目

　　2011 年 9 月 19 日 9 时 30 分开标,此时间以前不得开封。

　　除了按本须知第 5.1.1 款和第 5.1.2 款所要求的识别字样外,在内层投标文件密封袋上还应写明投标人的名称与地址、邮政编码,以便本须知 5.1.4 情况发生时,招标人可按内层密封袋上标明的投标人地址将投标文件原封退回。

5.1.4 如果投标文件没有按本投标人须知第 5.1.1 款、第 5.1.2 款和第 5.1.3 款规定装订和加写标记及密封,招标人将不承担投标文件提前开封的责任。对由此造成的提前开封的投标文件将予以拒绝,并退给投标人。

5.1.5 所有投标文件的内层密封袋的封口处应加盖投标人印章,所有投标文件的外层密封袋的封口处应加盖投标人印章。

5.1.6 技术标实行标准保密化评审,其标书制作要求如下:

　　使用湖北省建设工程招投标办公室统一印制的封面、封底及装订编杆,在规定的位置按要求填写单位名称、盖章并密封;

文本一律采用 A4 规格的白色纸张,文字为 4 号简写宋体,黑色打印,不得出现手写;

施工进度横道图、网络计划图及施工平面布置图一律采用计算机绘制,黑色打印,白色纸张,纸张大小不限,字体不限,字号大小不限;

所有表格和插图一律采用计算机绘制,黑色打印,A4 规格白色纸张,文字为不大于 4 号的简写宋体;

页面不注明页码,页眉、页脚处不得画线或作其他任何标识或文字;

版面整洁、字迹清楚、不许涂改,不得出现投标人单位名称或人员姓名及已承建工程,也不得作任何暗示该投标人单位名称或人员姓名及承建工程的文字或标识。

5.2 投标文件的提交

5.2.1 投标人应按本须知前附表第 17 项所规定的地点,于截止时间前提交投标文件。

5.2.2 投标人应随投标文件提交一份和投标文件内容一致的电子文件(以 U 盘为主)。电子文件中除工程量清单报价书应为 Excel 格式外,其余部分应为 Word 格式。电子版投标文件应一同密封在商务标包装中,并在 U 盘表面上注明工程名称及投标单位名称。

5.3 投标文件提交的截止时间

5.3.1 投标文件的截止时间见本须知前附表第 17 项规定。

5.3.2 招标人可按本须知第 9 条规定以修改补充通知的方式,酌情延长提交投标文件的截止时间。在此情况下,投标人的所有权利和义务以及投标人受制约的截止时间,均以延长后新的投标截止时间为准。

5.3.3 到投标截止时间止,若招标人收到的投标文件少于 3 个时,招标人将依法重新组织招标。

5.4 迟交的投标文件

5.4.1 招标人在本须知第 21 条规定的投标截止时间以后收到的投标文件,将被拒绝并退回给投标人。

5.5 投标文件的补充、修改与撤回

5.5.1 投标人在提交投标文件以后,在规定的投标截止时间之前,可以以书面形式补充修改或撤回已提交的投标文件,并以书面形式通知招标人。补充、修改的内容为投标文件的组成部分。

5.5.2 投标人对投标文件的补充、修改,应按本须知第 19 条有关规定密封、标记和提交,并在内外层投标文件密封袋上清楚标明"补充、修改"或"撤回"字样。

5.5.3 在投标截止时间之后,投标人不得补充、修改投标文件。

5.6 资格预审申请书材料的更新

5.6.1 投标人在提交投标文件时,如资格预审申请书中的内容发生重大变化,投标人须征得招标人同意后,对其更新,以证明其仍能满足资格预审标准,并且所提供的材料是经过确认的。如果在评标时投标人已经不能达到资格评审标准,其投标将被拒绝。

6. 开标

6.1 开标

6.1.1 招标人按本须知前附表第 18 项所规定的时间和地点公开开标。投标人的法定代表人或其委托代理人应当参加开标会,并在招标人按开标程序进行点名时,向招标人提交法定代表人身份证明文件或法定代表人授权委托书,出示本人身份证(二代证),以证明其出席。

6.1.2 投标人的法定代表人或其委托代理人未参加开标会的;未提交法定代表人身份证明文件或法定代表人授权委托书和本人身份证(二代证)核验的;经核验(以居民身份证阅读器识别为准)提供虚假证件的,投标文件作废标处理。

6.1.3 按规定提交合格的撤回通知的投标文件不予开封,并退回给投标人;按本须知第 5.4.1 款规定,出现该情况的投标文件,招标人不予受理。

6.1.4 开标程序

(1)开标由招标人主持;并对递交投标文件参加开标会的投标人的法定代表人或委托代理人点名,同时对其提交法定代表人身份证明文件或法定代表人授权委托书、身份证(二代证)进行验证和核查。

(2)由投标人或其推选的代表检查投标文件的密封情况。

(3)经确认无误后,由有关工作人员当众拆封,宣读投标人名称、投标价格和投标文件的其他主要内容。

招标人在招标文件要求提交投标文件的截止时间前收到的合格的投标文件,开标时都应当众予以拆封、宣读。

招标人对开标过程进行记录,并存档备查。唱标结束后,投标人法人代表或其委托代理人应进行签字确认。

6.1.5 投标文件的有效性

投标文件出现下列情形之一的,招标人不予受理:

(1)投标文件逾期送达的或者未送达指定地点的;

(2)投标文件未按照本须知第 19.6 款的要求密封的。

投标文件出现第 31.4 款至第 31.7 款情形之一的,由评标委员会初审后按废标处理。

7. 评标和定标

7.1 评标委员会与评标

7.1.1 评标委员会由招标人依法组建,负责评标活动。

7.1.2 评标委员会成员人数为五人以上单数。其中招标人以外的技术、经济等方面专家不得少于成员总数的三分之二。

7.1.3 评标委员会的专家成员,由招标人从建设行政主管部门确定的专家名册内相关专业的专家库中随机抽取产生。

7.1.4 开标结束后,开始评标。评标采用保密方式进行。

7.2 评标过程的保密

7.2.1 开标后,直至授予中标人合同为止,凡属于对投标文件的审查、澄清、评价和比较有关的资料以及中标候选人的推荐情况、与评标有关的其他任何情况均严格保密。

7.2.2 在投标文件的评审和比较、中标候选人推荐以及授予合同的过程中,投标人向招标人和评标委员会施加影响的任何行为,都将会导致其投标被拒绝。

7.2.3 中标人确定后,招标人不对未中标人就评标过程以及未能中标原因作出任何解释。未中标人不得向评标委员会成员或其他有关人员索问评标过程的情况和材料。

7.3 资格后审（如采用时）

本招标工程采取资格后审,在评标前对投标人进行资格审查,审查其是否有能力和条件有效地履行合同义务。如投标人未达到招标文件规定的能力和条件,其投标将被拒绝,不进行评审。

7.4 投标文件的澄清

为有助于投标文件的审查、评价和比较,必要时,评标委员会可以以书面形式要求投标人对投标文件含义不明确的内容作必要的澄清或说明,投标人应采用书面形式进行澄清说明,但不得超出投标文件的范围或改变投标文件的实质性内容。评标委员会不接受投标人主动提出的澄清、说明或补正。

7.5 投标文件的初步评审

7.5.1 开标后,招标人将所有受理的投标文件,提交评标委员会进行评审。

7.5.2 评标时,评标委员会将首先评定每份投标文件是否在实质上响应了招标文件的要求,所谓实质上响应是指投标文件应与招标文件的所有实质性条款、条件和规定相符,无显著差异或保留,或者对合同中约定的招标人的权利和投标人的义务方面造成重大的限制,纠正这些显著差异或保留将会对其他实质上响应招标文件要求的投标文件的投标人的竞争地位产生不公正的影响。

7.5.3 如果投标文件实质上不响应招标文件各项要求,评标委员会将予以拒绝,并且不允许投标人通过修改或撤销其不符合要求的差异或保留,使之成为具有响应性的投标。

7.5.4 投标文件有下述情形之一的,属于重大偏差,视为未能对招标文件作出实质性响应,并按前条规定作废标处理:

（1）技术标没有按照第 19.7 款的要求制作的。

（2）没有按照招标文件的要求提交投标保证金或者投标保函的。

（3）本须知第 11 条规定的投标文件有关内容未按本须知第 18.3 款规定加盖投标人印章或未经法定代表人或其委托代理人签字或盖章的,由委托代理人签字或盖章的,但未随投标文件一起提交有效的"授权委托书"原件的。

（4）投标文件载明的招标项目完成期限超过招标文件规定的期限的。

（5）明显不符合招标文件规定的技术要求和标准的。

（6）未按规定格式填写,内容不全或关键字迹模糊、无法辨认的。

（7）投标人名称或组织结构与资格预审时不一致的。

（8）投标文件中所报的工程项目经理与通过资格预审的项目经理不相符的。

（9）两个及两个以上投标人的投标文件内容有雷同的。

（10）对投标报价及主要合同条款、合同格式等招标文件规定的要求有重大偏离或保留的。重大偏离或保留系指下列情况之一:

① 对投标的工程范围和工作内容有实质性的偏离;

② 对工程质量或使用性能产生不利影响;

③ 对合同中规定的双方的权利和义务作实质性修改。

（11）投标人递交两份或多份内容不同的投标文件,或在一份投标文件中对同一项目报有两个或多个报价,且未声明哪一个有效的。

（12）按照本须知第 13.4.1 款的规定,投标人的投标报价高于招标控制价的。

（13）按照本须知第 13.5.2 款的规定,投标人填写工程量清单的项目编码、项目名称、项目特征、计量单位、工程量与招标人提供的不一致的。

（14）按照本须知第 13.3.5 款的规定,措施项目清单中的安全文明施工费安未规定计价,作为竞争性费用的。

（15）按照本须知第 13.3.8 款的规定 规费和税金未规定计算,作为竞争性费用的。

（16）投标报价中的其他项目费未按照本须知第 13.5.6 款的规定报价的。

（17）按照本须知第 13.5.8 款的规定,投标总价与分部分项工程费、措施项目费、其他项目费和规费、税金的合计金额不一致的。

（18）投标人的法定代表人或其委托代理人未参加开标会的;未提交法定代表人身份证明文件或法定代表人授权委托书和本人身份证（二代证）核验的;经核验（以居民身份证阅读器识别为准）提供虚假证件的。

（19）提供虚假证明材料的。

7.5.5 在评标过程中,评标委员会发现投标人以他人的名义投标、串通投标或以其他弄虚作假方式投标的,该投标人的投标应作废标处理。

7.5.6 在评标过程中,评标委员会发现投标人的报价明显低于其他投标报价或者明显低于招标控制价,使得其投标报价可能低于其个别成本的,应当要求该投标人作出书面说明并提供相关证明材料。投标人不能合理说明或者不能提供相关证明材料的,由评标委员会认定该投标人以低于成本报价竞标,其投标应作废标处理。

7.5.7 投标人资格条件不符合国家有关规定和招标文件要求的,或者拒不按照要求对投标文件进行澄清、说明或者补正的,评标委员会可以否决其投标。

7.5.8 评标委员会按上述第 31.4 款至第 31.7 款规定否决不合格投标或者界定为废标的投标文件,不再进入详细评审阶段。

7.6 投标文件计算错误的处理

7.6.1 评标委员会将对确定为实质上响应招标文件要求的投标文件进行校核,看其是否有计算上、累计上或表达上的错误,修正错误的原则如下:

（1）如果数字表示的金额和用文字表示的金额不一致时,应以文字表示的金额为准。

（2）当单价与数量的乘积与合价不一致时,以单价为准,除非评标委员会认为单价有明显的小数点错误,此时应以标出的合价为准,并修改单价。

7.6.2 按上述修正错误的原则及方法调整或修正投标文件的投标报价,投标人同意后,调整后的投标报价对投标人起约束作用。如果投标人不接受修正后的报价,则其投标将被拒绝并且其投标保证金或投标保函也将被没收,并不影响评标工作。

7.7 投标文件的评审、比较和否决（详细评审）

7.7.1 评标委员会将按照本须知第 31 条规定,仅对在实质上响应招标文件要求的合格投标（有效）文件进行评估和比较。

7.7.2 评标方法和标准（附件3）。

7.7.3 评标委员会对投标文件进行评审和比较后,向招标人提出书面评标报告,并推荐不超过3名有排序的合格的中标候选人。招标人按投标人须知前附表第20项的原则确定中标人。

7.7.4 评标委员会经评审,认为所有投标都不符合招标文件要求的,或者有效投标不足3个使得投标明显缺乏竞争的,可以否决所有投标。所有投标被否决后,招标人将依法重新招标。

8. 合同的授予

8.1 合同授予标准

8.1.1 本招标工程的施工合同将授予按本须知第33.3款所确定的中标人。

8.2 中标通知书

8.2.1 中标人确定后,招标人将于15日内向招投标监管部门提交招标情况的书面报告(评标报告)及拟定的中标通知书。

8.2.2 招投标监管部门自收到书面报告(评标报告)及拟定的中标通知书后,在湖北工程建设信息网(www.ztb.cn)上公示3个工作日,从公示结束之日起,未通知招标人在招标投标活动中有违法违规行为的,在办理完中标通知书备案手续后,招标人将向中标人发出中标通知书。

8.2.3 招标人将在发出中标通知书的同时,将中标结果以书面形式通知所有未中标的投标人。

8.3 合同协议书的签订

8.3.1 招标人与中标人将于中标通知书发出之日起30日内,按照招标文件和中标人的投标文件订立书面工程施工合同。

8.3.2 中标人如不按本投标人须知第36.1款的规定与招标人订立合同,则招标人将废除授标,投标担保不予退还,给招标人造成的损失超过投标担保数额的,还应当对超过部分予以赔偿,同时依法承担相应法律责任。

8.3.3 中标人应当按照合同约定履行义务,完成中标项目施工,不得将中标项目施工转让(转包)给他人。需要分包的,应在投标文件中提出分包计划,并按有关规定进行分包。

8.4 履约担保

8.4.1 合同协议书签署后7天内,中标人应按本须知前附表第21项规定的金额向招标人提交履约担保。

8.4.2 若中标人不能按本须知第37.1款的规定执行,招标人将有充分的理由解除合同,并没收其投标保证金,给招标人造成的损失超过投标担保数额的,还应当对超过部分予以赔偿。

8.4.3 招标人要求中标人提交履约担保时,招标人也将在中标人提交履约担保的同时,按本须知前附表第21项规定的金额向中标人提供同等数额的工程款支付担保。

　　第二章　合同条款

　　一、通用条款

　　使用湖北省工商行政管理局、湖北省建设厅2007年9月印发的《湖北省建设工程施工合同(示范文本)》EF—2007—0203第二部分《通用条款》,本招标文件省略。

　　二、专用条款

　　由招标人参考湖北省工商行政管理局、湖北省建设厅2007年9月印发的《湖北省建设工程施工合同(示范文本)》EF—2007—0203第三部分《专用条款》,结合工程招标和后续管理的实际情

况自行制定,并作为招标文件的附件,随招标文件一并发出(见附件2)

第三章　合同文件格式

一、合同协议书

使用湖北省工商行政管理局、湖北省建设厅 2007 年 9 月印发的《湖北省建设工程施工合同(示范文本)》EF—2007—0203 第一部分《协议书》,本招标文件省略。

二、工程质量保修书

使用湖北省工商行政管理局、湖北省建设厅 2007 年 9 月印发的《湖北省建设工程施工合同(示范文本)》EF—2007—0203 之附件一《工程质量保修书》,本招标文件省略。

三、湖北省房屋建筑和市政工程建设廉洁协议书

使用湖北省工商行政管理局、湖北省建设厅 2007 年 9 月印发的《湖北省建设工程施工合同(示范文本)》EF—2007—0203 之附件三《湖北省房屋建筑和市政工程建设廉洁协议书》,本招标文件省略。

四、履约银行保函

使用湖北省工商行政管理局、湖北省建设厅 2007 年 9 月印发的《湖北省建设工程施工合同(示范文本)》EF—2007—0203 之附件四《履约银行保函》,本招标文件省略。

五、支付银行保函

使用湖北省工商行政管理局、湖北省建设厅 2007 年 9 月印发的《湖北省建设工程施工合同(示范文本)》EF—2007—0203 之附件五《支付银行保函》,本招标文件省略。

六、预付款银行保函

使用湖北省工商行政管理局、湖北省建设厅 2007 年 9 月印发的《湖北省建设工程施工合同(示范文本)》EF—2007—0203 之附件六《预付款银行保函》,本招标文件省略。

第四章　工程建设标准(略)

第五章　图纸(略)

第六章　工程量清单

本"工程量清单说明"和"工程量清单"表系为规范工程量清单的编制而提供的示范格式,如采用工程量清单招标时,由招标人根据国家《建设工程工程量清单计价规范》(GB50500—2008)编制,并作为招标文件的附件(见附件5),与招标文件一并发出。

一、工程量清单说明

1. 本工程量清单系按分部分项工程提供的。

2. 本工程量清单是依据《建设工程工程量清单计价规范》(GB50500—2008)工程量计算规则编制的,为招标文件的组成部分,一经中标且签订合同,即成为合同的组成部分。

3. 本工程量清单所列工程量系本招标人估算的,作为投标报价的基础;付款是以由承包人计量,由招标人或其授权委托的监理工程师核准的实际完成工程量为依据。

4. 本工程量清单应与投标人须知、合同条件、合同协议条款、工程规范和图纸一起使用。

二、工程量清单

工 程 量 清 单（部分）

序号	项目编码	项目名称	项目特征	计量单位	工程数量	综合单价	合价	其中:暂估价
		土（石）方工程						
1	010101001001	平整场地	(1)土壤类别:一类土、二类土 (2)弃土运距:20m (3)取土运距:50m	m²	3055.91			
2	010101002001	挖基础土方	(1)土壤类别:一类土、二类土 (2)基础类型:独立基础 (3)挖土深度:2m (4)弃土运距:50m	m³	1758.91			
…								
		分部小计						
		砌筑工程						
6	010301001001	砖基础	(1)砖品种、规格、强度等级:Mu10蒸压灰砂砖 (2)基础深度:-3.9m以下 (3)砂浆强度等级:水泥M7.5	m³	51.96			
…								
		分部小计						
		混凝土及钢筋混凝土工程						
12	010403001001	基础梁	(1)混凝土强度等级:C35 (2)混凝土拌和料要求:商品混凝土	m³	164.29			
13	010401006001	垫层	(1)垫层材料种类、厚度:100厚C15素混凝土垫层 (2)砂浆强度等级:商品混凝土	m³	81.92			

153

续表

序号	项目编码	项目名称	项目特征描述	计量单位	工程量			
14	010401002001	独立基础	(1)混凝土强度等级:C35 (2)混凝土拌和料要求:商品混凝土	m³	414.6			
…								
		分部小计						
		屋面及防水工程						
58	010702001001	屋-1平屋面(二级防水上人)	(1)详见05ZJ001-115-屋20 (2)部位:主楼屋顶	m²	1917.44			
59	010702001002	屋-2平屋面(二级防水不上人)	(1)详见05ZJ001-113-屋11 (2)部位:裙房屋顶	m²	336.3			
…								
		分部小计						
67	01080303001	外墙保温隔热墙	玻化中空微珠保温砂浆30mm厚	m²	3544.99			
		分部小计						
		楼地面工程						
68	020101002001	水磨石地面	详见05ZJ001-9-地12	m²	686.65			
69	020102002001	陶瓷地砖卫生间地面	(1)详见05ZJ001-19-地56 (2)部位:所有卫生间	m²	114.04			
…								
		分部小计						
		墙、柱面工程						
88	020201001001	混合砂浆墙面(二)	详见05ZJ001-46-内墙5	m²	18 494.21			
89	020201001002	混合砂浆墙面(一)	柱面抹灰	m²	561.01			
90	020204003001	釉面砖墙裙	(1)详见05ZJ001-58-裙6 (2)部位:所有卫生间	m²	1032.27			
…								
		分部小计						
		天棚工程						

续表

序号	项目编码	项目名称	项目特征描述	计量单位	工程量			
93	020301001001	混合砂浆顶棚	详见 05ZJ001 - 75 - 顶 3	m²	15725.68			
94	020302001001	硅钙板		m²	16.31			
		分部小计						
		门窗工程						
95	020401001001	M1	(1)门类型:木门 (2)框截面尺寸:1500×2100 (3)详见 98ZJ681 - 26 - GJM301	樘	48			
96	020402005001	M2	(1)门类型:塑钢 (2)框截面尺寸:1800×2100	樘	2			
…		分部小计						
合 计					10 811 579.7			

招标人: _____ 咨 询 人: _____
 (单位签字盖章) (单位资质专用章)

法定代表人:
或其授权人: _____ 法定代表人:
 (签字或盖章) 或其授权人: _____
 (签字或盖章)

编 制 人: _____ 复 核 人: _____
 (造价人员签字盖专用章) (造价工程师签字盖专用章)

编制时间: 年 月 日 复核时间: 年 月 日

155

分部分项工程量清单与计价表

工程名称：　　　　　　　　标段：　　　　　　　　第＿＿页共＿＿页

序号	项目编码	项目名称	项目特征描述	计量单位	工程量	金额（元）		
						综合单价	合价	其中：暂估价
			本页小计					
			合　计					

注：根据建设部、财政部发布的《建筑安装工程费用组成》（建标〔2003〕206号）的规定，为计取规费等的使用，可在表中增设其中："直接费"、"人工费"或"人工费＋机械费"。

措施项目清单与计价表（一）

工程名称：　　　　　　　　标段：　　　　　　　　第＿＿页共＿＿页

序号	项目名称	计算基础	费率（％）	金额（元）
1	安全文明施工费			
2	夜间施工费			
3	二次搬运费			
4	冬雨季施工			
5	大型机械设备进出场及安拆费			
6	施工排水			
7	施工降水			
8	地上、地下设施、建筑物的临时保护设施			
9	已完工程及设备保护			
10	各专业工程的措施项目			
11				
合　计				

注：1. 本表适用于以"项"计价的措施项目。

2. 根据建设部、财政部发布的《建筑安装工程费用组成》（建标〔2003〕206号）的规定，"计算基础"可为"直接费"、"人工费"或"人工费＋机械费"。

措施项目清单与计价表（二）

工程名称：　　　　　　　　标段：　　　　　　　第＿＿页共＿＿页

序号	项目编码	项目名称	项目特征描述	计量单位	工程量	金额（元）	
						综合单价	合价
	本页小计						
	合　计						

注：本表适用于以综合单价形式计价的措施项目。

其他项目清单与计价汇总表（略）

暂列金额明细表（略）

材料暂估单价表（略）

专业工程暂估价表（略）

计 日 工 表（略）

总承包服务费计价表（略）

规费、税金项目清单与计价表（略）

第七章　投标文件综合标格式（略）

第八章　投标文件商务标格式（略）

第九章　投标文件技术标格式（略）

第十章　附件

附件1　招标工作日程安排表（略）

附件2　专用合同条款（略）

附件3　评标方法和标准（略）

附件4　需要说明的其他事项（略）

3.5.2　某学院图书馆建设项目投标文件

目　录

第一部分　商务标

一、投标函

二、投标函附录

三、投标担保

四、法定代表人身份证明书

五、法定代表人授权委托书

六、招标文件要求投标人提交的其他投标资料

（1）企业营业执照（复印件）

（2）企业资质等级证书（复印件）

(3)企业安全生产许可证(复印件)

(4)税务登记证(复印件)

(5)组织机构代码证(复印件)

(6)各项承诺书

(7)近年完成的类似项目情况表

(8)正在施工的和新承接的项目情况表

七、项目管理机构配备情况

(1)项目管理机构配备情况表

(2)项目经理简历表

附:项目经理只承担本工程的承诺函

(3)技术负责人简历表

(4)项目管理机构配备情况辅助说明资料

(5)企业荣誉

八、报价表

1. 投标总价表

2. 工程项目投标报价汇总表

3. 单位工程投标报价汇总表

4. 分部分项工程量清单计价表

5. 措施项目清单计价表(一)

6. 措施项目清单计价表(二)

7. 规费、税金项目清单与计价表

8. 分部分项工程量清单综合单价分析表

9. 单位工程人材机分析表

10. 技术措施项目清单综合单价分析表

第二部分　技术标

正文

第一部分　商务标

一、投标函

致:某学院

1. 根据你方招标工程项目编号为<u>HBGC112051/02</u>的<u>某学院图书馆建设</u>工程招标文件,遵照《中华人民共和国招标投标法》等有关规定,经踏勘项目现场和研究上述招标文件的投标须知、合同条款、图纸、工程建设标准和工程量清单及其他有关文件后,我方愿以(大写)　<u>壹仟陆佰叁拾万零肆仟伍佰贰拾伍元伍角玖分</u>　(小写)　<u>16 304 525.59 元</u>　的投标总报价并按上述图纸、合同条款、工程建设标准和工程量清单的条件要求承包上述工程的施工、竣工并承担任何质量缺陷保修责任。

2. 我方已详细审核全部招标文件,包括修改文件及有关附件。

3. 我方承认投标函附录是我方投标函的组成部分。

4. 一旦我方中标,我方保证按投标函附录第 3 项承诺的工期 270 日历天内完成并移交全部工程。

5. 如果我方中标,我方将按照规定提交上述总价 ／ % 的银行保函或上述总价 10 %的由具有担保资格和能力的担保机构出具的履约担保书或 ／ 的履约保证金作为履约担保。

6. 我方同意所提交的投标文件在"投标须知"第 15 条规定的投标有效期内有效,在此期间内如果中标,我方将受此约束。

7. 除非另外达成协议并生效,你方的中标通知书和本投标文件将成为约束双方的合同文件的组成部分。

8. 我方将与本投标函一起,提交 伍拾万元整 作为投标担保。

投标人: 某建设有限公司 (盖章)

单位地址:

法定代表人或其委托代理人: (签字或盖章)

邮政编码: 电话: 传真:

开户银行名称:

开户银行账号:

开户银行地址:

开户银行电话:

日　　　　期: 2011 年 9 月 13 日

二、投标函附录

序号	项目内容		单位	约定内容
1	建筑面积		m²	12 108
2	投标总报价		万元	1630.452 559
3	投标工期		日历天	270
4	误期违约赔偿金额			延误 1~5 天;罚 2000 元、6~10 天罚;5000 元、工期延误 10 天以上罚 10 000 元
5	误期违约金赔偿限额			10 000 元
6	工程质量等级目标			施工验收规范合格标准
7	对质量目标的承诺			合同价的 5% 的罚款
8	文明施工管理目标			市级文明施工样板工地
9	对文明施工目标的承诺			合同价的 1% 的罚款
10	安全生产管理目标			市级安全优良施工现场
11	对安全生产目标的承诺			合同价的 1% 的罚款
12	钢筋用量		t	644.32
13	商品混凝土用量		m³	4468
14	水泥用量		t	695.92
15	项目经理(注册建造师)	姓名、级别		
		承诺		只承担本工程施工管理工作

投标人(盖章): 某建设有限公司

日　　　期: 2011 年 9 月 13 日

三、投标担保（附收据略）

四、法定代表人身份证明书

单位名称：_____某建设有限公司_____

单位性质：_____有限责任制_____

地　　址：_____

成立时间：_____ 年 _____ 月 _____ 日

经营期限：_____1994 年 6 月 11 日至 2019 年 6 月 11 日_____

姓　　名：_____ 性别：____ 年龄：____ 职务：_董事长系_ _建设有限公司_ 的法定代表人。

特 此 证 明！

投标人：某建设有限公司（盖章）

日　　期：_____2011_____ 年 _9_ 月 _13_ 日

法定代表人身份证明书（略）

五、法定代表人授权委托书

本授权委托书声明：我 ____ 系 _某建设有限公司_ 的法定代表人，现授权委托 _某建设有限公司_ 的 ____ 为我的代理人，以本公司的名义参加某学院图书馆建设工程的投标。授权委托人在开标、评标、合同谈判过程中所签署的一切文件和处理与之有关的一切事务，我均予以承认。

代理人无转委托权，特此委托。

（身份证复印件）

投标人（盖章）：_____某建设有限公司_____

法定代表人（盖章）：_____

代理人：_____ 性别：_____ 年龄：_____

身份证号码：_____ 职务：_经理_

授权委托日期：_____2011_____ 年 _9_ 月 _13_ 日

六、投标人提交的其他资料

1. 企业营业执照料（复印件）

2. 企业资质等级证书（复印件）

3. 企业安全生产许可证（复印件）

4. 税务登记证（复印件）

5. 组织机构代码证（复印件）

6. 各项承诺书

1）投标工期承诺及违约处罚措施

我公司如能中标承建该工程项目,确保按期开工,并在工期期限的<u>270</u> 天内完成全部工程量。如因我方原因造成工期延误,按延误 1~5 天,罚 2000 元;延误 6~10 天罚 5000 元;延误 10 天以上罚款·10000 元,逾期竣工违约金限额为 10000 元。

投标人(盖章):<u>　某建设有限公司　</u>

法定代表人或其委托代理人(签字或盖章):____

日　期:<u>　2011　</u>年<u>　9　</u>月<u>　13　</u>日

2)工程质量目标承诺及违约处罚措施

我公司如能中标承建该工程项目,我公司确保该工程达到合格标准,如因我公司原因所导致工程质量验收未达标,我方愿接受人民币为合同价的 5% 的罚款,我方无条件负责修复至合格。

特此承诺!

投标人(盖章):某建设有限公司

法定代表人或其委托代理人(签字或盖章):_____

日　期:<u>　2011　</u>年<u>　9　</u>月<u>　13　</u>日

3)安全生产、文明施工目标承诺及违约处罚措施

如我公司中标承建该项目,我公司确保安全文明施工,安全生产目标达到市级安全优良施工现场,文明施工目标达到市级文明施工样板工地。如达不到上述目标,愿各接受合同价的 1% 的罚款。如在本工程施工其间发生人员伤亡事故,其法律和经济责任概由我方承担。

特此承诺!

投标人(盖章):<u>　某建设有限公司　</u>

法定代表人或其委托代理人(签字或盖章):____

日　期:<u>　2011　</u>年<u>　9　</u>月<u>　13　</u>日

4)投标人不拖欠农民工工资的承诺书

我公司如能中标承建贵单位该工程,我方将保证按国家有关规定支付农民工工资,不拖欠农民工工资。如有违约,愿接受你方 20000 元人民币的处罚并返还拖欠的农民工工资。

投标人(盖章):<u>　某建设有限公司　　　　</u>

法定代表人或其委托代理人(签字或盖章):_____

日　期:<u>　2011　</u>年<u>　9　</u>月<u>　13　</u>日

附:无相关诉讼、不良行为记录证明

7. 近年完成的类似项目情况表(一)

项目名称　　　　　　　　　某学生公寓工程

项目所在地　　　　　　　　某

发包人名称

发包人地址

发包人电话	
签约合同价	1845.62 万元
开工日期	2009.6.20
计划竣工（交工）日期	2009.12.18
承担的工作	土建及安装
工程质量要求	合格
项目经理	×××
项目总工	×××
总监理工程师及电话	/
项目描述	教学设施相关建设工程、框架 6~7 层，建筑面积为 16126 m²
备注	

附：中标通知书

施工合同

工程竣工移交证书

项目获奖证书

8. 正在施工的和新承接的项目情况表（一）

项目名称	
项目所在地	
发包人名称	
发包人地址	
发包人电话	
签约合同价	4687.5167 万元
开工日期	2010.5.18
计划竣工（交工）日期	2011.11.8
承担的工作	土建及安装
工程质量要求	优质
项目经理	×××
项目总工	×××
总监理工程师及电话	
项目描述	该工程为框剪结构 32 层，地下 1 层。建筑面积 38 601 m²
备注	

附：中标通知书

施工合同

七、机构配备情况

（1）项目管理机构配备情况表

　　某学院图书馆建设　工程

| 职务 | 姓名 | 职称 | 执业或职业资格证明 | | | | | 已承担在建工程情况 |
			证书名称	级别	证号	专业	项目数	主要项目
								名称
项目经理		工程师	建造师证	二级				
技术负责人		高级工程师	职称证	/				
施工员		助工	上岗证	/				
质检员		工程师	上岗证	/				
安全员		工程师	上岗证	/				
材料员		工程师	上岗证	/				
造价员		工程师	上岗证	/				

一旦我单位中标,将实行项目经理负责制,并配备上述项目管理机构。我方保证上述所填内容真实,若不真实,愿按有关规定接受处理。项目管理班子机构设置、职责分工等情况另附资料说明

附:施工员职业资格证书、职称证、身份证、学历证

质检员职业资格证书、职称证、身份证、学历证

安全员职业资格证书、安全员岗位证书(C 类)、职称证、身份证、学历证

材料员职业资格证书、职称证、身份证、学历证

材料员职业资格证书、职称证、身份证、学历证

造价员职业资格证书、职称证、身份证、学历证

(2)项目经理简历表

某学院图书馆建设　工程

姓名	×××		性别		年龄	
职务	项目经理		职称	工程师	学历	大专
参加工作时间		1990 年		担任项目经理年限		7
在建和已完工程项目						
建设单位	项目名称		建设规模	开、竣工日期	在建或已完	工程质量
××区民政局	××区殡仪馆整体搬迁工程		框架 2 层 6558.40 m²	2008.12.16 2009.6.16	已完	合格
××学院	××学院 1#单身宿舍、3#学生公寓工程		框架 6~7 层,16126 m²	2009.6.20 2009.12.18	已完	黄鹤奖

项目经理只承担本工程项目的承诺

某学院图书馆建设项目　:

我公司承诺如果我方中标,参加本工程投标的项目经理　×××

只承担本工程,每周驻工地时间少于 5 个工作日,未经发包人允许,我方绝不更换项目经理或其他管理人员,如项目经理每周驻现场不足 5 个工作日,愿意接受 2 万元/周的罚款,连续三周均不足 5 个工作日,发包人可单方面终止施工合同,由此带来的损失由我方负责。

若因不可抗力因素,确需更换项目经理时:

(1)新更换的项目经理与投标时所承诺的专业、资格等级、技术职称等内容一致或高于;

(2)不能同时在其他工程项目中服务;

(3)至少提前 7 天以书面形式通知发包人,并将拟更换的项目经理个人资料上报,经发包人面试合格、书面同意后方可更换,否则我公司须向发包人支付合同总价款 2% 的违约金。

投标人(盖章): _____某建设有限公司_____

法定代表人或其委托代理人(签字或盖章):_____

日　　期:_____2011_____年_____9_____月_____13_____日

项目经理建造师证

项目经理身份证

项目经理职称证

优秀项目经理证书

项目经理学历证

安全岗位证书(B 类)

工程业绩(中标通知书、施工合同、获奖证书)

(3)技术负责人简历表

某学院图书馆建设　　工程

姓名	×××	性别	男	年龄	49
职务	技术负责人	职称	高级工程师	学历	大专
参加工作时间		1986 年	担任技术负责人年限		15

在建和已完工程项目					
建设单位	项目名称	建设规模	开、竣工日期	在建或已完	工程质量
××县第三小学建设工程指挥部	××县第三小学一标段(教学楼、办公室)	13 600m²	2009.11.2 2010.5.31	已完	楚天杯

技术负责人职称证

技术负责人身份证

技术负责人学历证

工程业绩(中标通知书、施工合同、获奖证书)

(4)项目管理机构配备情况辅助说明资料

某学院图书馆建设工程

项目经理部组织机构图如下：

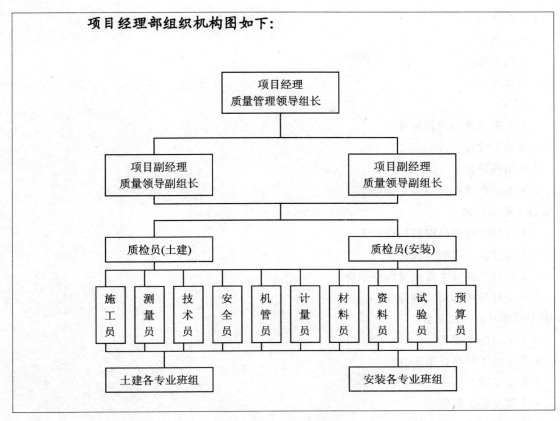

（5）企业荣誉

获奖证书、质量管理体系证书、环境管理体系证书、环境管理体系认证等复印件

八、报价表

1. 投标总价表（略）

2. 工程项目投标报价汇总表（略）

3. 单位工程投标报价汇总表（略）

4. 分部分项工程量清单计价表（略）

5. 措施项目清单计价表（一）（略）

6. 措施项目清单计价表（二）（略）

7. 规费、税金项目清单与计价表（略）

8. 分部分项工程量清单综合单价分析表（略）

9. 单位工程人材机分析表（略）

10. 技术措施项目清单综合单价分析表（略）

第二部分   技术标

目录

1. 编制说明

1.1 综合说明

1.2 编制原则

1.3 编制依据

1.4 适用范围

2. 工程概况

2.1 工程名称与现场情况

2.2 建筑设计

2.3 结构设计

2.4 本工程的特点与施工难点

3. 项目经理部组成

3.1 项目经理部组织机构设置图

3.2 项目经理部的组成人员

3.3 项目经理部主要成员岗位职责

3.4 项目经理部的协调管理

4. 施工部署及总平面布置

4.1 工程施工部署

4.2 主要工序项目施工方法

4.3 施工准备

4.4 现场施工管理

4.5 主要技术经济指标

4.6 总平面布置

5. 施工进度计划及措施

5.1 施工总体进度计划安排

5.2 施工进度计划控制措施

6. 施工方案

6.1 总体施工程序

6.2 施工流水作业段的划分与组织

6.3 施工测量及沉降观测

6.4 钢筋工程

6.5 模板工程

6.6 混凝土工程

6.7 砌筑工程

6.8 装修工程施工

6.9 防水及屋面工程

6.10 脚手架工程

6.11 安装工程施工

7. 质量保证措施

7.1 工程质量目标

7.2 质量目标分解

7.3 质量管理体系

7.4 质量管理职责

7.5 质量保证措施

8. 安全保证措施

8.1 安全生产目标

8.2 安全生产管理体系

8.3 安全生产措施

8.4 安全生产职责

9. 主要材料、构配件计划

9.1 材料供应安排

9.2 材料质量检验

10. 主要机械及设备调配计划

10.1 施工机械计划安排

10.2 机械调度计划的保证措施

10.3 机械施工组织调度

10.4 施工机械的维护和保养

10.5 检验、测量和试验设备的检定

10.6 施工机械的监督检查

10.7 施工机械的使用

11. 主要劳动力安排

12. 文明工地措施

12.1 文明工地目标

12.2 文明施工管理体系

12.3 文明工地施工措施

13. 施工技术措施

13.1 季节性施工技术措施

13.2 防止质量通病的技术措施

13.3 现场管理技术措施

13.4 降低成本的技术措施

14. 其他措施

14.1 环境保护措施

14.2 工程回访及保修办法

14.3 噪声污染防治措施

附图：

劳动力安排计划

主要施工机械表

施工现场平面布置图

临时用地表

施工进度计划网络图

施工进度计划横道图

拟分包情况表

复习思考题

1. 简述投标的工作程序。

2. 投标文件的组成内容的哪些？

3. 简述投标策略。

4. 简述投标文件的编制步骤。

5. 某承包商通过资格预审后，对招标文件进行了仔细分析，发现业主所提出的工期要求过于苛刻，且合同条款中规定每拖延1天工期罚合同价的1%。若要保证实现该工期要求，必须采取特殊措施，从而大大增加成本；还发现原设计结构方案采用框架剪力墙体系过于保守。因此，该承包商在投标文件中说明业主的工期要求难以实现，因而按自己认为的合理工期（比业主要求的工期增加6个月）编制施工进度计划并据此报价；还建议将框架剪力墙体系改为框架体系，并对这两种结构体系进行了技术经济分析和比较，证明框架体系不仅能保证工程结构的可靠性和安全性、增加使用面积、提高空间利用的灵活性，而且可降低造价约3%。该承包商将技术标和商务标分别封装，在封口处加盖本单位公章和项目经理签字后，在投标截止日期前1天上午将投标文件报送业主。次日（即投标截止日当天）下午，在规定的开标时间前1小时，该承包商又递交了一份补充材料，其中声明将原报价降低4%。但是，招标单位的有关工作人员认为，根据国际上"一标一投"的惯例，一个承包商不得递交两份投标文件，因而拒收承包商的补充材料。

开标会由市招投标办的工作人员主持，市公证处有关人员到会，各投标单位代表均到场。开标前，市公证处人员对各投标单位的资质进行审查，并对所有投标文件进行审查，确认所有投标文件均有效后，正式开标。主持人宣读投标单位名称、投标价格、投标工期和有关投标文件的重要说明。

[问题]（1）该承包商运用了哪几种报价技巧？其运用是否得当？请逐一加以说明。

（2）从所介绍的背景资料来看，在该项目招标程序中存在哪些问题？请分别作简单说明。

建设工程合同管理

知识目标：

(1) 了解合同的分类标准与法律意义、合同法的基本原则。

(2) 了解要约与承诺的过程及缔约过失责任。

(3) 熟悉合同生效、合同无效、合同可撤销与合同效力待定的概念、特征、类型及法律后果。

(4) 了解抗辩权制度和代位权、撤销权制度。

(5) 了解债权转让与和债务承担的构成要件与效力及合同终止。

(6) 掌握违约责任的归责原则、构成要件以及承担违约责任的方式。

(7) 了解建设工程施工合同概念。

(8) 熟悉建设工程施工合同示范文本内容。

(9) 熟悉施工合同管理中的进度控制方法、手段。

(10) 掌握施工合同管理中的质量控制方法、手段。

(11) 熟悉施工合同管理中的投资控制方法、手段。

(12) 熟悉建设工程索赔的概念、起因、分类、依据。

(13) 熟悉建设工程常见的索赔问题。

(14) 熟悉建设工程索赔程序及索赔文件的编写。

(15) 了解建设工程反索赔。

(16) 掌握索赔费用、工期分析。

(17) 熟悉工程索赔的技巧。

能力目标：

(1) 理解合同与合同法的概念、特征。

(2) 理解合同的订立与合同的成立的区别。

(3) 理解合同效力的概念、内容及与合同成立的关系。

(4) 了解合同履行的概念和特征。

(5) 理解合同变更的概念、特征及法律要件。

(6) 理解违约责任的概念与特征。

（7）了解工程担保的概念。

（8）掌握应用施工合同示范文本初步拟定施工合同的方法。

（9）掌握依据合同内容处理工程施工中常见的进度管理问题、质量管理问题和工程结算问题的能力。

（10）了解建设工程索赔概念、起因、分类、依据。

（11）了解建设工程常见的索赔问题内容、原因。

（12）掌握索赔的基本程序。

（13）掌握索赔文件的编写内容及方法。

（14）了解建设工程反索赔的概念、特点、内容。

（15）掌握费用、工期索赔分析方法、计算方法。

（16）了解工程索赔的技巧及关键。

任务1　认知建设工程合同管理法律法规

4.1.1　合同法基本知识

1. 合同的概念

讨论合同法的疑点及解决之道，首先必须对合同法中的"合同"这一概念予以澄清，主要在于通过探索确定合同的准确定义以明确合同法的规范对象和内容。

合同的本质在于，它是一种合意或协议，因此它必须包括以下要素：第一，合同的成立必须要有两个或两个以上的当事人。第二，各方当事人须互相作出意思表示。第三，每个意思表示是一致的，也就是说当事人达成了一致的协议。由于合同是两个或两个以上意思表示一致的产物，因此当事人必须在平等自愿的基础上进行协商，才能使其意思表示达成一致。如果不存在平等自愿，也就没有真正的合意。我国《民法通则》第85条规定："合同是当事人之间设立、变更、终止民事关系的协议。依法成立的合同，受法律保护。"这一关于合同的立法定义，也再次强调了合同本质上是一种协议，是当事人意思表示一致的产物。合同不仅是合意的产物，而且是一种合意关系。这种合意的关系既可以以口头的形式表现出来，也可以以书面或其他形式表现出来。合意的外在表现形式是多种多样的，但合同的本质仍然是当事人的合意。在法学中，历来将合同的概念区分为广义和狭义两种。

1）广义的"合同"概念

此种观点认为，合同不仅仅是债发生的原因，也不局限于债权合同。凡是以发生司法上效果为目的的合意，都属于合同的范畴。所谓合同，不但包括所有以债之发生为直接目的的合同，也包括物权合同、身份合同（如婚姻合同）等，我国《民法通则》第85条关于合同的概念的规定实际上也采纳了广义的合同概念。

2）狭义的"合同"概念

此种观点认为民法上的合同仅指债权合同，即以发生债的关系为目的的合意，换言之，根据合同设定债的关系、消灭债的关系、变更债的关系。

我国《合同法》第 2 条规定："合同是平等主体的自然人、法人、其他组织之间设立、变更、终止民事权利义务关系的协议。"民事权利义务指债权债务关系,合同法的调整范围是指我国合同法调整对象的范围,并非所有的合同都受合同法调整,现行合同法只调整一部分合同,即狭义的合同。

2. 合同的分类

根据不同的标准,可以将合同划分为不同的种类。根据与建设工程施工合同的关系,分述如下。

1)要式合同与不要式合同

根据合同的成立是否必须采取一定形式为标准,可以将合同划分为要式合同与不要式合同。

要式合同是必须采取法定形式的合同,例如,中外合资经营合同经双方当事人签字盖章后必须经过政府主管部门批准后才成立,此"批准"即为法定形式。

不要式合同不要求采取特定形式,当事人可以选择合同形式。合同实践中,以不要式合同居多。

区别要式合同与不要式合同的意义在于,某些要式合同如果不具备法律、行政法规要求的形式,可能不产生合同效力。

2)双务合同与单务合同

双务合同是双方当事人互负义务的合同。单务合同是一方当事人负担义务,另一方享有权利。有偿合同都是双务合同,没有例外,因为有偿合同存在对价。有偿合同是真正(典型)双务合同。有偿合同与(典型)双务合同,是对同一事物从不同角度的表达。

无偿合同一般是单务合同,但无偿合同也可以是双务合同。如无偿委托合同,委托人支付处理委托事务的必要费用的义务(参见《合同法》第 398 条),与受托人完成委托事务的义务,不是对价关系,因此是不完全双务合同。无息借款合同也不是双务合同。

3)有偿合同与无偿合同

根据当事人取得权利有无代价(对价),可以将合同区分为有偿合同和无偿合同。有偿合同是交易关系,是双方财产的交换,是对价的交换。无偿合同不存在对价,不是财产的交换,是一方付出财产或者付出劳务(付出劳务可以视为付出财产利益)。赠与合同是典型的无偿合同,保管合同和两个自然人之间的借款合同原则上是无偿合同,但可以约定为有偿合同(《合同法》第 211 条、第366 条)。

4)有名合同与无名合同

根据法律是否赋予特定合同名称并设有专门规范,合同可以分为有名合同与无名合同。

有名合同,也称典型合同,是法律对某类合同赋予专门名称,并设定专门规范的合同,如《合同法》分则所规定的 15 类合同,《合同法》规定的 15 种有名合同包括:买卖合同;供用电、水、气、热力合同;赠与合同;借款合同;租赁合同;融资租赁合同;承揽合同;建设工程合同;运输合同;仓储合同;保管合同;技术合同;委托合同;行纪合同;居间合同。

无名合同,也称非典型合同,是法律上未规定专门名称和专门规则的合同。根据合同自由原则,只要不违反法律、行政法规强制性规定,不违背社会公共利益和公德,不侵害他人利益,允许当事人根据自身意愿订立任何形式合同。因此,无名合同是合同实践的常态。

5)主合同和从合同

根据两个合同的从属关系,可以把合同分成主合同和从合同。这种分类方法与上述分类方法不同。上述分类的合同均可以独立存在。如诺成合同与实践合同可以各自独立存在。而主合同与从合同不能各自独立存在,因为两个合同胶合在一起,才有主从之分。

没有主合同,就没有从合同,反之亦然。

3. 合同法的基本原则

1)平等原则

《合同法》第3条规定:"合同当事人的法律地位平等,一方不得将自己的意志强加给另一方。"本条是对平等原则的规定。

2)自愿原则

《合同法》第4条规定:"当事人依法享有自愿订立合同的权利,任何单位和个人不得非法干预。"本条是对自愿原则的规定。

3)公平原则

《合同法》第5条规定:"当事人应当遵循公平原则确定各方的权利和义务。"本条是对公平原则的规定。

4)诚实信用原则

《合同法》第6条规定:"当事人行使权利、履行义务应当遵循诚实信用原则。"本条是对诚实信用原则的规定。

5)不得损害社会公共利益原则

《合同法》第7条规定:"当事人订立、履行合同,应当遵守法律、行政法规,尊重社会公德,不得扰乱社会经济秩序,损害社会公共利益。"本条是对遵守法律,不得损害社会公共利益原则的规定。

4.1.2 合同的订立

1. 要约

1)要约的概念

《合同法》第14条规定:"要约是希望和他人订立合同的意思表示,该意思表示应当符合下列规定:① 内容具体确定;② 表明经受要约人承诺,要约人即受该意思表示约束。"

2)要约的构成要件

(1)要约是由特定人作出的意思表示。要约人如果不特定,则受要约人无法对之作出承诺,也就无法与之签订合同。这样的意思表示就不能称为要约。所以,无法确定要约人的要约就不能称为要约。

(2)要约必须具有订立合同的意思表示。由于要约一经受要约人承诺,要约人即受该意思表示约束。因此,没有订立合同意图的意思表示不能是要约。例如,某承包商与某材料供应商聚会,交谈之中,材料供应商向承包商介绍了自己目前存有大量的建筑材料,并对该批材料的性能进行了详细的描述。这不能认为是要约,因为材料供应商并没有将这批材料出售给承包商的意图。

所以,没有订立合同意图的意思表示也不能称为要约。

(3)要约必须向要约人希望与之订立合同的受要约人发出。要约只有发出,才能唤起受要约人的承诺。如果没有发出要约,受要约人就无从知道要约的内容,自然也就无法作出承诺。

受要约人必须是要约人希望与之订立合同的人。可以是特定的人,也可以是不特定的人。例如,某投标人计划对某开发商的建设项目进行投标,但是在投递标书的时候却误将标书送给了另一个开发商。尽管要约已经发出,但是由于该受要约人不是要约人希望与之签订合同的受要约人,因此,该要约不发生法律效力。

所以,受要约人错误的要约也不能称为要约。

(4)要约的内容必须具体明确。这是《合同法》对要约的明确规定。如果要约的内容不具体明确,受要约人就无法对之作出承诺。如果受要约人对之进行了补充修改而作出了承诺,就要认为受要约人对要约的内容进行了实质性变更,其承诺也就不能是承诺了。

所以,内容不明确的要约也不能称为要约,而仅能视为要约邀请。

3)要约的生效

要约的生效是指要约开始发生法律效力。自要约生效起,其一旦被有效承诺,合同即告成立。《合同法》第 16 条规定:"要约到达受要约人时生效。"

要约可以以书面形式作出,也可以以口头对话形式,而书面形式包括了信函、电报、传真、电子邮件等数据电文等可以有形地表现所载内容的形式。除法律明确规定外,要约人可以视具体情况自主选择要约的形式。

4)要约的撤回与要约的撤销

要约的撤回,指在要约发生法律效力之前,要约人使其不发生法律效力而取消要约的行为。

《合同法》第 17 条规定:"要约可以撤回。撤回要约的通知应当在要约到达受要约人之前或者与要约同时到达受要约人。"

要约的撤销,指在要约发生法律效力之后,要约人使其丧失法律效力而取消要约的行为。

《合同法》第 18 条规定:"要约可以撤销。撤销要约的通知应当在受要约人发出承诺通知之前到达受要约人。"

为了保护当事人的利益,《合同法》第 19 条同时规定了有下列情形之一的,要约不得撤销:

(1)要约人确定了承诺期限或者以其他形式明示要约不可撤销;

(2)受要约人有理由认为要约是不可撤销的,并已经为履行合同作了准备工作。

要约的撤回与要约的撤销都是否定了已经发出去的要约。其区别在于:要约的撤回发生在要约生效之前,而要约的撤销则是发生在要约生效之后。

5)要约的失效

《合同法》第 20 条规定:有下列情形之一的,要约失效:①拒绝要约的通知到达要约人;②要约人依法撤销要约;③承诺期限届满,受要约人未作出承诺;④受要约人对要约的内容作出实质性变更。

6)要约邀请

(1)要约邀请的概念和表现形式。要约邀请又称为要约引诱。《合同法》第 15 条规定:"要约邀请是希望他人向自己发出要约的意思表示。寄送的价目表、拍卖公告、招标公告、招股说明书、商业广告等为要约邀请。商业广告的内容符合要约规定的,视为要约。"寄送的价目表、拍卖公告、招标公告和商业广告都是对不特定相对人发出的信息。

(2)要约和要约邀请的区别。根据《合同法》第 14 条的规定,要约必须同时具备两个条件,一是内容具体确定;二是表明经受要约人承诺,要约人即受该意思表示约束。欠缺当中任何一个条件,都不能构成要约;欠缺当中的一个条件,可以构成要约邀请。要约邀请是行为人为寻找合同对象,使自己能发出要约,或唤起他人要约于自己的宣传引诱活动。

2. 承诺

1)承诺的概念

承诺是对要约的接受,是指受要约人接受要约中的全部条款,向要约人作出的同意按要约成立合同的意思表示。承诺与要约结合方能构成合同。《合同法》第21条规定:"承诺是受要约人同意要约的意思表示。"要约是一个诺言,承诺也是一个诺言,一个诺言代表一项债务,两个诺言取得了一致,就构成了一个合同。

2)承诺的构成要件

(1)承诺必须由受要约人作出。作出承诺的可以是受要约人本人,也可以是其授权代理人。受要约人以外的任何第三人即使知道要约的内容并就此作出同意的意思表示,也不能认为是承诺。

(2)承诺须向要约人作出。承诺是对要约内容的同意,须由要约人作为合同一方当事人。因此,承诺只能向要约人本人或其授权代理人作出,具有绝对的特定性,否则不为承诺。

(3)承诺的内容必须与要约的内容一致。若受要约人对要约的内容作实质性变更,则不为承诺,而视为新要约。

实质性变更指包括合同标的、质量、数量、价款或酬金、履行期限、履行地点和方式、违约责任和争议解决办法等的变更。

如果承诺对要约的内容作出非实质性变更的,除要约人及时表示反对或者要约表明承诺不得对要约的内容作出任何变更的以外,该承诺有效,合同的内容以承诺的内容为准。

(4)承诺应在有效期内作出。如果要约指定了有效期,则应在该有效期内作出承诺;如果要约未指定有效期,则应在合理期限内作出承诺。

要约以信件或者电报作出的,承诺期限自信件载明的日期或者电报交发之日开始计算。信件未载明日期的,自投寄该信件的邮戳日期开始计算。要约以电话、传真等快速通信方式作出的,承诺期限自要约到达受要约人时开始计算。

3)承诺的生效

(1)承诺生效时刻的确认。《合同法》规定:承诺应当在要约确定的期限内到达要约人。承诺不需要通知的,根据交易习惯或者要约的要求作出承诺的行为时生效。

采用数据电文形式订立合同的,收件人指定特定系统接收数据电文的,该数据电文进入该特定系统的时间,视为到达时间;未指定特定系统的,该数据电文进入收件人的任何系统的首次时间,视为到达时间。

承诺生效时合同成立。

(2)承诺期限的计算。依据《合同法》,要约以信件或者电报作出的,承诺期限自信件载明的日期或者电报交发之日开始计算。信件未载明日期的,自投寄该信件的邮戳日期开始计算。要约以电话、传真等快速通信方式作出的,承诺期限自要约到达受要约人时开始计算。

要约没有确定承诺期限的,承诺应当依照下列规定到达:

① 要约以对话方式作出的,应当即时作出承诺,但当事人另有约定的除外;

② 要约以非对话方式作出的,承诺应当在合理期限内到达。

4）承诺的撤回

承诺的撤回是指承诺发出之后,生效之前,承诺人阻止承诺发生法律效力的行为。

《合同法》第 27 条规定:"承诺可以撤回。撤回承诺的通知应当在承诺通知到达要约人之前或者与承诺通知同时到达要约人。"

需要注意的是,要约可以撤回,也可以撤销;但是承诺却只可以撤回,而不可以撤销。

5）承诺超期与承诺延误

承诺超期是指受要约人主观上超过承诺期限而发出承诺导致承诺迟延到达要约人。

《合同法》第 28 条规定:"受要约人超过承诺期限发出承诺的,除要约人及时通知受要约人该承诺有效的以外,为新要约。"

承诺延误是指受要约人发出的承诺由于外界原因而延迟到达要约人。

《合同法》第 29 条规定:"受要约人在承诺期限内发出承诺,按照通常情形能够及时到达要约人,但因其他原因承诺到达要约人时超过承诺期限的,除要约人及时通知受要约人因承诺超过期限不接受该承诺的以外,该承诺有效。"

3. 合同条款

1）合同的一般条款

《合同法》第 12 条规定,下述条款为合同一般条款。

（1）当事人的名称或姓名和住所。该条款主要反映合同当事人基本情况,明确合同主体。

确定名称的方法是:法人或其他组织应当以营业执照或者登记册上的名称为准;自然人应当以身份证载明的姓名为准。

确定住所的办法是:法人或者其他组织的主要办事机构所在地或者主要营业地为住所地,通过营业执照或者登记册上的信息来判断其住所是较安全的办法;自然人的户口所在地为住所地,若其经常居住地与户口所在地不一致的,以其经常居住地作为住所地。

确定住所对于合同义务的履行以及确定诉讼管辖具有重要意义。

（2）标的。标的是合同当事人权利义务指向的对象,是合同法律关系的客体。法律禁止的行为或者禁止流通物不得作为合同标的。

合同标的主要有财产、行为和工作成果。

（3）数量。数量是以数字和计量单位来衡量合同标的的尺度,决定标的大小、多少、轻重等。建设工程合同的数量条款应当注意遵守法定计量规则。

（4）质量。质量是标的内在质的规定性和外观形态的综合,包括标的内在的物理、化学、机械、生物等性质的规定性,以及性能、稳定性、能耗指标、工艺要求等。

在建设工程合同中,质量条款是多方面构成的,分布于合同的各个部分,例如,适用的标准或者规范要求、图纸标示或者描述、合同条款的界定。

（5）价款或酬金。价款或酬金指取得标的物或接受劳务的当事人所支付的对价。在以财产为标的的合同中,这一对价称为价款;在以劳务和工作成果为标的的合同中,这一对价称为酬金。

在建设工程合同中,价款或者酬金的条款通常涉及金额、计价模式、计价规则、调价安排、支付安排等内容。

（6）履行期限、地点和方式。合同的履行期限是指享有权利的一方要求义务相对方履行义务的时间范围。它是权利方要求义务方履行合同的依据,也是检验义务方是否按期履行或延迟履行的标准。在建设工程合同中,履行期限条款是那些约定施工工期或者提交成果的条款。

合同履行地点是合同当事人履行和接受履行合同义务的地点。建设工程施工合同的主要履行地点条款内容相对容易确定,即项目所在地。

履行方式是指当事人采取什么办法来履行合同规定的义务。建设工程施工合同中有关施工组织设计的条款,即为履行方式条款。

(7)违约责任。违约责任指违反合同义务应当承担的责任。违约责任条款设定的意义在于督促当事人自觉适当地履行合同,保护非违约方的合法权利。但是,违约责任的承担不一定通过合同约定。即使合同中未约定违约条款,只要一方违约并造成他方损失,就应依法承担违约责任。

(8)解决争议的方法。解决争议的方法指一旦发生纠纷,将以何种方式解决纠纷。合同当事人可以在合同中约定争议解决方式。

约定争议解决方式,主要是在仲裁与诉讼之间作选择。和解与调解并非争议解决的必经阶段。

2)建设工程施工合同的一般条款

根据《合同法》第275条,《建设工程施工合同》的一般条款包括:工程范围、建设工期、中间交工工程的开工和竣工时间、工程质量、工程造价、技术资料交付时间、材料和设备供应责任、拨款和结算、竣工验收、质量保修范围和质量保证期、双方相互协作。

3)格式条款

格式合同是以格式条款为基础的合同。"格式条款是当事人为了重复使用而预先拟定,并在订立合同时未与对方协商的条款"(《合同法》第39条第2款)。格式条款的运用,可以降低交易成本。格式合同中也可能存在非格式条款,格式合同中经常有一些空白条款由当事人填写,当事人填写的条款是非格式条款,如保险合同就是如此。非格式合同是当事人自由协商一致后订立的合同,非格式合同未采用事先拟定的固定条款。

(1)格式条款的订立规则。提供格式条款的一方应该按照公平原则来确定当事人的权利义务。因为格式条款是事先拟定、事先设计的,而且相对人不能更改(如飞机票上的格式条款),这些条款是"锅炉钢板"条款,相对人的合同自由受到了限制,相对人处于"要么接受,要么走开"的尴尬境地。为了维护相对人的利益,法律要求格式条款提供人按照公平原则来设计合同的条款。

提供格式条款的一方有提示义务。所谓提示义务,就是格式条款制作人对于免责条款要向相对人提示,使对方注意到免责条款。提示义务包括一般提示义务和特殊提示义务。免责条款是免除或者限制自己责任的条款。所谓一般提示义务,就是以社会一般人的认识水平为判断标准。如免责条款用黑体字、大号字,或者在免责条款下面用横线标注等。特殊提示义务是指对因老、弱、病、残而认知事物受到影响的人士要尽特殊提示义务。特殊提示义务,要求格式合同提供人明确向对方指出免责条款,必要的时候还应加以解释。违反特殊提示义务,导致免责条款对相对人不发生效力。其理由之一是:该免责条款未进入合同。

(2)格式条款的无效。《合同法》第40条规定:"格式条款具有本法第五十二条和第五十三条规定情形的,或者提供格式条款一方免除其责任、加重对方责任、排除对方主要权利的,该条款无效。"

① 违反《合同法》第 52 条的规定无效。《合同法》第 52 条是关于合同无效事由的规定,当然适用于免责条款。

② 违反《合同法》第 53 条的规定无效。《合同法》第 53 条是关于免责条款无效事由的规定。《合同法》第 53 条既适用于以格式条款形式出现的免责条款,也适用于以非格式条款出现的免责条款。利用格式条款免除了自己的瑕疵担保责任的,该免除无效。如商人贴出告示,商品出门一律不退。如果商品有质量问题,应当允许退货。

③ 利用格式化免责条款加重对方责任,排除对方主要权利的无效。有的学者对《合同法》第 40 条后半段分解为三种情况:第一,免除自己责任的无效;第二,加重对方责任的无效;第三,排除对方主要权利的无效。这是由于立法不严谨导致的理解错误。因为,免除自己责任的条款并非一概无效(见《合同法》第 39 条),利用格式化的免责条款加重对方责任、排除对方主要权利的,该条款才无效。

④ 格式条款的解释对格式条款的理解如果发生争议,要做不利于制作人、提供人的解释。《合同法》第 41 条规定:"对格式条款的理解发生争议的,应当按照通常理解予以解释。对格式条款有两种以上解释的,应当作出不利于提供格式条款一方的解释。格式条款和非格式条款不一致的,应当采用非格式条款。"

通常理解是以一般人的正常理解为衡量标准,是格式条款解释的第一步。

对格式条款有两种以上解释的,应当作出不利于提供格式条款一方的解释。这两种解释,可能都是通常的解释,或者孤立地看都有合理性。如果一个解释合法,另一个解释不合法,当然应当采用合法的解释。

4. 合同的形式

合同的形式,是合意的外在表现方式。合意是当事人表示意思的结合,是当事人思想意志的结合。这种结合,不能只停留在脑海之中,需要用外在的形式表现出来。这种外在的表现形式,就是合同。《合同法》第 10 条规定:"当事人订立合同,有书面形式、口头形式和其他形式。法律、行政法规规定采用书面形式的,应当采用书面形式。当事人约定采用书面形式的,应当采用书面形式。"据此,合同的形式可以分为口头形式、书面形式和其他形式。

1)口头形式

口头形式是以口头语言表达合意。口头形式多用于即时清结的合同。即时清结的合同,是指订立与履行同时完成的合同。口头形式的优点是迅速、简便,提高交易的效率。缺点是发生纠纷的时候,举证困难,不易分清是非,不利于交易安全的保护。我们常说"空口无凭",可以说是对口头形式合同弱点的概括。口头形式的运用,具有局限性。比如,进行不动产交易的时候,要办理过户手续,只有口头协议,没有书面形式的合同,主管登记的部门不予办理过户手续。

2)书面形式

书面形式是指合同书、信件和数据电文(包括电报、电传、传真、电子数据交换和电子邮件)等可以有形地表现所载内容的形式。

书面形式合同的优点是权利义务明确记载,便于履行,纠纷时易于举证和分清责任;缺点是制订过程比较复杂。

3)其他形式

其他形式指口头形式、书面形式之外的合同形式，即行为推定形式。《合同法》第36条规定，法律、行政法规规定或者当事人约定采用书面形式订立合同，当事人未采用书面形式但一方已经履行主要义务，对方接受的，该合同成立。

《最高人民法院关于适用〈中华人民共和国合同法〉若干问题的解释（二）》第2条规定："当事人未以书面形式或者口头形式订立合同，但从双方从事的民事行为能够推定双方有订立合同意愿的，人民法院可以认定是以《合同法》第10条第1款中的'其他形式'订立的合同。但法律另有规定的除外。"

5. 缔约过失责任

1）缔约过失责任概念和构成条件

缔约过失这个词是翻译过来的词，过失实际上讲的是过错，就是说，缔约责任是一种过错责任，既可因为故意也可因为过失造成缔约责任。如欺诈就是一种故意。缔约过失责任可以简称为缔约责任。缔约责任是指当事人因故意或者过失违反先合同义务致使合同不能产生效力应当承担的民事责任。这种民事责任主要表现为赔偿责任。缔约过错是于合同缔结之际发生的。《合同法》第42条就此作出了明确规定。

构成缔约过失责任应具备如下条件：

（1）该责任发生在订立合同的过程中。这是违约责任与缔约过失责任的根本区别。只有合同尚未生效，或者虽已生效但被确认无效或被撤销时，才可能发生缔约过失责任。合同是否有效存在，是判定是否存在缔约过失责任的关键。

（2）当事人违反了诚实信用原则所要求的义务。由于合同未成立，因此当事人并不承担合同义务。但是，在订约阶段，依据诚实信用原则，当事人负有保密、诚实等法定义务，这种义务也称前合同义务。若当事人因过错违反此义务，则可能产生缔约过失责任。

（3）受害方的信赖利益遭受损失。所谓信赖利益损失，指一方实施某种行为（如订约建议）后，另一方对此产生信赖（如相信对方可能与自己立约），并为此发生了费用，后因前者违反诚实信用原则导致合同未成立或者无效，该费用未得到补偿而受到的损失。

2）缔约过失责任的主要情形

《合同法》第42条规定了缔约过失责任主要包括如下三种情形：

（1）假借订立合同，恶意进行磋商。恶意磋商是在缺乏订立合同真实意愿情况下以订立合同为名目与他人磋商。其真实目的可能是破坏对方与第三方订立合同，也可能是贻误竞争对手商机等。

（2）故意隐瞒与订立合同有关的重要事实或者提供虚假情况。依诚实信用原则，缔约当事人负有如实告知义务，主要包括：告知自身财务状况和履约能力；告知标的物真实状况（包括瑕疵、性能、使用方法等）。若违反此项义务，即构成欺诈；若因此致对方受到损害，应负缔约过失责任。

（3）有其他违背诚实信用原则的行为。违反强行性规定以及胁迫、乘人之危、恶意串通、重大误解、显失公平等都可以构成缔约过错责任。当事人在缔结合同过程当中有可能接触到对方的商业秘密，就是经营信息和技术信息，应承担保密义务，否则可能构成缔约责任，也可能构成违约责任。《合同法》第43条规定："当事人在订立合同过程中知悉的商业秘密，无论合同是否成立，不得泄漏或者不正当使用。泄漏或者不正当地使用该商业秘密给对方造成损失的，应当承担损害赔偿责任。"违反保密义务也是一种侵权责任。

4.1.3　合同的效力

合同的效力又称合同的法律效力。合同效力是指依法成立的合同对当事人具有法律约束力。合同的效力,是法律赋予的。合同有效,当事人应按合同约定履行债务,实现债权,合同具有履行效力。如果无效,法律认定其不能产生当事人追求的法律后果,当事人不能按合同的约定履行债务,实现债权,故有人简称无效合同为不发生履行效力的合同,法律对当事人意图设立的债权债务关系不予认可和保护。

一、合同的生效

1.　合同成立

合同成立是指当事人完成了签订合同过程,并就合同内容协商一致。合同成立不同于合同生效。合同生效是法律认可合同效力,强调合同内容合法性。因此,合同成立体现了当事人的意志,而合同生效体现国家意志。

1)合同成立的一般要件

(1)存在订约当事人。合同成立首先应具备双方或者多方订约当事人,只有一方当事人不可能成立合同。例如,某人以某公司的名义与某团体订立合同,若该公司根本不存在,则可认为只有一方当事人,合同不能成立。

(2)订约当事人对主要条款达成一致。合同成立的根本标志是订约双方或者多方经协商,就合同主要条款达成一致意见。

(3)经历要约与承诺两个阶段。《合同法》第 13 条规定:"当事人订立合同,采取要约、承诺方式。"缔约当事人就订立合同达成合意,一般应经过要约、承诺阶段。若只停留在要约阶段,合同根本未成立。

2)合同成立时间

合同成立时间关系到当事人何时受合同关系拘束,因此合同成立时间具有重要意义。确定合同成立时间,应遵守如下规则:

根据《合同法》第 25 条规定:"承诺生效时合同成立。"鉴此,承诺生效的时间决定了合同成立时间。

根据《合同法》第 32 条:"当事人采用合同书形式订立合同的,自双方当事人签字或者盖章时合同成立。"各方当事人签字或者盖章的时间不在同一时间的,最后一方签字或者盖章时合同成立。《最高人民法院关于适用〈中华人民共和国合同法〉若干问题的解释(二)》第 5 条规定:"当事人采用合同书形式订立合同的,应当签字或者盖章。当事人在合同书上摁手印的,人民法院应当认定其具有与签字或者盖章同等的法律效力。"

根据《合同法》第 33 条:"当事人采用信件、数据电文等形式订立合同的,可以在合同成立之前要求签订确认书。签订确认书时合同成立。"此时,确认书具有最终正式承诺的意义。

3)合同成立地点

合同成立地点可能成为确定法院管辖的依据,因此具有重要意义。《合同法》第 34 条和第 35 条:"承诺生效的地点为合同成立的地点。采用数据电文形式订立合同的,收件人的主营业地为合同成立的地点;没有主营业地的,其经常居住地为合同成立的地点。当事人另有约定的,按照其约定。""当事人采用合同书形式订立合同的,双方当事人签字或者盖章的地点为合同成立的地点。"

2. 合同生效

合同生效指合同具备生效条件而产生法律效力。所谓产生法律效力指合同对当事人各方产生法律拘束力,即当事人的合同权利受法律保护,当事人的合同义务具有法律上的强制性。

合同生效需要具备以下要件:

(1)订立合同的当事人必须具有相应民事权利能力和民事行为能力。《合同法》第9条规定:"当事人订立合同,应当具有相应的民事权利能力和民事行为能力。"主体不合格,所订立的合同不能发生法律效力。

(2)意思表示真实。所谓意思表示真实指表意人的表示行为真实反映其内心的效果意思,即表示行为应当与效果意思相一致。

(3)不违反法律、行政法规的强制性规定,不损害社会公共利益。有效合同不仅不得违反法律、行政法规的强制性规定,而且不得损害社会公共利益。社会公共利益是一个抽象的概念,内涵丰富、范围宽泛,包含了政治基础、社会秩序、社会公共道德要求,可以弥补法律行政法规明文规定的不足,对于那些表面上虽未违反现行法律明文强制性规定但实质上损害社会公共利益的合同行为,具有重要的否定作用。

(4)具备法律所要求的形式。《民法通则》第56条规定:"民事法律行为可以采取书面形式、口头形式或者其他形式。法律规定是特定形式的,应当依照法律规定。"又根据《合同法》第44条:"依法成立的合同,自成立时生效。法律、行政法规规定应当办理批准、登记等手续生效的,依照其规定。"

3. 无效合同财产后果的处理

(1)返还财产。合同被确认无效后,因该合同取得的财产,应当予以返还。返还财产,是依据所有权返还,还是依据不当得利返还,目前还存在着争议。因我国《合同法》不承认无效合同的履行效力,因此,返还在原则上是根据所有权要求返还。

(2)折价补偿。不能返还或者没有必要返还的,应当折价补偿。折价补偿,不能使当事人从无效合同中获得利益,否则就违背了无效合同制度的初衷。为实现这一目标,可以同时适用追缴或罚款的措施。

(3)赔偿损失。赔偿损失以过错为条件。有过错的应当赔偿对方因此所受到的损失,双方都有过错的,应当各自承担相应的责任。

(4)收归国库所有、返还第三人。当事人恶意串通,损害国家、集体利益或者第三人利益的,因此取得的财产收归国家所有或者返还给第三人。收归国家所有又称为追缴。追缴的财产包括已经取得的财产和约定取得的财产。如果不追缴约定取得的财产,当事人仍会因无效合同获得非法利益。

二、无效合同和负责条款

1. 无效合同

无效合同是指虽经当事人协商成立,但因不符合法律要求而不予承认和保护的合同。

无效合同自始无效，在法律上不能产生当事人预期追求的效果。合同部分无效，不影响其他部分效力的，其他部分仍然有效。无效合同不发生效力是指不发生当事人所预期的法律效力。成立无效合同的行为可能具备侵权行为、不当得利、缔约过错要件而发生损害赔偿、返还不当得利的效力。无效合同是自始不发生当事人所预期的法律效力的合同。当事人不能通过同意或追认使其生效。这一点与无权代理、无权处分、限制行为能力人的行为不同，后者可以通过当事人的追认而生效。无效合同的无效性质具有必然性，不论当事人是否请求确认无效，人民法院、仲裁机关和法律规定的行政机关都可以确认其无效。

根据《合同法》第 52 条规定，无效合同的主要类型如下：

（1）一方以欺诈、胁迫的手段订立合同，损害国家利益。一方以欺诈、胁迫的手段订立合同，如果只是损害对方当事人的利益，则属于可撤销的合同。一方以欺诈、胁迫手段订立合同，损害了国家利益的，则为无效合同。

一份合同，同时存在无效事由和撤销事由的时候，合同只能确认无效，而不能按照可撤销处理，否则就会放纵当事人的违法行为。

（2）恶意串通，损害国家、集体或第三人利益的合同。恶意串通是指合同当事人或代理人在订立合同过程中，为谋取不法利益与对方当事人、代理人合谋实施的违法行为。比如，卖方的代理人甲某为了获取回扣，将卖方的标的物价格压低，买方和代理人甲某都得到了好处，而被代理人卖方却受到了损失。恶意串通成立的合同，行为人出于故意，而且合谋的行为人是共同的故意。行为人的故意，不一定都是当事人的故意，比如代理人与对方代理人串通，订立危害一方或双方被代理人的合同，就不是合同当事人的故意。行为人恶意串通是为了谋取非法利益，如在招标投标过程中，投标人之间恶意串通，以抬高或压低标价，或者投标人与招标人恶意串通以排挤其他投标人等。

（3）以合法形式掩盖非法目的。当事人订立的合同在形式上、表面上是合法的，但缔约目的是非法的，称为以合法的形式掩盖非法目的的合同。例如，订立假的买卖合同，目的是逃避法院的强制执行；订立假的房屋租赁合同以逃避税收等。

（4）损害社会公共利益。当事人订立的为追求自己利益，其履行或履行结果危害社会公共利益的合同或者为了损害社会公共利益订立合同都是损害社会利益的合同。比如，实施结果污染环境的合同，从事犯罪或者帮助犯罪的合同，损害公序良俗（公共秩序和善良风俗）的合同等，都是损害社会公共利益的合同。损害社会利益的合同，当事人主观上可能是故意，也可能是过失。

（5）违反法律、行政法规的强制性规定。强制性规定，又称为强行性规范，是任意性规范的对称。对强行性规范，当事人必须遵守，如果违反则导致合同无效；对任意性规范，当事人可以合意排除适用。全国人大和全国人大常委会颁布的法律中的强制性规范、国务院颁布的行政法规中的强制性规范，是确认合同效力的依据，不能以地方法规和规章作为否定合同效力的依据。

2．免责条款无效

免责条款，是指当事人在合同中约定免除或者限制其未来责任的合同条款；免责条款无效，是指没有法律约束力的免责条款。

《合同法》第 53 条规定："合同中的下列免责条款无效：（1）造成对方人身伤害的；（2）因故意或者重大过失造成对方财产损失的。"

人身安全权是不可转让、不可放弃的权利,也是法律重点保护的权利。因此不能允许当事人以免责条款的方式事先约定免除这种责任(这种责任通常表现为违约责任与侵权责任竞合)。对于财产权,不允许当事人预先约定免除一方故意或因重大过失而给对方造成的损失,否则会给一方当事人提供滥用权利的机会。

三、可变更、可撤销合同

1. 可变更、可撤销合同的概念

可变更、可撤销合同,是指合同当事人订立的合同欠缺生效条件时,一方当事人可以依照自己的意思,请求人民法院或仲裁机构作出裁判,从而使合同的内容变更或者使合同的效力归于消灭的合同。可变更、可撤销的合同,是指虽经当事人协商成立,但由于当事人的意思表示并非真意,经向法院或仲裁机关请求可以消灭其效力的合同。合同被撤销后就没有法律约束力。合同被撤销的,不影响合同中独立存在的有关解决争议方法的条款的效力。

对可撤销的合同,当事人可以向人民法院或仲裁机关请求变更或撤销。任何一方当事人认为合同是因重大误解订立的,或者是显失公平的,都可以向法院提出变更或撤销的请求。而以欺诈、胁迫手段或者乘人之危订立的合同,请求变更、撤销权专属于受损害方。也就是说,这种权利属于被欺诈、被胁迫和危难被乘的一方。

对可撤销的合同,有变更和撤销两种救济方法。当事人请求变更的,人民法院或者仲裁机构不得撤销。当事人请求撤销的,人民法院可以变更。这种规则,体现了《合同法》尽量保护交易关系的思想。

2. 可变更、可撤销合同的种类

依据《合同法》第 54 条,下列合同属于可变更、可撤销合同。

(1)因重大误解订立的合同。重大误解,是指当事人因对标的物等产生错误认识,致使该行为结果与自己的意思相悖,并造成较大损失的情形。因重大误解订立的合同,是已经成立的合同。不能将因重大误解而成立的合同与未成立的合同相混淆。如甲方要将标的物卖给乙方,而乙方以为是送给自己,甲乙双方没有达成合意,因此只能认定合同未成立,不能以重大误解为由进行救济。

(2)在订立合同时显失公平的合同。显失公平合同是合同当事人的权利、义务明显不对等,使某方遭受重大不利,而其他方获得不平衡的重大利益。《合同法》第 54 条规定,在订立合同时显失公平的,当事人一方有权请求人民法院或者仲裁机构变更或者撤销。

(3)因欺诈胁迫而订立的合同。根据我国合同法,因欺诈、胁迫而订立的合同应区分为两类:一类是以欺诈、胁迫的手段订立合同而损害国家利益的,应作为无效合同对待;另一类是以欺诈、胁迫的手段订立合同但未损害国家利益的,应作为可变更、可撤销合同处理,即被欺诈人、被胁迫人有权将合同变更或撤销。

(4)乘人之危而订立的合同。乘人之危订立合同,是指一方当事人乘对方处于危难之机,为谋取不正当利益,迫使对方违背自己的真实意愿与己订立合同。

3. 撤销权的行使

(1)行使撤销权的主体。如果出现上述可变更、可撤销合同,撤销权由重大误解的误解人、显

失公平的受害人、被欺诈方、被胁迫方、乘人之危的受害方行使。只有这些合同当事人才有权行使合同撤销权,对方当事人不享有撤销权。

(2)撤销权的内容。根据《合同法》第 54 条,一旦合同是可撤销的,则撤销权人可以申请法院或者仲裁机构撤销合同,也可以申请法院或者仲裁机构变更合同,当然,还可以不行使撤销权继续认可该合同的权利。如果撤销权人请求变更的,法院或者仲裁机构不得撤销。

(3)撤销权的行使范围。《合同法》第 56 条规定:"无效的合同或者被撤销的合同自始没有法律约束力。合同部分无效,不影响其他部分效力的,其他部分仍然有效。"

(4)可撤销合同被撤销的后果。合同是否无效、是否可被变更或撤销本身就属于争议的范畴之内,如果合同中有关解决争议方法的条款无效,则就无法确定确认合同本身是否有效或者是否可被变更或撤销的途径了。

《合同法》第 57 条、58 条、59 条规定:"合同无效、被撤销或者终止的,不影响合同中独立存在的有关解决争议方法的条款的效力。""合同无效或者被撤销后,因该合同取得的财产,应当予以返还;不能返还或者没有必要返还的,应当折价补偿。有过错的一方应当赔偿对方因此所受到的损失,双方都有过错的,应当各自承担相应的责任。""当事人恶意串通,损害国家、集体或者第三人利益的,因此取得的财产收归国家所有或者返还集体、第三人。"

(5)撤销权的消灭。可变更、可撤销合同的效力状态完全取决于撤销权人是否行使撤销权,以及如何行使撤销权。在其行动之前,合同效力状态是不确定的。为了维护交易秩序,法律不允许合同效力状态长期处于不稳定状态。

四、附条件合同和附期限合同

1. 附条件合同

所谓附条件合同是指在合同中规定了一定的条件,并且把该条件的成就与否作为合同效力发生或者效力消灭的根据的合同。附条件合同的主要作用在于反映当事人订立合同的动机,从而满足当事人的不同需要;而一般的合同只反映当事人的目的,而不反映当事人的动机。根据条件对合同效力的影响,可将所附条件分为生效条件和解除条件。

《合同法》第 45 条规定:"当事人对合同的效力可以约定附条件。附生效条件的合同,自条件成就时生效。附解除条件的合同,自条件成就时失效。"

2. 附期限合同

附期限合同指当事人在合同中设定一定的期限,并把未来期限的到来作为合同效力发生或者效力消灭的根据的合同。根据期限对合同效力的影响,可将所附期限分为生效期限和终止期限。

《合同法》第 46 条规定:"当事人对合同的效力可以约定附期限。附生效期限的合同,自期限届至时生效。附终止期限的合同,自期限届满时失效。"

4.1.4　合同的履行、变更、转让及终止

一、合同的履行

合同的履行,是债务人完成合同约定义务的行为,是法律效力的首要表现。当事人通过合意建立债权债务关系,而完成这种交易关系的正常途径就是履行。履行一般是作为方式,如交付标的物、交付货

款、加工制作、运输物品等,履行也可以是不作为,如当事人依照约定不参与某一交易。

当事人可以通过合意设定履行义务,但履行不是任意行为。《合同法》第60条规定:"当事人应当按照约定全面履行自己义务。当事人应当遵循诚实信用原则,根据合同的性质、目的和交易习惯履行通知、协助、保密等义务。"

（一）合同履行的规定

合同履行,是指合同当事人双方依据合同条款的规定,实现各自享有的权利,并承担各自负有的义务。合同的履行,就其实质来说,是合同当事人在合同生效后,全面地、适当地完成合同义务的行为。

从合同关系消灭的角度看,债务人全面适当地履行合同且债权人实现了合同目的,导致合同关系消灭;合同履行是合同关系消灭的主要的正常的原因。因此,合同履行又称为"债的清偿"。

1.合同履行的原则

《合同法》第60条规定:"当事人应当按照约定全面履行自己的义务。当事人应当遵循诚实信用原则,根据合同的性质、目的和交易习惯履行通知,协助、保密等义务。"根据这条规定,合同当事人履行合同时,应遵循以下原则:

(1)全面、适当履行的原则。全面、适当履行,是指合同当事人按照合同约定全面履行自己的义务,包括履行义务的主体、标的、数量、质量、价款或者报酬以及履行的方式、地点、期限等,都应当按照合同的约定全面履行。

(2)遵循诚实信用的原则。诚实信用原则,是我国《民法通则》的基本原则,也是《合同法》的一项十分重要的原则,它贯穿于合同的订立、履行、变更、终止等全过程。因此,当事人在订立合同时,要讲诚实,要守信用,要善意,当事人双方要互相协作,合同才能圆满地履行。

(3)公平合理,促进合同履行的原则。合同当事人双方自订立合同起,直到合同的履行、变更、转让以及发生争议时对纠纷的解决,都应当依据公平合理的原则,按照《合同法》的规定,根据合同的性质、目的和交易习惯善意地履行通知、协助和保密等附随义务。

(4)当事人一方不得擅自变更合同的原则。合同依法成立,即具有法律约束力,因此,合同当事人任何一方均不得擅自变更合同。《合同法》在若干条款中根据不同的情况对合同的变更,分别作了专门的规定。这些规定更加完善了我国的合同法律制度,并有利于促进我国社会主义市场经济的发展和保护合同当事人的合法权益。

2.合同履行的主体

合同履行的主体包括完成履行的一方(履行人)和接受履行的一方(履行受领人)。

完成履行的一方首先是债务人,也包括债务人的代理人。但是法律规定、当事人约定或者性质上必须由债务人本人亲自履行者除外。另外,当事人约定的债务人之外第三人也可为履行人。但是,约定代为履行债务的第三人的不履行责任却要由债务人承担。《合同法》第65条:"第三人不履行债务或者履行债务不符合约定,债务人应当向债权人承担违约责任。"

接受履行的一方首先是债权人,由债权人享有给付请求权及受领权。但是,在某些情况下,接受履行者也可以是债权人之外的第三人,如当事人约定由债务人向第三人履行债务。但是,债务人如果没有向约定受偿的第三人履行债务,却要向合同的债权人承担违约责任。《合同法》第64条规定:"债务人未向第三人履行债务或者履行债务不符合约定,应当向债权人承担违约责任。"

3. 合同条款空缺

1）合同条款空缺的概念

合同条款空缺是指所签订的合同中约定的条款存在缺陷或者空白点，使得当事人无法按照所签订的合同履约的法律事实。

当事人订立合同时，对合同条款的约定应当明确、具体，以便于合同履行。然而，由于某些当事人因合同法律知识的欠缺、对事物认识上的错误以及疏忽大意等原因，而出现欠缺某些条款或者条款约定不明确，致使合同难以履行。为了维护合同当事人的正当权益，法律规定允许当事人之间可以约定，采取措施，补救合同条款空缺的问题。

2）解决合同条款空缺的原则

为了解决合同条款空缺的问题，《合同法》第 61 条给出了原则性规定："合同生效后，当事人就质量、价款或者报酬、履行地点等内容没有约定或者约定不明确的，可以协议补充；不能达成补充协议的，按照合同有关条款或者交易习惯确定。"

对于"交易习惯"的认定，依据《最高人民法院关于适用〈中华人民共和国合同法〉若干问题的解释（二）》第 7 条，下列情形，不违反法律、行政法规强制性规定的，人民法院可以认定为《合同法》所称"交易习惯"：

（1）在交易行为当地或者某一领域、某一行业通常采用并为交易对方订立合同时所知道或者应当知道的做法。

（2）当事人双方经常使用的习惯做法。

对于交易习惯，由提出主张的一方当事人承担举证责任。

3）解决合同条款空缺的具体规定

依据《合同法》第 62 条，当事人就有关合同内容约定不明确，依照《合同法》第 61 条的规定仍不能确定的，适用下列规定：

（1）质量要求不明确的，按照国家标准、行业标准履行；没有国家标准、行业标准的，按照通常标准或者符合合同目的的特定标准履行。

（2）价款或者报酬不明确的，按照订立合同时履行地的市场价格履行；依法应当执行政府定价或者政府指导价的，按照规定履行。

（3）履行地点不明确，给付货币的，在接受货币一方所在地履行；交付不动产的，在不动产所在地履行；其他标的，在履行义务一方所在地履行。

（4）履行期限不明确的，债务人可以随时履行，债权人也可以随时要求履行，但应当给对方必要的准备时间。

（5）履行方式不明确的，按照有利于实现合同目的的方式履行。

（6）履行费用的负担不明确的，由履行义务一方负担。

（二）抗辩权

抗辩权是指在双务合同中，在符合法定条件时，当事人一方可以暂时拒绝对方当事人的履行要求的权利。包括同时履行抗辩权、先履行抗辩权和不安抗辩权。

双务合同中的抗辩权是对抗辩权人的一种保护措施，免除抗辩权人履行后得不到对方对应履行的风险;使对方当事人产生及时履行合同的压力;是重要的债权保障制度。行使抗辩权是正当的权利,而非违约,应受到法律保护,而不应当使行使抗辩权人承担违约责任等不利后果。

需要注意的是,抗辩权的行使只能暂时拒绝对方的履行请求,即中止履行,而不能消灭对方的履行请求权。一旦抗辩权事由消失,原抗辩权人仍应当履行其债务。

1. 同时履行抗辩权

1)概念

同时履行,是指合同订立后,在合同有效期限内,当事人双方不分先后地履行各自的义务的行为。

同时履行抗辩权,是指在没有规定履行顺序的双务合同中,当事人一方在当事人另一方未为对待给付以前,有权拒绝先为给付的权利。

双务合同是指当事人双方都有义务的合同。例如,施工承包合同就是双务合同,施工单位有义务要修建工程,建设单位有义务要支付工程款。只有一方有义务的合同称为单务合同,例如赠与合同就是单务合同。抗辩权必须适用于双务合同。

《合同法》第66条规定:"当事人互负债务,没有先后履行顺序的,应当同时履行。一方在对方履行之前有权拒绝其履行要求。一方在对方履行债务不符合约定时,有权拒绝其相应的履行要求。"

2)成立条件

(1)由同一双务合同产生互负的债务。双务合同是产生抗辩权的基础,单务合同中不存在抗辩权的问题。同时,当事人只有通过不履行本合同中的义务来对抗对方在本合同中的不履行,而不能用一个合同中的权利去对抗另一个合同。

(2)在合同中未约定履行顺序。这正是同时履行的本质。如果约定了履行顺序,其抗辩权就不是同时履行抗辩权,而是后面要提到的异时履行抗辩权了。

(3)当事人另一方未履行债务。只有一方未履行其义务,另一方才具有行使抗辩权的基本条件。

(4)对方的对待给付是可能履行的义务。倘若对方所负债务已经没有履行的可能性,即同时履行的目的已不可能实现时,则不发生同时履行抗辩问题,当事人可依照法律规定解除合同。

2. 先履行抗辩权

(1)先履行抗辩权的概念。先履行抗辩权是指当事人互负债务,有先后履行顺序的,先履行一方未履行债务或者履行债务不符合约定,后履行一方有权拒绝先履行一方的履行的请求。

《合同法》第67条规定:"当事人互负债务,有先后履行顺序,先履行一方未履行的,后履行一方有权拒绝其履行要求。先履行一方履行债务不符合约定的,后履行一方有权拒绝其相应的履行要求。"

(2)先履行抗辩权的成立条件:①由同一双务合同产生互负的对待给付债务;②合同中约定了履行的顺序;③应当先履行的合同当事人没有履行合同债务或者没有正确履行债务;④应当先履行的对待给付是可能履行的义务。

3. 不安抗辩权

1)概念

不安抗辩权是指具有先给付义务的一方当事人,当相对人财产明显减少或欠缺信用,不能保证对待给付时,拒绝自己给付的权利。

依据《合同法》第68条,应当先履行债务的当事人,有确切证据证明对方有下列情形之一的,可以中止履行:①经营状况严重恶化;②转移财产、抽逃资金,以逃避债务;③丧失商业信誉;④有丧失或者可能丧失履行债务能力的其他情形。

当事人没有确切证据中止履行的,应当承担违约责任。

2)成立条件

(1)双方当事人基于同一双务合同而互负债务。

(2)债务履行有先后顺序。

(3)履行顺序在后的一方履行能力明显下降,有丧失或者可能丧失履行债务能力的情形。

(4)履行顺序在后的当事人未提供适当担保。

3)先履行一方的权利和义务

先履行义务一方可以依法行使不安抗辩权,在行使不安抗辩权的过程中依法享有权利并承担义务。

《合同法》第69条规定:"当事人依照本法第68条的规定中止履行的,应当及时通知对方。对方提供适当担保时,应当恢复履行。中止履行后,对方在合理期限内未恢复履行能力并且未提供适当担保的,中止履行的一方可以解除合同。"

(三)代位权

代位权,是指债务人怠于行使其对第三人(次债务人)享有的到期债权,而有害于债权人的债权时,债权人为保障自己的债权而以自己的名义行使债务人对次债务人的债权的权利。《合同法》第73条规定:"因债务人怠于行使其到期债对债权人造成损害的,债权人可以向人民法院请求以自己的名义代位行使债务人的债权,但该债权专属于债务人自身的除外。代位权的行使范围以债权人的债权为限。债权人行使代位权的必要费用,由债务人负担。"具体地说,债权人行使代位权,是以自己作为原告,以次债务人为被告要求次债务人对债务人履行到期债务,直接向自己履行。

我国《合同法》颁布之前,在《民事诉讼法》的解释中,有类似于代位权的规定。这种规定被称为执行程序的代位权,它体现的仍然是当事人的实体权利,只不过在执行程序中得以行使。

1. 债权人行使代位权的法律规定

《合同法》第73条规定:"因债务人怠于行使到期债权,对债权人造成损害的,债权人可以向人民法院请求以自己的名义代位行使债务人的债权,但该债权专属于债务人自身的除外。

代位权的行使范围以债权人的债权为限。债权人行使代位权的必要费用,由债务人负担。

2. 代位权行使的条件

根据《最高人民法院关于适用〈中华人民共和国合同法〉若干问题的解释(一)》第11条规定,债权人提起代位权诉讼,应当符合下列条件:

(1)债权人对债务人的债权合法;

(2)债务人怠于行使其到期债权,对债权人造成损害;

(3)债务人的债权已到期;

(4)债务人的债权不是专属于债务人自身的债权。

3. 代位权行使的效力

1）代位权行使对当事人的效力

《最高人民法院关于适用〈中华人民共和国合同法〉若干问题的解释（一）》第20条规定："债权人向次债务人提起的代位权诉讼经人民法院审理后认定代位权成立的，由次债务人向债权人履行清偿义务，债权人与债务人、债务人与次债务人之间相应的债权债务关系即予消灭。"代位权的行使涉及三个法律关系。一是债权人与债务人之间的法律关系，二是债务人与次债务人之间的法律关系，同时代位权依法在债权人与次债务人之间形成的法律关系。代位权经人民法院认定成立并作出判决后，那么次债务人向债权人清偿。在相应的数额内，次债务人不再向债务人清偿，债务人不再向债权人清偿，即不能双重清偿。代位权成立后，债务人对相应债务免责，因为该债务已经转移给次债务人了。

2）代位权行使对其他债权人的效力

当债权人行使代位权被人民法院认定成立，作出判决以后，其他债权人能否分一杯羹？很多学者认为，债权是平等的，其他债权人当然可以按照比例清偿。应当指出，严格意义上的债权平等，是指债务人资不抵债的情况下，并进入破产程序时，对债权的公平清偿。当债务人不存在资不抵债的情况时，第三人的债权并没有被剥夺，债权平等权也没有被剥夺，他可以再起诉债务人，或者再起诉此债务人（行使代位权）以获得清偿。如果债务人资不抵债，而债权人又行使了代位权，其他债权人想获得公平清偿，只有一条路可走，就是提起破产程序。提起破产程序后，债权人（代位权人）请求强制执行的程序应当中止。经法院审理，认定债务人资不抵债，就债务人的财产（包括对次债务人的债权）由各债权人公平地受偿。

（四）撤销权

这里所说的撤销权，是保全权的一种，为区别合同撤销权，可称为保全撤销权。保全撤销权，是债权人对于债务人减少财产以致危害债权的行为，得请求法院予以撤销的权利。《合同法》第74条规定："因债务人放弃其到期债权或者无偿转让财产，对债权人造成损害的，债权人可以请求人民法院撤销债务人的行为。债务人以明显不合理的低价转让财产，对债权人造成损害，并且受让人知道该情形的，债权人也可以请求人法院撤销债务人的行为。撤销权的行使范围以债权人的债权为限。债权人行使撤销权的必要费用，由债务人负担。"

1. 债权人行使撤销权的法律规定

《合同法》第74条规定："因债务人放弃其到期债权或者无偿转让财产，对债权人造成损害的，债权人可以请求人民法院撤销债务人的行为。债务人以明显不合理的低价转让财产，对债权人造成损害，并且受让人知道该情形的，债权人也可以请求人民法院撤销债务人的行为。撤销权的行使范围以债权人的债权为限。债权人行使撤销权的必要费用，由债务人负担。"

2. 撤销权的行使期限

《合同法》第75条规定："撤销权自债权人知道或者应当知道撤销事由之日起一年内行使。自债务人的行为发生之日起五年内没有行使撤销权的，该撤销权消灭。"

二、合同的变更与转让

合同的变更和转让需要在一定条件下进行，否则合同的变更和转让不发生法律效力。合同变更或转让后,当事人的权利和义务也会随之发生变化。为了能够有效维护当事人的合法权益,需要掌握合同变更和转让的条件以及转让后的法律效果。

（一）合同的变更

合同的变更有广义与狭义的区分。

狭义的变更是指合同内容的某些变化,是在主体不变的前提下,在合同没有履行或没有完全履行前,由于一定的原因,由当事人对合同约定的权利义务进行局部调整。这种调整,通常表现为对合同某些条款的修改或补充。

广义的合同变更,除包括合同内容的变更以外,还包括合同主体的变更,即由新的主体取代原合同的某一主体,这实质上是合同的转让。合同内容的变更,是当事人之间民事关系的某种变化,它是本质意义上的变更,而合同主体的变更,则是合同某一主体与新的主体建立民事权利义务关系,因此,它不是本质意义上的变更。

1. 合同变更的分类

合同变更分为约定变更和法定变更。

（1）约定变更。当事人经过协商达成一致意见,可以变更合同。

《合同法》第 77 条规定:"当事人协商一致,可以变更合同。法律、行政法规规定变更合同应当办理批准、登记等手续的,依照其规定。"

（2）法定变更。法律也规定了在特定条件下,当事人可以不必经过协商而变更合同。《合同法》第 308 条规定:"在承运人将货物交付收货人之前,托运人可以要求承运人中止运输、返还货物、变更到达地或者将货物交给其他收货人,但应当赔偿承运人因此受到的损失。"

2. 合同变更的成立条件

（1）合同关系已经存在。合同变更是针对已经存在的合同,无合同关系就无从变更。合同无效、合同被撤销,视为无合同关系,也不存在合同变更的可能。

（2）合同内容发生变化。合同内容变更可能涉及合同标的变更、数量、质量、价款或者酬金、期限、地点、计价方式等。建设工程施工承包领域的设计变更即为涉及合同内容的变更。《合同法》第 78 条规定:"当事人对合同变更的内容约定不明确的,推定为未变更。"

（3）经合同当事人协商一致,或者法院、仲裁庭裁决,或者援引法律直接规定。

（4）符合法律、行政法规要求的方式。

（二）合同的转让

合同转让,即合同权利义务的转让,在习惯上又称为合同主体的变更,是以新的债权人代替原合同的债权人;或新的债务人代替原合同的债务人;或新的当事人承受债权,同时又承受债务。上述三种情况,第一种是债权转让;第二种是债务转移（债务承担）;第三是概括承受。合同的转让,体现了债权债务关系是动态的财产关系这一特性。

合同的转让,与合同的第三人履行或接受履行不同,第三人并不是合同的当事人,他只是代债务人履行义务或代债权人接受义务的履行。合同责任由当事人承担而不是由第三人承担。合同转让时,第三人成为合同的当事人。合同转让,虽然在合同内容上没有发生变化,但出现了新的债权人或债务人,故合同转让的效力在于成立了新的法律关系,即成立了新的合同,原合同应归于消灭,由新的债务人履行合同,或者由新的债权人享受权利。我国《民法通则》第 91 条规定:"合同一方将合同的权利、义务全部或者部分转让给第三人的,应当取得合同另一方的同意,并不得牟利。依照法律规定应当由国家批准的合同,需经原批准机关批准。但是,法律另有规定或者原合同另有约定的除外。"依法理,债权的转让一般不必经债务人同意。因为只要不增加债务人的负担,仅是改变债权人,一般不会增加债务人的负担。而债务的转让须经过债权人的同意,因为债务人的履行能力与能否满足债权有密切关系。我国现行立法对《民法通则》第 91 条的规定已经有所突破。如根据《担保法》第 22 条、第 23 条的规定,以及《合同法》第 80 条、第 84 条的规定,债权人转让债权,是依法转让、是通知转让,并不以债务人的同意为必要条件。而债务人转让债务须得到债权人的许可。

1. 合同转让的分类

合同转让的类型有:①合同权利转让;②合同义务转移;③合同权利义务概括转让(也称概括转移)。

2. 合同权利转让条件

(1)被转让的合同权利必须有效存在。无效合同或者已经被终止的合同不产生有效合同权利,不产生有效的合同权利转让。

(2)转让人与受让人达成合同权利转让的协议。受让人如果不接受该权利,合同权利是不能被转让的。

(3)被转让的合同权利应具有可转让性。《合同法》第 79 条规定:"债权人可以将合同的权利全部或者部分转让给第三人,但有下列情形之一的除外:①根据合同性质不得转让;②按照当事人约定不得转让;③依照法律规定不得转让。"

(4)符合法定的程序。

《合同法》第 80 条规定:"债权人转让权利的,应当通知债务人。未经通知,该转让对债务人不发生效力。债权人转让权利的通知不得撤销,但经受让人同意的除外。"

《合同法》第 87 条规定:"法律、行政法规规定转让权利或者转移义务应当办理批准、登记等手续的,依照其规定。"

3. 合同权利转让的效力

1)受让人成为合同新债权人

有效的合同转让将使转让人(原债权人)脱离原合同,受让人取代其法律地位而成为新的债权人。但是,在债权部分转让时,只发生部分取代,而由转让人和受让人共同享有合同债权。

2)其他权利随之转移

(1)从权利随之转移。《合同法》第 81 条规定:"债权人转让权利的,受让人取得与债权有关的从权利,但该从权利专属于债权人自身的除外。"

合同可以分为主合同和从合同。

主合同是指不以其他合同的存在为前提而独立存在和独立发生效力的合同。

从合同又称附属合同,是指不具备独立性,以其他合同的存在为前提而成立并发生效力的合同。

例如在借贷合同与担保合同中,借贷合同属于主合同,因为它能够单独存在,并不因为担保合同不存在而失去法律效力;而担保合同则属于从合同,它仅仅是为了担保借贷合同的正常履行而存在的,如果借贷合同因为借贷双方履行完合同义务而宣告合同效力解除后,担保合同就因为失去存在条件而失去法律效力。主合同和从合同的关系为：主合同和从合同并存时，两者发生互补作用。主合同无效或者被撤销，从合同也将失去法律效力；而从合同无效或者被撤销一般不影响主合同的法律效力。

主合同中的权利和义务称为主权利、主义务，从合同中的权利和义务称为从权利、从义务。

（2）抗辩权随之转移。由于债权已经转让，原合同的债权人已经由第三人代替，所以，债务人的抗辩权就不能再向原合同的债权人行使了，而要向接受债权的第三人行使。

《合同法》第 82 条规定："债务人接到债权转让通知后，债务人对让与人的抗辩，可以向受让人主张。"

（3）抵消权的转移。如果原合同当事人存在可以依法抵消的债务，则在债权转让后，债务人的抵消权可以向受让人主张。

《合同法》第 83 条规定："债务人接到债权转让通知时，债务人对让与人享有债权，并且债务人的债权先于转让的债权到期或者同时到期的，债务人可以向受让人主张抵消。"

4. 合同义务转移

1）合同义务转移的概念

合同义务转移是指在不改变合同权利义务内容基础上，承担合同义务的当事人将其义务转由第三人承担。合同义务转移可以分为合同义务全部转让和合同义务部分转让。

合同义务部分转移指合同原债务人并不脱离合同关系，而由第三人与原债务人共同承担债务。原债务人与第三人承担连带债务，除非当事人另有特别约定。

合同义务全部转移指第三人取代合同原债务人地位而承担全部债务，并使原债务人脱离合同关系。

2）合同义务转移的条件

合同义务只有在一定条件下方可转移。

（1）被转移的债务有效存在。本来不存在的债务、无效的债务或者已经终止的债务，不能成为债务承担的对象。

（2）第三人须与债务人达成协议。第三人如果不接受该债务，债务人是不可以将债务强行转移给第三人的。

（3）被转移的债务应具有可转移性。如下合同不具有可转移性：

其一，某些合同债务与债务人的人身有密切联系，诸如，以特定债务人特定技能为基础的合同（例如演出合同），以特别人身信任为基础的合同（例如委托合同），一般情况下，此类合同义务不具有可转移性。

其二，如果当事人特别约定合同债务不得转移，则这种约定应当得到遵守。

其三，如果法律强制性规范规定不得转让债务，则该合同债务不得转移。例如《建筑法》第 28 条规定，禁止承包单位将其承包的全部建筑工程转包给他人。这就属于法律强制性规范规定债务不得转移的情形。

（4）符合法定的程序。《合同法》第 84 条规定："债务人将合同的义务全部或者部分转移给第三人的，应当经债权人同意。"

债务转移同时也要遵守《合同法》第 87 条的规定，即"法律、行政法规规定转让权利或者转移义务应当办理批准、登记等手续的，依照其规定"。

3）合同义务转移的效力

（1）承担人成为合同新债务人。就合同义务全部转移而言，承担人取代债务人成为新的合同债务人，若承担人不履行债务，将由承担人直接向债权人承担违约责任；原债务人脱离合同关系。就合同义务部分转移而言，债务人与承担人成为连带债务人。

（2）抗辩权随之转移。由于债务已经转移，原合同的债务人已经由第三人代替，所以，债务人的抗辩权就只能由接受债务的第三人行使了。

《合同法》第 85 条规定："债务人转移义务的，新债务人可以主张原债务人对债权人的抗辩。"

（3）从债务随之转移。《合同法》第 86 条规定："债务人转移义务的，新债务人应当承担与主债务有关的从债务，但该从债务专属于原债务人自身的除外。"

5. 合同权利义务概括转移

1）合同权利义务概括转移的概念

合同权利义务概括转移是指合同当事人一方将其合同权利义务一并转让给第三方，由该第三方继受这些权利义务。

合同权利义务概括转移包括了全部转移和部分转移。全部转移指合同当事人原来一方将其权利义务全部转移给第三人。部分转移指合同当事人原来一方将其权利义务的一部分转移给第三人；此时转让人和承受人应约定各自分得的债权债务的份额和性质，若没有约定或者约定不明，应视为连带之债。

2）债权债务的概括转移的条件

（1）转让人与承受人达成合同转让协议。这是债权债务的概括转移的关键。如果承受人不接受该债权债务，则无法发生债权债务的转移。

（2）原合同必须有效。原合同无效不能产生法律效力，更不能转让。

（3）原合同为双务合同。只有双务合同才可能将债权债务一并转移，否则只能为债权让与或者是债务承担。

（4）符合法定的程序。《合同法》第 88 条规定："当事人一方经对方同意，可以将自己在合同中的权利和义务一并转让给第三人。"可见，经对方同意是概括转移的一个必要条件。因为概括转移包含了债务转移，而债务转移要征得债权人的同意。

《合同法》第 89 条规定："权利和义务一并转让的，适用本法第 79 条、第 81 条至第 83 条、第 85 条至第 87 条的规定。"这些条款涉及概括转移的效力，上文都有叙述，此处就不再对这些条款进行解释了。

3）企业的合并与分立涉及权利义务概括转移

企业合并指两个或者两个以上企业合并为一个企业。企业分立则指一个企业分立为两个及两个以上企业。

企业合并或者分立均可能出现某个企业被注销（被终止主体资格）的情况，那么该被注销的企业在合并或者分立之前所订立的合同权利义务如何处置呢？就此，《民法通则》第 4 条第 2 款规定："企业法人分立、合并，它的权利和义务由变更后的法人享有和承担。"《合同法》第 90 条规定："当事人订立合同后合并的，由合并后的法人或者其他组织行使合同权利，履行合同义务。当事人订立合同后分立的，除债权人和债务人另有约定的以外，由分立的法人或者其他组织对合同的权利和义务享有连带债权，承担连带债务。"

企业合并或者分立,原企业的合同权利义务将全部转移给新企业,这属于法定的权利义务概括转移,因此,不需要取得合同相对人的同意。

三、合同的终止

合同权利义务终止是指由于一定的法律事实发生,使合同设定的权利义务归于消灭的法律现象。合同权利义务终止是合同效力停止的表现,即合同当事人不再受合同约束。合同权利义务的终止与当事人的利益密切相关。

(一)合同的解除

合同解除是指在合同有效成立之后而没有履行完毕之前,当事人双方通过协议或者一方行使约定或法定解除权的方式,使当事人设定的权利义务关系终止的行为。

1. 合同解除的分类

根据《合同法》相关规定,合同解除可分为如下几类:

1)约定解除

《合同法》第 93 条规定:"当事人协商一致,可以解除合同。当事人可以约定一方解除合同的条件。解除合同的条件成就时,解除权人可以解除合同。"

通过这个条款,我们可以将约定解除再进一步分为:

(1)协商解除。协商解除是当事人就解除合同进行协商,达成一致意见后解除的合同。协商解除是当事人"以第二个合同解除第一个合同"。

(2)行使约定解除权的解除。当事人在签订合同时就约定了解除合同的条件,条件成就时,一方当事人就可以行使解除权而解除合同。

2)法定解除

法定解除是指在符合法定条件时,当事人一方有权通知另一方解除合同。

《合同法》第 94 条规定:有下列情形之一的,当事人可以解除合同:

(1)因不可抗力致使不能实现合同目的;

(2)在履行期限届满之前,当事人一方明确表示或者以自己的行为表明不履行主要债务;

(3)当事人一方迟延履行主要债务,经催告后在合理期限内仍未履行;

(4)当事人一方迟延履行债务或者有其他违约行为致使不能实现合同目的;

(5)法律规定的其他情形。

2. 解除权的行使

法定解除和行使约定解除权的解除并不是依法自动解除。

(1)解除权行使的期限。《合同法》第 95 条规定:"法律规定或者当事人约定解除权行使期限,期限届满当事人不行使的,该权利消灭。"

法律没有规定或者当事人没有约定解除权行使期限,经对方催告后在合理期限内不行使的,该权利消灭。"

(2)解除权行使的方式。《合同法》第 96 条规定:"当事人一方依照本法主张解除合同的,应当通知对方。合同自通知到达对方时解除。对方有异议的,可以请求人民法院或者仲裁机构确认解除合同的效力。法律、行政法规规定解除合同应当办理批准、登记等手续的,依照其规定。"

3. 合同解除的法律后果

《合同法》第97条规定："合同解除后，尚未履行的，终止履行；已经履行的，根据履行情况和合同性质，当事人可以要求恢复原状、采取其他补救措施，并有权要求赔偿损失。"

（二）合同权利义务终止的其他情形

根据《合同法》第91条规定，合同权利义务终止的原因有如下几类：

（1）因履行而终止。通过履行，合同当事人按照合同的约定实现债权，该债权即因达到目的而消灭，相应的合同债务随之消灭，即合同因履行而终止，也称合同因清偿而终止。

（2）因解除而终止。因合同当事人发出解除合同的意思表示，而使合同关系归于消灭，即合同因解除而终止。

（3）因抵消而终止。抵消，指双方互负债务且种类相同时，一方的债务与对方的债务在对等范围内相互消灭。在抵消范围内，合同关系因此而消灭。

（4）合同因提存而终止。提存，是指债权人无正当理由拒绝接受履行或其下落不明，或数人就同一债权主张权利，债权人一时无法确定，致使债务人一时难以履行债务，经公证机关证明或人民法院的裁决，债务人可以将履行的标的物提交有关部门保存的行为。

提存是债务履行的一种方式。如果超过法律规定的期限，债权人仍不领取提存标的物的，应收归国库所有。

自提存之日起，债务人的债务消灭，债权人的债权得到清偿，标的物所有权转归债权人。根据《合同法》第103条，自提存之日起，标的物毁损、灭失的风险也转归债权人。

提存部门有保管提存标的物的权利和义务，应采取适当措施保管提存标的物，有权收取提存费用。

根据《合同法》第104条，债权人有权随时领取提存物，但债权人对债务人负有到期债务的，在债权人未履行债务或者提供担保之前，提存部门根据债务人的要求应当拒绝其领取提存物。但是，债权人领取提存物的权利，自提存之日起五年内不行使将消灭，提存物扣除提存费用后归国家所有。

（5）合同因免除债务而终止。根据《合同法》第105条，免除债务指债权人可以依法全部或者部分抛弃自己的债权，从而全部或部分终止合同关系。免除是债权人处分自己权利的行为，但是，如果债权人对其债权丧失处分权（如债权人破产了），就不得认定为免除行为。

债权人免除债务意思，应由债权人向债务人作出表示，方式没有限制：可以口头，也可以书面，或者以行为，或者默示。一旦债权人作出免除的意思表示，就产生效力，不得任意撤回。

（6）合同因混同而终止。混同是指合同债权和债务同归一人。根据《合同法》第106条，混同通常使合同关系消灭，但是涉及第三人的利益除外。

混同的原因有：继承（债权人继承债务人财产，或者债务人继承债权人的债权）；作为债权人与债务人双方的企业合并；债务人的债务由债权人承担；债务人受让了债权人的债权。

4.1.5 违约责任与合同争议的解决

一、合同的违约责任

（一）违约责任的概念

违约责任，是指当事人由于过错而不能履行或不能完全履行合同约定的义务所应承担的法律责任。

违约责任有以下特点：违约责任产生的前提是当事人不履行有效成立的合同的义务，并且当事人有过错；违约责任的大小可以由当事人约定，这使得违约责任与侵权责任有所不同；违约责任具有补偿性，一般情况下都是为了补偿受害方的损失。

（二）承担违约责任的条件

当事人违约要承担违约责任，但并不是所有的违约行为都应承担违约责任，承担违约责任要具备一定的条件。承担违约责任的条件有：

当事人要有违反合同义务的行为，该行为的后果是对对方当事人造成了利益的损失；违约方具有过错，并且无论是故意过错还是过失过错。

有些情况下，当事人虽有违约行为，但可以不承担违约责任，《合同法》规定：因不可抗力的发生而导致当事人违约的，当事人不承担违约责任。所谓不可抗力，是指当事人不能预见、不能避免并不能克服的客观情况。但当足以导致当事人违约的不可抗力发生时，应及时将不可抗力发生的情况及时告知对方，并取得相应部门出具的不可抗力发生的证明。

（三）承担违约责任的主体

《合同法》第120条规定："当事人双方都违反合同的，应当各自承担相应的责任。"在现实中，许多情况下是双方当事人均有不同程度的违约行为存在。这时，双方应根据其违约行为给对方造成损害程度的大小承担相应的责任。

在建设工程合同中，双方违约的情形也较常见，发包方不按期支付工程款和承包方施工存在质量缺陷经常同时存在。

《合同法》第121条规定："当事人一方因第三人原因造成违约的，应当向对方承担违约责任。"当事人一方和第三人之间的纠纷，依照法律规定或者按照约定解决。这说明违约责任的承担者是合同的当事人，只要当事人一方有违约行为，而该违约行为不归责于不可抗力，就应当由当事人承担违约责任。违约当事人与第三人之间的关系属于合同以外关系，承担了违约责任的当事人可以依据公平原则再向该第三人要求赔偿。

（四）承担违约责任的方式

1. 违约金和赔偿金

违约金是指违约方根据法律或合同的约定，向对方支付的一定金额的货币，这个金额一般双方当事人事先在合同中约定。实际违约行为发生后，无论违约行为是否给对方造成损失，都要支付，如果约定的违约金过于高出实际损失，可以请求适当减少违约金数额；如果约定的违约金不足以弥补对方的实际损失，则可以请求增加违约金数额以弥补实际损失。

现实中，实际损失由于存在直接损失和间接损失，其计算有时很难有确切的标准，当事人容易由此引发进一步的纠纷。所以当事人在合同中约定违约责任条款时，也应同时约定实际损失的计算范围和计算办法，一般赔偿金的数额不得超过违反合同一方订立合同时预见到或应当预见到的因违反合同可能造成的损失。

2. 价格制裁

《合同法》第63条规定："执行政府定价或者政府指导价的，在合同约定的交付期限内政府价格调整时,按照交付时的价格计价。逾期交付标的物的,遇价格上涨时,按照原价格执行;价格下降时,按照新价格执行。逾期提取标的物或者逾期付款的,遇价格上涨时,按照新价格执行;价格下降时,按照原价格执行。"这一规定的实质是强制性执行对于违约方不利的价格,是对逾期交货或逾期付款这类违约行为进行的价格制裁。

3. 继续履行合同义务

对于履行非金钱债务的合同,违约方承担相应的法律责任后,如果对方要求继续履行合同的,违约方不得以已经承担了违约责任为由而拒绝继续履行合同。当然该项责任不是无限制的,如果该项履行在法律上或者事实上不能履行,债务的标的不适于强制履行或履行费用过高,或者债权人在合理期限内未要求履行时,便不能再适用继续履行义务的责任方式。

二、解决争议的方法

合同争议是指合同当事人双方对合同规定的权利和义务产生了不同的理解。当事人之间的合同多样而复杂,因合同引起相互间的争议是经常发生的。合同争议不可避免,争议一旦发生,当事人总是寻求能够尽快、公平、低成本地解决争议,为此法律规定当事人可以约定争议的解决方式。

解决争议的方式有协商、调解、仲裁和诉讼。

协商和调解是成本最低的解决争议的方式,但不具有法律上的强制约束力,因而也不是法定的纠纷解决的必经程序;仲裁和诉讼是具有法律效力的纠纷解决途径,仲裁裁决和诉讼判决都具有终局效力,当事人或寻求仲裁解决,或诉诸法院解决。当事人对此享有自主选择的权利。

仲裁是由合同双方当事人选定的仲裁机构或仲裁员,对合同争议依法作出具有法律约束力的书面裁决来解决争议的一种方法。当事人不愿协商、调解或协商、调解不成的,可以根据合同中的仲裁条款或事后达成的书面仲裁协议,提交仲裁机构仲裁。双方的仲裁协议一经成立即具有法律约束力。

仲裁机构受理仲裁案件并行使管辖的权力是根据仲裁协议规定享有的,仲裁委员会作出的生效的裁决书具有法律效力,当事人应当自觉执行裁决。不执行的,另一方当事人可以申请有管辖权的人民法院强制执行。裁决作出后,当事人就同一纠纷再申请仲裁或者向人民法院起诉,仲裁委员会或者人民法院不予受理。但当事人对仲裁协议的效力有异议的,可以请求仲裁委员会作出决定或者请求人民法院作出裁定。

诉讼是指合同当事人依法将合同争议提交人民法院受理,由人民法院依司法程序通过调查、作出判决、采取强制措施等来处理纠纷。当事人在合同中未约定仲裁条款,事后又未达成书面仲裁协议或者仲裁协议无效的,可以向法院起诉。

对于一般的合同争议,由被告住所地或合同履行地人民法院管辖。我国《民事诉讼法》也允许合同当事人在书面协议中选择被告住所地、合同履行地、合同签订地、原告住所地、标的物所在地人民法院管辖。对于建设工程合同的纠纷一般都适用不动产所在地的专属管辖,由工程所在地人民法院管辖。

4.1.6 合同担保

合同当事人可能会由于对方的违约而无法实现自身的利益。合同担保可以有效保障守约方利益。合同的担保活动由《中华人民共和国担保法》调整，《担保法》分为七章，共 96 条。分别对担保的五种方式，即保证、抵押、质押、留置和定金作了规定。

一、掌握合同担保的规定

1. 合同担保的含义

合同的担保是指合同当事人一方或第三方以确保合同能够切实履行为目的，应另一方要求，而采取的保证措施。

在工程建设活动中常见的担保形式有：预付款支付担保、投标担保、履约担保和工程款支付担保。

在担保法律关系中，担保权人就是债权人，担保人可能是债务人或者第三人。在我国《担保法》规定的五种担保形式中，保证的担保人只能是第三人；抵押和质押的担保人可以是债务人也可以是第三人；留置和定金的担保人只能是债务人。

合同的担保可以有效保证债权人权利的实现。

2. 担保活动的原则

《担保法》规定，担保活动应当遵循平等、自愿、公平、诚实信用的原则。

这四个原则也是《合同法》的基本原则。这里就不重复解释了。

3. 担保合同

从事担保活动需要签订担保合同，由担保合同约定有关担保的事项。担保合同是主合同的从合同，主合同无效，担保合同无效。

这是一般的规定，对于此，《担保法》第 5 条同时也规定了："担保合同另有约定的，按照约定。"

担保合同作为合同的一种，自然也存在无效的可能。如果担保合同无效，债权人的利益就无法得到保障，就要区分导致担保合同无效的原因追究责任以弥补债权人的损失。同时，由于导致担保合同无效的原因可能是基于违反了法律，当事人可能也要承担责任。《担保法》第 5 条规定："担保合同被确认无效后，债务人、担保人、债权人有过错的，应当根据其过错各自承担相应的民事责任。"

二、掌握合同担保的方式

1. 保证

保证，是指保证人和债权人约定，当债务人不履行债务时，保证人按照约定履行债务或者承担责任的行为。

1）保证合同

保证人与债权人应当以书面形式订立保证合同。保证合同应当包括以下内容：①被保证的主债权种类、数额；②债务人履行债务的期限；③保证的方式；④保证担保的范围；⑤保证的期间；⑥双方认为需要约定的其他事项。保证合同不完全具备前款规定内容的，可以补正。

保证人与债权人可以就单个主合同分别订立保证合同，也可以协议在最高债权额限度内就一定期间连续发生的借款合同或者某项商品交易合同订立一个保证合同。

2）担保范围

保证担保的范围包括主债权及利息、违约金、损害赔偿金和实现债权的费用。保证合同另有约定的，按照约定。

当事人对保证担保的范围没有约定或者约定不明确的,保证人应当对全部债务承担责任。保证人承担保证责任后,有权向债务人追偿。

3)保证人的资格条件

《担保法》第7条规定:"具有代为清偿债务能力的法人、其他组织或者公民,可以做保证人。"

同时,《担保法》也规定了下列单位不可以做保证人:

(1)国家机关不得为保证人,但经国务院批准为使用外国政府或者国际经济组织贷款进行转贷的除外。

(2)学校、幼儿园、医院等以公益为目的的事业单位、社会团体不得为保证人。

(3)企业法人的分支机构、职能部门不得为保证人。企业法人的分支机构有法人书面授权的,可以在授权范围内提供保证。

4)保证方式

保证的方式分为:一般保证和连带责任保证。当事人对保证方式没有约定或者约定不明确的,按照连带责任保证承担保证责任。

(1)一般保证。一般保证是指债权人和保证人约定,首先由债务人清偿债务,当债务人不能清偿债务时,才由保证人代为清偿债务的保证方式。

《担保法》第17条规定:"一般保证的保证人在主合同纠纷未经审判或者仲裁,并就债务人财产依法强制执行仍不能履行债务前,对债权人可以拒绝承担保证责任。"

(2)连带责任保证。连带责任保证是指当事人在保证合同中约定保证人与债务人对债务承担连带责任的保证方式。

《担保法》第18条规定:"连带责任保证的债务人在主合同规定的债务履行期届满没有履行债务的,债权人可以要求债务人履行债务,也可以要求保证人在其保证范围内承担保证责任。"

5)保证期间

(1)保证期间的含义。保证期间是指保证人承担保证责任的期间。《担保法》规定:一般保证的保证人与债权人未约定保证期间的,保证期间为主债务履行期届满之日起六个月。在合同约定的保证期间和前款规定的保证期间,债权人未对债务人提起诉讼或者申请仲裁的,保证人免除保证责任;债权人已提起诉讼或者申请仲裁的,保证期间适用诉讼时效中断的规定。

连带责任保证的保证人与债权人未约定保证期间的,债权人有权自主债务履行期届满之日起六个月内要求保证人承担保证责任。在合同约定的保证期间和前款规定的保证期间,债权人未要求保证人承担保证责任的,保证人免除保证责任。

(2)保证期间内的合同变更。保证期间,债权人依法将主债权转让给第三人的,保证人在原保证担保的范围内继续承担保证责任。保证合同另有约定的,按照约定。

保证期间,债权人许可债务人转让债务的,应当取得保证人书面同意,保证人对未经其同意转让的债务,不再承担保证责任。

债权人与债务人协议变更主合同的,应当取得保证人书面同意,未经保证人书面同意的,保证人不再承担保证责任。保证合同另有约定的,按照约定。

2. 抵押

抵押,是指债务人或者第三人不转移对财产的占有,将该财产作为债权的担保。债务人不履行债务时,债权人有权依照《担保法》规定以该财产折价或者以拍卖、变卖该财产的价款优先受偿的担保方式。

抵押担保的当事人包括:抵押权人、抵押人。其中,抵押权人就是债权人,抵押人包括债务人或者第三人。提供担保的财产为抵押物。

1)抵押合同

抵押人和抵押权人应当以书面形式订立抵押合同。抵押合同应当包括以下内容:①被担保的主债权种类、数额;②债务人履行债务的期限;③抵押物的名称、数量、质量、状况、所在地、所有权权属或者使用权权属;④抵押担保的范围;⑤当事人认为需要约定的其他事项。抵押合同不完全具备前款规定内容的,可以补正。

订立抵押合同时,抵押权人和抵押人在合同中不得约定在债务履行期届满抵押权人未受清偿时,抵押物的所有权转移为债权人所有。

2)抵押担保范围

抵押担保的范围包括主债权及利息、违约金、损害赔偿金和实现抵押权的费用。抵押合同另有约定的,按照约定。

为债务人抵押担保的第三人,在抵押权人实现抵押权后,有权向债务人追偿。

3)抵押物

(1)可以作为抵押物的财产。根据《担保法》,下列财产可以抵押:抵押人所有的房屋和其他地上定着物;抵押人所有的机器、交通运输工具和其他财产;抵押人依法有权处分的国有的土地使用权、房屋和其他地上定着物;抵押人依法有权处分的国有的机器、交通运输工具和其他财产;抵押人依法承包并经发包方同意抵押的荒山、荒沟、荒丘、荒滩等荒地的土地使用权;依法可以抵押的其他财产。

抵押人可以将前款所列财产一并抵押。

以依法取得的国有土地上的房屋抵押的,该房屋占用范围内的国有土地使用权同时抵押。

以出让方式取得的国有土地使用权抵押的,应当将抵押时该国有土地上的房屋同时抵押。

乡(镇)、村企业的土地使用权不得单独抵押。以乡(镇)、村企业的厂房等建筑物抵押的,其占用范围内的土地使用权同时抵押。

(2)禁止抵押的财产。根据《担保法》,下列财产不得抵押:①土地所有权;②耕地、宅基地、自留地、自留山等集体所有的土地使用权,但上文明确规定可以抵押的除外;③学校、幼儿园、医院等以公益为目的的事业单位、社会团体的教育设施、医疗卫生设施和其他社会公益设施;④所有权、使用权不明或者有争议的财产;⑤依法被查封、扣择、监管的财产;⑥依法不得抵押的其他财产。

4)抵押合同的生效

抵押合同生效分为两种情况:抵押合同自登记之日起生效和抵押合同自签订之日起生效。

(1)抵押合同自登记之日起生效。以下列财产进行抵押的,抵押合同自登记之日起生效。其登记部门也由于抵押物的不同而不同:①以无地上定着物的土地使用权抵押的,为核发土地使用权证书的土地管理部门;②以城市房地产或者乡(镇)、村企业的厂房等建筑物抵押的,为县级以上地方人民政府规定的部门;③以林木抵押的,为县级以上林木主管部门;④以航空器、船舶、车辆抵押的,为运输工具的登记部门;⑤以企业的设备和其他动产抵押的,为财产所在地的工商行政管理部门。

（2）抵押合同自签订之日起生效。当事人以其他财产抵押的，可以自愿办理抵押物登记，抵押合同自签订之日起生效。当事人办理抵押物登记的，登记部门为抵押人所在地的公证部门。

5）抵押的效力

债务履行期届满，债务人不履行债务致使抵押物被人民法院依法扣押的，自扣押之日起抵押权人有权收取由抵押物分离的天然孳息以及抵押人就抵押物可以收取的法定孳息。抵押权人未将扣押抵押物的事实通知应当清偿法定孳息的义务人的，抵押权的效力不及于该孳息。前款孳息应当先充抵收取孳息的费用。

抵押期间，抵押人转让已办理登记的抵押物的，应当通知抵押权人并告知受让人转让物已经抵押的情况；抵押人未通知抵押权人或者未告知受让人的，转让行为无效。

转让抵押物的价款明显低于其价值的，抵押权人可以要求抵押人提供相应的担保；抵押人不提供的，不得转让抵押物。

抵押人转让抵押物所得的价款，应当向抵押权人提前清偿所担保的债权或者向与抵押权人约定的第三人提存。超过债权数额的部分，归抵押人所有，不足部分由债务人清偿。

抵押人的行为足以使抵押物价值减少的，抵押权人有权要求抵押人停止其行为。抵押物价值减少时，抵押权人有权要求抵押人恢复抵押物的价值，或者提供与减少的价值相当的担保。

抵押人对抵押物价值减少无过错的，抵押权人只能在抵押人因损害而得到的赔偿范围内要求提供担保。抵押物价值未减少的部分，仍作为债权的担保。

抵押权因抵押物灭失而消灭。因灭失所得的赔偿金，应当作为抵押财产。

6）抵押权的实现

债务履行期届满抵押权人未受清偿的，可以与抵押人协议以抵押物折价或者以拍卖、变卖该抵押物所得的价款受偿；协议不成的，抵押权人可以向人民法院提起诉讼。

抵押物折价或者拍卖、变卖后，其价款超过债权数额的部分归抵押人所有，不足部分由债务人清偿。

同一财产向两个以上债权人抵押的，拍卖、变卖抵押物所得的价款按照以下规定清偿：

（1）抵押合同已登记生效的，按照抵押物登记的先后顺序清偿；顺序相同的，按照债权比例清偿。

（2）抵押合同自签订之日起生效的，该抵押物已登记的，按照第（1）项规定清偿；未登记的，按照合同生效时间的先后顺序清偿，顺序相同的，按照债权比例清偿。抵押物已登记的先于未登记的受偿。

3. 质押

质押是指债务人或者第三人将其动产或权利移交债权人占有，将该动产作为债权的担保。债务人不履行债务时，债权人有权依照本法规定以该动产折价或者以拍卖、变卖该动产的价款优先受偿的担保方式。

质押担保的当事人包括：质权人、出质人、债务人。其中，质权人就是债权人，出质人包括第三人或债务人。移交的动产或权利叫质物。

1）质押合同

出质人和质权人应当以书面形式订立质押合同。质押合同自质物移交于质权人占有时生效。

质押合同应当包括以下内容:

(1)被担保的主债权种类、数额;

(2)债务人履行债务的期限;

(3)质物的名称、数量、质量、状况;

(4)质押担保的范围;

(5)质物移交的时间;

(6)当事人认为需要约定的其他事项。

质押合同不完全具备前款规定内容的,可以补正。

出质人和质权人在合同中不得约定在债务履行期届满质权人未受清偿时,质物的所有权转移为质权人所有。

2)质押担保范围

质押担保的范围包括主债权及利息、违约金、损害赔偿金、质物保管费用和实现质权的费用。质押合同另有约定的,按照约定。

为债务人质押担保的第三人,在质权人实现质权后,有权向债务人追偿。

3)质押担保的分类

因质物的不同,质押担保可以分为动产质押和权利质押。

(1)动产质押。

① 质权人的权利。质权人有权收取质物所生的孳息。质押合同另有约定的,按照约定。前款孳息应当先充抵收取孳息的费用。

质物有损坏或者价值明显减少的可能,足以危害质权人权利的,质权人可以要求出质人提供相应的担保。出质人不提供的,质权人可以拍卖或者变卖质物,并与出质人协议将拍卖或者变卖所得的价款用于提前清偿所担保的债权或者向与出质人约定的第三人提存。

② 质权人的义务。质权人负有妥善保管质物的义务。因保管不善致使质物灭失或者毁损的,质权人应当承担民事责任。

质权人不能妥善保管质物可能致使其灭失或者毁损的,出质人可以要求质权人将质物提存,或者要求提前清偿债权而返还质物。

质权因质物灭失而消灭。因灭失所得的赔偿金,应当作为出质财产。

③ 质权的实现。债务履行期届满债务人履行债务的,或者出质人提前清偿所担保的债权的,质权人应当返还质物。

债务履行期届满质权人未受清偿的,可以与出质人协议以质物折价,也可以依法拍卖、变卖质物。

质物折价或者拍卖、变卖后,其价款超过债权数额的部分归出质人所有,不足部分由债务人清偿。

(2)权利质押。

① 权利质押合同的生效。以汇票、支票、本票、债券、存款单、仓单、提单出质的,应当在合同约定的期限内将权利凭证交付质权人。质押合同自权利凭证交付之日起生效。

以依法可以转让的股票出质的,出质人与质权人应当订立书面合同,并向证券登记机构办理出质登记。质押合同自登记之日起生效。

以依法可以转让的商标专用权,专利权、著作权中的财产权出质的,出质人与质权人应当订立书面合同,并向其管理部门办理出质登记。质押合同自登记之日起生效。

② 当事人的权利、义务。以载明兑现或者提货日期的质物出质且该兑现或者提货日期先于债务履行期的,质权人可以在债务履行期届满前兑现或者提货,并与出质人协议将兑现的价款或者提取的货物用于提前清偿所担保的债权或者向与出质人约定的第三人提存。

股票出质后,不得转让,但经出质人与质权人协商同意的可以转让。出质人转让股票所得的价款应当向质权人提前清偿所担保的债权或者向与质权人约定的第三人提存。

以依法可以转让的商标专用权,专利权、著作权中的财产权出质的,权利出质后,出质人不得转让或者许可他人使用,但经出质人与质权人协商同意的可以转让或者许可他人使用。出质人所得的转让费、许可费应当向质权人提前清偿所担保的债权或者向与质权人约定的第三人提存。

4. 留置

留置,是指债权人按照合同约定占有债务人的动产,债务人不按照合同约定的期限履行债务的,债权人有权依照《担保法》规定留置该财产,以该财产折价或者以拍卖、变卖该财产的价款优先受偿的担保方式。

因保管合同、运输合同、加工承揽合同发生的债权,债务人不履行债务的,债权人有留置权。法律规定可以留置的其他合同,也适用留置的法律规定。

(1)留置担保的范围。留置担保的范围包括主债权及利息、违约金、损害赔偿金,留置物保管费用和实现留置权的费用。

(2)留置物。依法被留置的财产为留置物。留置的财产为可分物的,留置物的价值应当相当于债务的金额。当事人可以在合同中约定不得留置的物。债权人负有妥善保管留置物的义务。因保管不善致使留置物灭失或者毁损的,债权人应当承担民事责任。

(3)留置权的实现。债权人与债务人应当在合同中约定,债权人留置财产后,债务人应当在不少于两个月的期限内履行债务。债权人与债务人在合同中未约定的,债权人留置债务人财产后,应当确定两个月以上的期限,通知债务人在该期限内履行债务。债务人逾期仍不履行的,债权人可以与债务人协议以留置物折价,也可以依法拍卖、变卖留置物。

留置物折价或者拍卖、变卖后,其价款超过债权数额的部分归债务人所有,不足部分由债务人清偿。

5. 定金

定金是以一方当事人向另一方当事人提供一定数额的金钱作为担保的担保方式。定金应当以书面形式约定。当事人在定金合同中应当约定交付定金的期限。定金合同从实际交付定金之日起生效。定金的数额由当事人约定,但不得超过主合同标的额的20%。债务人履行债务后,定金应当抵作价款或者收回。给付定金的一方不履行约定的债务的,无权要求返还定金;收受定金的一方不履行约定的债务的,应当双倍返还定金。

【案例4-1】 某建材供应公司因在某甲市A单位订购的水泥没能及时达到,不能向客户(施工单位)交货,情急之下,立即向乙市B单位发出电报,要求立即给自己发出500t水泥,价钱按过去购买该单位的水泥的价格计算。乙市 B 单位收到电报后,立即回电说:按某建材供应公司的意见办;立即发货,货到贵公司后请将货款汇到乙市 B 单位账户。乙市 B 单位发货后,甲市 A 单位的水泥也运到该建材公司。两地水泥均运到建材公司后,建材公司没有更多的销售渠道,便去电乙市 B 单位请求退货。B 单位不允,建材公司便以双方没有签订书面合同为由拒收。双方成讼,诉至法院。法院判决建材公司败诉。

此案建材公司之所以败诉,是因为建材公司与乙市 B 单位虽没有签订正式的书面合同书,但并非它们之间没有书面合同。它们之间的书面合同是双方往来的电报。建材公司需要水泥,发电报给乙市 B 单位,该电报提出了购货的名称、数量、价格、交货地点等等。很显然,该电报具有书面要约性质。B 单位收到电报后立即回电,表示同意按建材公司的意见办。这是书面承诺。有要约和承诺,双方协商一致,合同成立。合同成立后,B 单位按约发货,履行了合同义务。建材公司拒收,属于违约,当然败诉。此案的关键是建材公司仅仅将合同书认为是书面合同,而不知道信件、数据电文包括电报、电传、传真、电子数据和电子邮件等均是合同的书面形式,故构成违约,其败诉理所当然。

【案例 4-2】　甲公司与乙公司以合同书形式订立合同。甲公司的经理李某持甲公司的授权委托书在合同上签名并盖上了甲公司的合同专用章。乙公司董事长张某由于疏忽,未带公章,只在合同书上签上了自己的名字,表示几天后再加盖公章。后来,张某见市场行情有变,此合同有可能对自己不利,于是迟迟不在合同上加盖公章。当合同约定的履行期限到来时,甲公司要求乙公司履行合同,乙公司以未盖公章、合同未成立为由拒绝,甲公司因此而蒙受损失。

合同的成立,是指订约当事人就合同的主要条款达成合意。本案例中合同已成立,已构成法律事实,故乙公司应承担违约责任。

【案例 4-3】　某三级建筑甲公司为了承揽超越自己资质许可范围的工程,在征得该公司主管领导同意的情况下,与某特级总承包企业乙公司签订了一个合同。合同内容包括如下内容:"由甲公司以乙公司的名义承揽某建筑工程,由某建筑甲公司实际承建,某公司向乙公司支付管理费为合同价的 10%。如出现工程质量事故,由乙公司承担责任。"虽然合同有免责条款,但该合同违反了法律规定,属于无效合同

【案例 4-4】　2011 年 8 月甲公司与乙公司签订订货合同,约定甲公司向乙公司购买强力胶一批,总计 40 万元。2011 年 9 月,甲公司发传真要求乙公司生产一个 20 英尺的集装箱用于运货。乙公司表示同意。2011 年 12 月乙公司向甲公司发给胶水的发票、装箱单及证明,后出具提单品名为胶水,托运方货运及一个 40 英尺的集运箱,同时要求甲公司将余款支付完毕。甲公司表示异议,要求检验货物,乙公司不同意。甲公司不支付余款。注意本案例中合同中并没有对检验货进行约定,乙公司拒绝检验不违反合同的规定,甲公司以集运箱型号不符为由怀疑质量为问题,不符合不安抗辩权的法定情形,故甲公司违约。

【案例 4-5】　乙是某市建材经销商,长期从甲处进口实木地板,后来甲要求乙结清 24 万元货款,乙表示无力偿还。甲随后查明乙曾销售一批价值 30 万元瓷砖给丙,丙一直拖欠未付货款。则甲行使代位权,可以直接起诉丙,代位权的行使范围以债权人的债权为限,只能要求其偿还 24 万元。

【案例4-6】 甲公司需要装修办公大楼,乙公司与之洽商,提出预算:装修工程需要100万元的报酬,粉刷材料(油漆等)需要100万。甲公司认可了乙公司的预算。乙公司又提出:只要100万元的报酬,自己仓库里有价值100万元的油漆等粉刷材料无偿奉送。甲公司欣然允诺,与乙公司签订了装修合同。装修完工,验收合格,但甲公司一分钱不给。乙公司曾通过某法律事务所要钱未果。在甲、乙订立合同之前,乙公司欠丙方公司货款200万元,现乙公司无力偿还。请问,丙公司可以采取哪些法律手段保护自己的利益。

甲公司欠乙公司200万元。其中100万元报酬,丙公司可以行使代位权;另外100万元材料费,丙公司可以行使撤销权。

【案例4-7】

1. 背景

某房地产开发公司甲在某市老城区参与旧城改造建设,投资3亿元,修建1个四星级酒店,2座高档写字楼,6栋宿舍楼,建筑工期为20个月,该项目进行了公开招标,某建筑工程总公司乙中标,甲与乙签订工程总承包合同,双方约定:必须保证工程质量优良,保证工期,乙可以将宿舍楼分包给其下属分公司施工。乙为保证、工程质量与工期,将6楼宿舍楼分包给施工能力强、施工整体水平高的下属分公司丙与丁,并签订分包协议书。根据总包合同要求,在分包协议中对工程质量与工期进行了约定。

工程根据总包合同工期要求按时开工,在工程实施过程中,乙保质按期完成了酒店与写字楼的施工任务。丙在签订分包合同后因其资金周转困难,随后将工程转交给了一个具有施工资质的施工单位,并收取10%的管理费,丁为加快进度,将其中1栋单体宿舍楼分包给没有资质的农民施工队。

工程竣工后,甲会同有关质量监督部门对工程进行验收,发现丁施工的宿舍存在质量问题,必须进行整改才能交付使用,给甲带来了损失,丁以与甲没有合同关系为由拒绝承担责任,乙又以自己不是实际施工人为由推卸责任,甲遂以乙为第一被告、丁为第二被告向法院起诉。

2. 问题

(1)请问上述背景资料中,丙与丁的行为是否合法? 各属于什么行为?

(2)这起事件应该由谁来承担责任? 为什么?

(3)法律法规规定的违法分包行为主要有哪些?

3. 分析与答案

(1)不合法。丙的行为属于非法转包行为,丁作为分包单位,将工程再分包给没有资质的农民施工队,属违法分包行为。

(2)在此事件中,丁施工的工程质量有问题,给甲带来了损失,乙和丁应对工程质量问题向甲承担连带责任。因为乙作为该工程的总承包单位与丁之间是总包与分包的关系,根据《合同法》与《建筑法》的规定,总包单位依法将建设工程分包给其他单位的,分包单位应当按照分包合同的约定对其分包工程的质量向总承包单位负责,总承包单位与分包单位对分包的工程质量承担连带责任。

(3)违法分包行为主要有:总承包单位将建设工程分包给不具备相应资质条件的单位;建设工程总承包合同中未约定,又未经建设单位认可,承包单位将其承包的部分建设工程交由其他单位完成的；施工总承包单位将建设工程主体结构的施工分给其他单位；分包单位将其分包的建设工程再分包的。

任务2　认知建设工程合同类型

4.2.1　建设工程施工合同基本知识

一、建设工程合同的概念

建设工程合同是指在工程建设过程中发包人与承包人就完成具体工程项目的建筑施工、设备安装与调试、工程保修服务，依法订立的、明确双方权利义务关系的协议。在建设工程合同中，承包人的主要义务是进行工程建设，权利是得到工程价款。发包人的主要义务是支付工程价款，权利是得到符合约定的、完整的建筑产品。每个建设项目都可以分为不同的建设阶段，每一个阶段根据其建设内容的不同，参与的主体也不尽相同，各主体之间的经济关系靠合同这一特定的形式来维持。

建筑工程施工合同是建设工程的主要合同之一，也是施工单位进行工程建设质量管理、进度管理、费用管理的主要依据之一。它与其他建设工程合同一样是一种双务合同，在订立时也应遵守自愿、公平、诚实信用等原则。

二、施工合同订立条件

1. 订立施工合同应具备的条件

（1）初步设计已经批准；

（2）工程项目已经列入年度建设计划；

（3）有能够满足施工需要的设计文件和有关技术资料；

（4）建设资金和主要建筑材料设备来源已经落实；

（5）招投标工程，中标通知书已经下达。

2. 订立施工合同应遵守的原则

1）遵守国家法律、法规和国家计划原则

建设工程施工对经济发展、社会生活有多方面的影响，国家有许多强制性的管理规定，施工合同当事人都必须遵守。

2）平等、自愿、公平的原则

签订施工合同当事人双方，都具有平等的法律地位，任何一方都不得强迫对方接受不平等的合同条件，合同内容应当是双方当事人真实意思的体现。合同的内容应当是公平的，不能单纯损害一方的利益，对于显失公平的施工合同，当事人一方有权申请人民法院或者仲裁机构予以变更或者撤销。

3）诚实信用原则

诚实信用原则要求在订立施工合同时要诚实，不得有欺诈行为，合同当事人应当如实将自身和工程的情况介绍给对方。在履行合同时，施工合同当事人要守信用，严格履行合同。

3. 施工合同的订立程序

施工合同作为合同的一种,其订立也应经过要约和承诺两个阶段。依据《招标投标法》和《工程建设施工招标投标管理办法》的规定,中标通知书发出 30 天内,中标单位应与建设单位依据招标文件、投标书等签订工程施工合同。签订合同的必须是中标的施工企业,投标书中已确定的合同条款在签订时不得更改,合同价应与中标价相一致。如果中标施工企业拒绝与建设单位签订合同,则建设单位将不再返还其投标保证金或由银行等金融机构按照投标保函的约定承担相应的保证责任,建设行政主管部门或其授权机构还可给予一定的行政处罚。

4.2.2 建筑工程合同的种类

1. 按承发包的工程范围进行划分

从承发包的不同范围和数量进行划分,可以将建设工程合同分为建设工程总承包合同、建设工程承包合同、分包合同。发包人将工程建设的全过程发包给一个承包人的合同即为建设工程总承包合同。发包人如果将建设工程的勘察、设计、施工等的每一项分别发包给一个承包人的合同即为建设工程承包合同。经合同约定和发包人认可,从工程承包人承包的工程中承包部分工程而订立的合同即为建设工程承包合同。

2. 按照工程建设阶段划分

建设工程合同可以分为建设工程勘察合同、建设工程设计合同和建设工程施工合同三类。建设工程勘察合同是发包人与勘察人就完成商定的勘察任务明确双方权利义务的协议。建设工程设计合同是发包人与设计人就完成商定的设计任务明确双方权利义务的协议。建设工程施工合同是发包人与承包人就完成商定的建设工程项目的施工任务明确双方权利义务的协议。

3. 按照承包工程计价方式划分

建设工程合同可分为总价合同、单价合同和成本加酬金合同。

1)总价合同

总价合同是指在合同中确定一个完成建设工程的总价,承包商据此完成项目全部内容的合同。这种合同类型能够使建设单位在评标时易于确定报价最低的承包商,易于进行支付计算。但这类合同仅适用于工程量太大且能精确计算、工期较短、技术不太复杂、风险不大的项目。因而采用这种合同类型要求建设单位必须准备详细而全面的设计图纸(一般要求施工详图)和各项说明,使承包单位能准确计算工程量。

2)单价合同

单价合同是承包商按照在投标时,按招标文件就部分分项工程所列出的工程量表确定各部分分项工程费用的合同类型。这类合同的适用范围比较宽,其风险可以得到合理的分摊,并且能鼓励承包单位通过提高工效等手段从成本节约中提高利润。这类合同能够成立的关键在于双方对单价和工程量计算方法的确认。在合同履行中需要注意的问题则是双方对实际工程量计量的确认。

3)成本加酬金合同

成本加酬金合同,是由业主向承包单位支付建设工程的实际成本,并按事先约定的某一种方式支付酬金的合同类型。在这类合同中,业主需承担项目实际发生的一切费用,因此也就承担了项目的全部风险。而承包单位由于无风险,其报酬往往也较低。

这类合同的缺点是业主对工程总造价不易控制,承包商也往往不注意降低项目成本。它主要适用于以下项目:①需要立即开展工作的项目,如震后的救灾工作;②新型的工程项目,或对项目工程内容及技术经济指标未确定;③项目风险很大。

4.2.3　合同结算类型的选择

合同结算类型的选择,取决于下列因素。

(1)业主的意愿。有的业主宁愿多出钱,一次以总价合同包死,以免以后加强对承包人的监督而带来的麻烦。

(2)工程设计的具体、明确程度。如果承包合同不能规定得比较明确,双方都不会同意采用固定价格合同,只能订立实际成本加酬金合同。

(3)项目的规模及其复杂程度。规模大而复杂的项目,承包风险较大,不易估算准确,不宜采用固定价格合同。即使采用限额成本加酬金或目标成本加酬金也困难,故以实际成本加固定酬金再加奖励为宜,或者有把握的部分采用固定价格合同,估算不准的部分采用实际成本加酬金合同。

(4)工程项目技术先进性程度。若属新技术开发项,甲乙方过去都没有这方面的经验,一般以实际成本加酬金为宜,不宜采用固定价格合同。

(5)承包人的意愿和能力。有的工程项目,对承包人来说已有相当的建设经验,如果要它建设这种类似的工程项目,只要项目不太大,它是愿意也有能力采用固定价格合同来承包工程的。因为总价合同可以取得更多的利润。然而有的承包人在总包项目建设时,考虑到自己的承担能力有限,决定一律采用实际成本加酬金合同;不采用固定价格。

(6)工程进度的紧迫程度。招标过程是费时间的,对工程设计要求也高,所以工程进度太紧,一般不宜采用固定价格合同,可以采用实际成本加酬金的合同方式。选择有信誉有能力的承包人提前开工。

(7)市场情况。如果只有一家承包人多加投标,又不同意采用固定价格合同,那么业主只能同意采用实际成本加酬金合同。如果有好几家承包人参加竞标,业主提出的要求,承包人均愿意考虑。当然如果承包人技术、管理水平高,信誉好,愿意采取什么合同,业主也会考虑。

(8)甲方的工程监督力量如果比较弱,最好将工程由承包人以固定价格合同总承包。如果采用实际成本加酬金合同,就要求甲方有足够的合格监督人员,对整个工程实行有效的控制。

(9)外部因素或风险的影响。政治局势、通货膨胀、物价上涨、恶劣的气候条件等都会影响承包工程的合同结算方式。如果业主和承包人对工程建设期间这些影响无法估计,乙方一般不愿采用固定价格合同,除非业主愿意承担在固定价格中附加一笔相当大的风险费用(即预备费)。

一个项目究竟应该采取哪种合同形式不是固定不变的。有时候一个项目中各个不同的工程部分,或不同阶段就可能采取不同形式的合同。业主在制定项目分包合同规划时,必须根据实际情况,全面地反复地权衡各种利弊,作出最佳决策,选定本项目的分项合同种类和形式。

任务3　建设工程施工合同条款的确定

根据有关工程建设施工的法律、法规,结合我国工程建设施工的实际情况,并借鉴了国际上广泛使用的土木工程施工合同(特别是 FIDIC 土木工程施工合同条件),原国家建设部、国家工商行政管理总局 1999 年 12 月 24 日发布了《建设工程施工合同(示范文本)》(GF—1999—0201)(以下简称《施工合同文本》)。为配合建设工程施工合同的操作运用,住建部和国家工商行政管理总局于 2003 年颁布了《建设工程施工专业分包合同(示范文本)》(GF—2003—0213)和《建设工程施工劳务分包合同(示范文本)》(GF—2003—0214)两个合同范本。现住房与城乡建设部、国家工商行政管理总局对《建设工程施工合同(示范文本)》(GF—1999—0201)进行了修订,制定了《建设工程施工合同(示范文本)》(GF—2013—0201)(以下简称《示范文本》),自 2013 年 7 月 1 日起执行。

一、《施工合同文本》结构

《示范文本》由合同协议书、通用合同条款和专用合同条款三部分组成,并附有 11 个附件。如表 4 - 1 所示。

表 4 - 1　建设工程施工合同示范文本内容

组成文件	文件内容
协议书	① 工程概况。主要包括:工程名称、工程地点、工程内容、工程立项批准文号、资金来源、工程内容、工程承包范围等 ② 合同工期。包括开工日期、竣工日期、合同工期总日历天数 ③ 质量标准 ④ 签约合同价与合同价格形式。包括签约合同价(其中安全文明施工费、材料和工程设备暂估价金额、专业工程暂估价金额、暂列金额)、合同价格形式 ⑤ 项目经理。承包人、项目经理 ⑥ 合同文件构成 ⑦ 承诺。承包人向发包人承诺按照合同约定进行施工、竣工并在质量保修期内承担工程质量保修责任 ⑧ 词语含义 ⑨ 签订时间 ⑩ 签订地点 ⑪ 补充协议 ⑫ 合同生效 ⑬ 合同份数
通用条款	① 一般约定 ② 发包人 ③ 承包人 ④ 监理人 ⑤ 工程质量 ⑥ 安全文明施工与环境保护 ⑦ 工期和进度 ⑧ 材料与设备 ⑨ 试验与检验 ⑩ 变更 ⑪ 价格调整 ⑫ 合同生效 ⑬ 验收和工程试车 ⑭ 竣工结算 ⑮ 缺陷责任与保修

续表

组成文件	文件内容
通用条款	⑯ 违约 ⑰ 不可抗力 ⑱ 保险 ⑲ 索赔 ⑳ 争议解决
专用条款	《专用条款》的条款号与《通用条款》相一致,但主要是空格,由当事人根据工程的具体情况予以明确或者对《通用条款》进行修改
附件	协议书附件: 附件 1:承包人承揽工程项目一览表 专用合同条款附件: 附件 2:发包人供应材料设备一览表 附件 3:工程质量保修书 附件 4:主要建设工程文件目录 附件 5:承包人用于本工程施工的机械设备表 附件 6:承包人主要施工管理人员表 附件 7:分包人主要施工管理人员表 附件 8:履约担保格式 附件 9:预付款担保格式 附件 10:支付担保格式 附件 11:暂估价一览表

(1)《协议书》是《示范文本》中总纲性文件。主要包括:工程概况、合同工期、质量标准、签约合同价和合同价格形式、项目经理、合同文件构成、承诺以及合同生效条件等重要内容,集中约定了合同当事人基本的合同权利义务。

(2)《通用合同条款》是合同当事人根据《中华人民共和国建筑法》、《中华人民共和国合同法》等法律法规的规定,就工程建设的实施及相关事项,对合同当事人的权利义务作出的原则性约定。

通用合同条款共计 20 条,具体条款分别为:一般约定、发包人、承包人、监理人、工程质量、安全文明施工与环境保护、工期和进度、材料与设备、试验与检验、变更、价格调整、合同价格、计量与支付、验收和工程试车、竣工结算、缺陷责任与保修、违约、不可抗力、保险、索赔和争议解决。前述条款安排既考虑了现行法律法规对工程建设的有关要求,也考虑了建设工程施工管理的特殊需要。

(3)《专用合同条款》是对通用合同条款原则性约定的细化、完善、补充、修改或另行约定的条款。合同当事人可以根据不同建设工程的特点及具体情况,通过双方的谈判、协商对相应的专用合同条款进行修改补充。在使用专用合同条款时,应注意以下事项:

① 专用合同条款的编号应与相应的通用合同条款的编号一致。

② 合同当事人可以通过对专用合同条款的修改,满足具体建设工程的特殊要求,避免直接修改通用合同条款。

③ 在专用合同条款中有横道线的地方,合同当事人可针对相应的通用合同条款进行细化、完善、补充、修改或另行约定;如无细化、完善、补充、修改或另行约定,则填写"无"或划"/"。

二、施工合同文件的组成及解释顺序

《示范文本》规定了合同文件的优先顺序。

组成合同的各项文件应互相解释，互为说明。除专用合同条款另有约定外，解释合同文件的优先顺序如下：

（1）合同协议书；

（2）中标通知书（如果有）；

（3）投标函及其附录（如果有）；

（4）专用合同条款及其附件；

（5）通用合同条款；

（6）技术标准和要求；

（7）图纸；

（8）已标价工程量清单或预算书；

（9）其他合同文件。

上述各项合同文件包括合同当事人就该项合同文件所作出的补充和修改，属于同一类内容的文件，应以最新签署的为准。

在合同订立及履行过程中形成的与合同有关的文件均构成合同文件组成部分，并根据其性质确定优先解释顺序。

三、施工合同双方的一般权利和义务

了解施工合同中承发包双方的一般权利和义务，是建筑施工企业项目经理最基本的要求。在市场经济条件下，施工任务的最终确认是以施工合同为依据的，项目经理必须代表施工企业（承包人）完成应当由施工企业完成的工作；了解发包人的工作则是项目经理在施工中要求发包人合作的基础，也是维护己方权益的基础。《示范文本》规定了施工合同双方的一般权利和义务。

（一）发包方义务

根据专用条款约定的内容和时间，发包人完成以下义务：

1. 许可或批准

发包人应遵守法律，并办理法律规定由其办理的许可、批准或备案，包括但不限于建设用地规划许可证、建设工程规划许可证、建设工程施工许可证、施工所需临时用水、临时用电、中断道路交通、临时占用土地等许可和批准。发包人应协助承包人办理法律规定的有关施工证件和批件。

因发包人原因未能及时办理完毕前述许可、批准或备案，由发包人承担由此增加的费用和（或）延误的工期，并支付承包人合理的利润。

2. 发包人代表

发包人应在专用合同条款中明确其派驻施工现场的发包人代表的姓名、职务、联系方式及授权范围等事项。发包人代表在发包人的授权范围内，负责处理合同履行过程中与发包人有关的具体事宜。发包人代表在授权范围内的行为由发包人承担法律责任。发包人更换发包人代表的，应提前7天书面通知承包人。

发包人代表不能按照合同约定履行其职责及义务，并导致合同无法继续正常履行的，承包人可以要求发包人撤换发包人代表。

不属于法定必须监理的工程,监理人的职权可以由发包人代表或发包人指定的其他人员行使。

3. 发包人人员

发包人应要求在施工现场的发包人人员遵守法律及有关安全、质量、环境保护、文明施工等规定,并保障承包人免于承受因发包人人员未遵守上述要求给承包人造成的损失和责任。

发包人人员包括发包人代表及其他由发包人派驻施工现场的人员。

4. 施工现场、施工条件和基础资料的提供

1）提供施工现场

除专用合同条款另有约定外,发包人应最迟于开工日期 7 天前向承包人移交施工现场。

2）提供施工条件

除专用合同条款另有约定外,发包人应负责提供施工所需要的条件,包括:

（1）将施工用水、电力、通信线路等施工所必需的条件接至施工现场内;

（2）保证向承包人提供正常施工所需要的进入施工现场的交通条件;

（3）协调处理施工现场周围地下管线和邻近建筑物、构筑物、古树名木的保护工作,并承担相关费用;

（4）按照专用合同条款约定应提供的其他设施和条件。

3）提供基础资料

发包人应当在移交施工现场前向承包人提供施工现场及工程施工所必需的毗邻区域内供水、排水、供电、供气、供热、通信、广播电视等地下管线资料,气象和水文观测资料,地质勘察资料,相邻建筑物、构筑物和地下工程等有关基础资料,并对所提供资料的真实性、准确性和完整性负责。

按照法律规定确需在开工后方能提供的基础资料,发包人应尽其努力及时地在相应工程施工前的合理期限内提供,合理期限应以不影响承包人的正常施工为限。

4）逾期提供的责任

因发包人原因未能按合同约定及时向承包人提供施工现场、施工条件、基础资料的,由发包人承担由此增加的费用和（或）延误的工期。

5. 资金来源证明及支付担保

除专用合同条款另有约定外,发包人应在收到承包人要求提供资金来源证明的书面通知后 28 天内,向承包人提供能够按照合同约定支付合同价款的相应资金来源证明。

除专用合同条款另有约定外,发包人要求承包人提供履约担保的,发包人应当向承包人提供支付担保。支付担保可以采用银行保函或担保公司担保等形式,具体由合同当事人在专用合同条款中约定。

6. 支付合同价款

发包人应按合同约定向承包人及时支付合同价款。

7. 组织竣工验收

发包人应按合同约定及时组织竣工验收。

8. 现场统一管理协议

发包人应与承包人、由发包人直接发包的专业工程的承包人签订施工现场统一管理协议,明

确各方的权利义务。施工现场统一管理协议作为专用合同条款的附件。

（二）承包人

承包人旨在协议书中约定，被发包人接受的具有工程承包主体资格的当事人以及取得该当事人资格的合法继承人。《建筑法》规定：承包人必须具有企业法人资格，同时持有工商行政管理机关核发的营业执照和建设行政主管部门颁发的资格证书，在核准的资质等级许可范围内承揽工程。

承包人按照合同规定进行施工、竣工并完成工程质量保修责任。承包人的工程范围有合同协议书约定或由工程项目一览表确定，并应按专用条款约定的内容和时间完成以下义务：

1. 承包人的一般义务

承包人在履行合同过程中应遵守法律和工程建设标准规范，并履行以下义务：

（1）办理法律规定应由承包人办理的许可和批准，并将办理结果书面报送发包人留存。

（2）按法律规定和合同约定完成工程，并在保修期内承担保修义务。

（3）按法律规定和合同约定采取施工安全和环境保护措施，办理工伤保险，确保工程及人员、材料、设备和设施的安全。

（4）按合同约定的工作内容和施工进度要求，编制施工组织设计和施工措施计划，并对所有施工作业和施工方法的完备性和安全可靠性负责。

（5）在进行合同约定的各项工作时，不得侵害发包人与他人使用公用道路、水源、市政管网等公共设施的权利，避免对邻近的公共设施产生干扰。承包人占用或使用他人的施工场地，影响他人作业或生活的，应承担相应责任。

（6）按照第 6.3 款〔环境保护〕约定负责施工场地及其周边环境与生态的保护工作。

（7）按照第 6.1 款〔安全文明施工〕约定采取施工安全措施，确保工程及其人员、材料、设备和设施的安全，防止因工程施工造成的人身伤害和财产损失。

（8）将发包人按合同约定支付的各项价款专用于合同工程，且应及时支付其雇用人员工资，并及时向分包人支付合同价款。

（9）按照法律规定和合同约定编制竣工资料，完成竣工资料立卷及归档，并按专用合同条款约定的竣工资料的套数、内容、时间等要求移交发包人。

（10）应履行的其他义务。

2. 项目经理

（1）项目经理应为合同当事人所确认的人选，并在专用合同条款中明确项目经理的姓名、职称、注册执业证书编号、联系方式及授权范围等事项，项目经理经承包人授权后代表承包人负责履行合同。项目经理应是承包人正式聘用的员工，承包人应向发包人提交项目经理与承包人之间的劳动合同，以及承包人为项目经理缴纳社会保险的有效证明。承包人不提交上述文件的，项目经理无权履行职责，发包人有权要求更换项目经理，由此增加的费用和（或）延误的工期由承包人承担。

项目经理应常驻施工现场，且每月在施工现场时间不得少于专用合同条款约定的天数。项目经理不得同时担任其他项目的项目经理。项目经理确需离开施工现场时，应事先通知监理人，并取得发包人的书面同意。项目经理的通知中应当载明临时代行其职责的人员的注册执业资格、管理经验等资料,该人员应具备履行相应职责的能力。

承包人违反上述约定的,应按照专用合同条款的约定,承担违约责任。

(2)项目经理按合同约定组织工程实施。在紧急情况下为确保施工安全和人员安全,在无法与发包人代表和总监理工程师及时取得联系时,项目经理有权采取必要的措施保证与工程有关的人身、财产和工程的安全,但应在48小时内向发包人代表和总监理工程师提交书面报告。

(3)承包人需要更换项目经理的,应提前14天书面通知发包人和监理人,并征得发包人书面同意。通知中应当载明继任项目经理的注册执业资格、管理经验等资料,继任项目经理继续履行第3.2.1项约定的职责。未经发包人书面同意,承包人不得擅自更换项目经理。承包人擅自更换项目经理的,应按照专用合同条款的约定承担违约责任。

(4)发包人有权书面通知承包人更换其认为不称职的项目经理,通知中应当载明要求更换的理由。承包人应在接到更换通知后14天内向发包人提出书面的改进报告。发包人收到改进报告后仍要求更换的,承包人应在接到第二次更换通知的28天内进行更换,并将新任命的项目经理的注册执业资格、管理经验等资料书面通知发包人。继任项目经理继续履行第3.2.1项约定的职责。承包人无正当理由拒绝更换项目经理的,应按照专用合同条款的约定承担违约责任。

(5)项目经理因特殊情况授权其下属人员履行其某项工作职责的,该下属人员应具备履行相应职责的能力,并应提前7天将上述人员的姓名和授权范围书面通知监理人,并征得发包人书面同意。

3. 承包人员

(1)除专用合同条款另有约定外,承包人应在接到开工通知后7天内,向监理人提交承包人项目管理机构及施工现场人员安排的报告,其内容应包括合同管理、施工、技术、材料、质量、安全、财务等主要施工管理人员名单及其岗位、注册执业资格等,以及各工种技术工人的安排情况,并同时提交主要施工管理人员与承包人之间的劳动关系证明和缴纳社会保险的有效证明。

(2)承包人派驻到施工现场的主要施工管理人员应相对稳定。施工过程中如有变动,承包人应及时向监理人提交施工现场人员变动情况的报告。承包人更换主要施工管理人员时,应提前7天书面通知监理人,并征得发包人书面同意。通知中应当载明继任人员的注册执业资格、管理经验等资料。

特殊工种作业人员均应持有相应的资格证明,监理人可以随时检查。

(3)发包人对于承包人主要施工管理人员的资格或能力有异议的,承包人应提供资料证明被质疑人员有能力完成其岗位工作或不存在发包人所质疑的情形。发包人要求撤换不能按照合同约定履行职责及义务的主要施工管理人员的,承包人应当撤换。承包人无正当理由拒绝撤换的,应按照专用合同条款的约定承担违约责任。

(4)除专用合同条款另有约定外,承包人的主要施工管理人员离开施工现场每月累计不超过5天的,应报监理人同意;离开施工现场每月累计超过5天的,应通知监理人,并征得发包人书面同意。主要施工管理人员离开施工现场前应指定一名有经验的人员临时代行其职责,该人员应具备履行相应职责的资格和能力,且应征得监理人或发包人的同意。

(5)承包人擅自更换主要施工管理人员,或前述人员未经监理人或发包人同意擅自离开施工现场的,应按照专用合同条款约定承担违约责任。

4. 承包人现场查勘

承包人应对基于发包人提交的基础资料所做出的解释和推断负责,但因基础资料存在错误、遗漏导致承包人解释或推断失实的,由发包人承担责任。

承包人应对施工现场和施工条件进行查勘,并充分了解工程所在地的气象条件、交通条件、风俗习惯以及其他与完成合同工作有关的其他资料。因承包人未能充分查勘、了解前述情况或未能充分估计前述情况所可能产生后果的,承包人承担由此增加的费用和(或)延误的工期。

5. 分包

1)分包的一般约定

承包人不得将其承包的全部工程转包给第三人,或将其承包的全部工程肢解后以分包的名义转包给第三人。承包人不得将工程主体结构、关键性工作及专用合同条款中禁止分包的专业工程分包给第三人,主体结构、关键性工作的范围由合同当事人按照法律规定在专用合同条款中予以明确。

承包人不得以劳务分包的名义转包或违法分包工程。

2)分包的确定

承包人应按专用合同条款的约定进行分包,确定分包人。已标价工程量清单或预算书中给定暂估价的专业工程,按照第10.7款〔暂估价〕确定分包人。按照合同约定进行分包的,承包人应确保分包人具有相应的资质和能力。工程分包不减轻或免除承包人的责任和义务,承包人和分包人就分包工程向发包人承担连带责任。除合同另有约定外,承包人应在分包合同签订后7天内向发包人和监理人提交分包合同副本。

3)分包管理

承包人应向监理人提交分包人的主要施工管理人员表,并对分包人的施工人员进行实名制管理,包括但不限于进出场管理、登记造册以及各种证照的办理。

4)分包合同价款

(1)除本项第(2)目约定的情况或专用合同条款另有约定外,分包合同价款由承包人与分包人结算,未经承包人同意,发包人不得向分包人支付分包工程价款。

(2)生效法律文书要求发包人向分包人支付分包合同价款的,发包人有权从应付承包人工程款中扣除该部分款项。

5)分包合同权益的转让

分包人在分包合同项下的义务持续到缺陷责任期届满以后的,发包人有权在缺陷责任期届满前,要求承包人将其在分包合同项下的权益转让给发包人,承包人应当转让。除转让合同另有约定外,转让合同生效后,由分包人向发包人履行义务。

6. 工程照管与成品、半成品保护

(1)除专用合同条款另有约定外,自发包人向承包人移交施工现场之日起,承包人应负责照管工程及工程相关的材料、工程设备,直到颁发工程接收证书之日止。

(2)在承包人负责照管期间,因承包人原因造成工程、材料、工程设备损坏的,由承包人负责修复或更换,并承担由此增加的费用和(或)延误的工期。

(3)对合同内分期完成的成品和半成品,在工程接收证书颁发前,由承包人承担保护责任。因承包人原因造成成品或半成品损坏的,由承包人负责修复或更换,并承担由此增加的费用和(或)延误的工期。

7. 履约担保

发包人需要承包人提供履约担保的,由合同当事人在专用合同条款中约定履约担保的方式、金额及期限等。履约担保可以采用银行保函或担保公司担保等形式,具体由合同当事人在专用合同条款中约定。

因承包人原因导致工期延长的,继续提供履约担保所增加的费用由承包人承担;非因承包人原因导致工期延长的,继续提供履约担保所增加的费用由发包人承担。

8. 联合体

(1)联合体各方应共同与发包人签订合同协议书。联合体各方应为履行合同向发包人承担连带责任。

(2)联合体协议经发包人确认后作为合同附件。在履行合同过程中,未经发包人同意,不得修改联合体协议。

(3)联合体牵头人负责与发包人和监理人联系,并接受指示,负责组织联合体各成员全面履行合同。

任务4　建设工程施工合同管理

4.4.1　施工合同管理中的进度控制

进度控制条款是为促使合同当事人在合同规定的工期内完成施工任务,发包人按时做好准备工作,承包人按照施工进度计划组织施工;为工程师落实进度控制部门的人员、具体的控制任务和管理职能分工;为承包人落实具体的进度控制人员、编制合理的施工进度计划并控制其执行提供提供依据。

进度控制条款可以分为施工准备、施工和竣工验收三个阶段的进度控制条款。

一、施工准备阶段的进度控制

施工准备阶段的许多工作都对施工的开始和进度有直接的影响,包括合同当事人对合同工期的约定、承包人提交进度计划、设计图纸的提供、材料设备的采购、延期开工的处理等。

1. 合同工期的约定

工期指发包人和承包人在协议书中约定,按总日历天数(包括法定节假日)计算的承包天数。合同工期是施工的工程从开工起到完成专用条款约定的全部内容,工程达到竣工验收标准为止所经历的时间。

承发包双方必须在协议书中明确约定工期,包括开工日期和竣工日期。开工日期指发包人和承包人在协议书中约定,承包人完成承包范围内工程的绝对或相对的日期。工程竣工验收通过,实际竣工日期指发包人送交竣工验收报告的日期;

工程按发包人要求修改后通过竣工验收的,实际竣工日期为承包人修改后提请发包人验收的日期。合同当事人应当在开工日期前做好一切开工的准备工作,承包人则应当按约定的开工日期开工。

对于群体工程,双方应在合同附件一中具体约定不同单位工程的开工日期和竣工日期。对于大型、复杂的工程项目,除了约定整个工程的开工日期、竣工日期和合同工期的总日历天数外,还应约定重要里程碑事件的开工日期与竣工日期,以确保工期总目标的顺利实现。

2. 施工进度计划

承包人应按专用条款约定的日期,将施工组织设计和工程进度计划提交工程师,工程师按专用条款约定的时间予以确认或提出修改意见,逾期不确认也不提出书面意见的,则视为已经同意。群体工程中单位工程分期进行施工的,承包人应按照发包人提供的图纸及有关资料的时间,按单位工程编制进度计划,其具体内容在专用条款中约定,分别向工程师提交。

工程师对进度计划予以确认或者提出修改意见,并不免除承包人对施工组织设计和工程进度计划本身的缺陷所应承担的责任。工程师对进度计划予以确认的主要目的,是为工程师对进度进行控制提供依据。

3. 施工前其他准备工作

在开工前,合同双方还应该做好其他各项准备工作,如发包人应当按照专用条款的约定使施工场地具备施工条件、开通施工现场与公共道路之间的通道,承包人应当做好施工人员和设备的调配工作,按合同规定完成材料设备的采购准备等。

对工程师而言,特别需要做好水准点与坐标控制点的交验,按时提供标准、规范。为了能够按时向承包人提供设计图纸,工程师需要做好协调工作、组织图纸会审和设计交底等。

4. 开工及延期开工

(1)承包人要求的延期开工。承包人应当按照协议书约定的开工日期开始施工。若承包人不能按时开工,应当不迟于协议书约定的开工日期前7天,以书面形式向工程师提出延期开工的理由和要求。工程师应当在接到延期开工申请后的48小时内以书面形式答复承包人。工程师在接到申请后48小时内不答复,视为已同意承包人要求,工期相应顺延。如果工程师不同意延期要求或承包人未在规定时间内提出延期开工要求,工期不予顺延。

(2)发包人原因的延期开工。因发包人原因而导致不能按照协议书约定的日期开工,工程师应以书面形式通知承包人推迟开工日期。承包人对延期开工的通知没有否决权,但发包人应当赔偿承包人因此造成的损失,并相应顺延工期。

二、施工阶段的进度控制

工程开工后,合同履行就进入施工阶段,直到工程竣工。这一阶段进度控制条款的作用是控制施工任务在施工合同协议书规定的工期内完成。

1. 工程师对进度计划的检查与监督

工程开工后,承包人必须按照工程师批准的进度计划组织施工,接受工程师对进度的检查、监督。检查、督促的依据一般是双方已经确认的月度进计划。一般情况下,工程师每月检查一次承包人的进度计划执行情况,由承包人提交一份上月进度计划实际执行情况和本月的施工计划。同时,工程师还应进行必要的现场实地检查。

当工程实际进度与经确认的进度计划不符时,承包人应按工程师的要求提出改进措施,经工程师确认后执行。但是,对于因承包人自身的原因导致实际进度与进度计划不符时,所有的后果都应由承包人自行承担,承包人无权就因改进措施而提出追加合同价款,工程师也不对改进措施的效果负责。如果采用改进措施后,经过一段时间工程实际进展赶上了进度计划,则仍可按原进度计划执行。如果采用改进措施一段时间后,工程实际进展仍明显与进度计划不符,则工程师可以要求承包人修改原进度计划,并经工程师确认后执行。但是,这种确认并不是工程师对工程延期的批准,而仅仅是要求承包人在合理状态下的施工。因此,如果按修改后的进度计划施工不能按期竣工的,承包人仍应承担均应的违约责任。

工程师应当随时了解施工进度计划执行过程中所存在的问题,并帮助承包人予以解决,特别是承包人无力解决的内外关系协调问题。

2.暂停施工

在施工过程中,暂停施工的原因是多方面的,归纳起来有如下三个方面:

(1)工程师要求的暂停施工。工程师在主观上是不希望暂停施工的,但有时继续施工会造成更大的损失。工程师认为确有必要暂停施工时,应当以书面形式要求承包人暂停施工,并在提出要求后48小时内提出书面处理意见。承包人应当按工程师要求停止施工,并妥善保护已完工程。承包人实施工程师作出的处理意见后,可以书面形式提出复工要求,工程师应当在48小时给予答复。工程师未能在规定时间内提出处理意见,或收到承包人复工要求后48小时内未予答复,承包人可自行复工。

因发包人原因造成停工的,由发包人承担所发生的追加合同价款,赔偿承包人由此造成的损失,相应顺延工期;因承包人原因造成停工的,由承包人承担发生的费用,工期不予顺延。因工程师不及时作出答复,导致承包人无法复工,由发包人承担违约责任。

(2)因发包人违约导致承包人的主动暂停施工。发包人不按合同约定及时向承包人支付工程预付款、工程进度款且双方未达成延期付款协议,在承包人发出要求付款通知后仍不付款的,经过一段时间后,承包人均可暂停施工。这时,发包人应当承担相应的违约责任。出现这种情况时,工程师应当尽量督促发包人履行合同,以求减少双方的损失。

(3)意外事件导致的暂停施工。在施工过程中出现一些意外情况,如果需要承包人暂停施工的,承包人则应该暂停施工。此时工期是否给予顺延,应视风险责任应由谁承担而确定。如发现有价值的文物、发生不可抗力事件等,风险责任应由发包人承担,故应给予承包人顺延工期。

3.工程设计变更

工程师在其可能的范围内应尽量减少设计变更,以避免影响工期。如果必须对设计进行变更,应当严格按照国家的规定和合同约定的程序进行。

(1)发包人对原设计进行变更。施工中发包人如果需要对原工程设计进行变更,应提前14天以书面形式向承包人发出变更通知。变更超过原设计标准或者批准的建设规模时,发包人应报规划管理部门和其他有关部门重新审查批准,并由原设计单位提供变更的相应的图纸和说明。承包人按照工程师发出的变更通知及有关要求,进行相应变更。

由于发包人对原设计进行变更,导致合同价款的增减及给承包人造成损失的,由发包人承担,延误的工期相应顺延。

合同履行中发包人要求变更工程质量标准及发生其他实质性变更,由双方协商解决。

(2)承包人要求对原设计进行变更。承包人应当严格按照图纸施工,不得对原工程设计进行变更。因承包人擅自变更设计所发生的费用和由此导致发包人的直接损失,由承包人承担,延误的工期不予顺延。承包人在施工中提出的合理化建议涉及对设计图纸或施工组织设计的更改及对材料、设备的换用,须经工程师同意。工程师同意变更后,还须取得有关主管部门的批准,并由原设计单位提供相应的变更图纸和说明。未经同意擅自更改或换用时,承包人承担由此发生的费用,并赔偿发包人的有关损失,延误的工期不予顺延。工程师同意,采用承包人的合理化建议,所发生的费用和获得的收益,发包人与承包人另行约定分担或分享。

4. 工期延误

承包人应当按照合同工期完成工程施工,如果由于其自身原因造成工期延误,则应承担违约责任。但因以下原因造成工期延误,经工程师确认,工期相应顺延:

(1)发包人未能按专用条款的约定提供图纸及开工条件;

(2)发包人未能按约定日期支付工程预付款、进度款,致使施工不能正常进行;

(3)工程师未按合同约定提供所需指令、批准等,致使施工不能正常进行;

(4)设计变更和工程量增加;

(5)一周内非承包人原因停水、停电、停气造成停工累计超过 8 小时;

(6)不可抗力;

(7)专用条款中约定或工程师同意工期顺延的其他情况。

上述这些情况工期可以顺延的原因在于:这些情况属于发包人违约或者是应当由发包人承担的风险。

承包人在以上情况发生后的 14 天内,就延误的工期以书面形式向工程师提出报告,工程师在收到报告后 14 天内予以确认,逾期不予确认也不提出修改意见,视为同意顺延工期。

工程师确认的工期顺延期限应当是事件造成的合理延误,由工程师根据发生事件的具体情况和工期定额、合同等的规定确认。经工程师确认的顺延工期应纳入合同总工期,如果承包人不同意工程师的确认结果,则可按合同约定的争议解决方式处理。

三、竣工验收阶段的进度控制

在竣工验收阶段,工程师进度控制的任务是督促承包人完成工程扫尾工作,协调竣工验收中的各方关系,参加竣工验收。

1. 竣工验收的程序

承包人必须按照协议书约定的竣工日期或者工程师同意顺延的工期竣工。因承包原因不能按照协议书约定的竣工日期或者工程师同意顺延的工期竣工的,承包人应当承违约责任。

(1)承包人提交竣工验收报告。当工程按合同要求全部完成、具备竣工验收条件,承包人按国家工程竣工验收的有关规定,向发包人提供完整的竣工资料和竣工验收报告。双方约定承包人提供竣工图的,承包人应按专用条款内约定的日期和份数向发包人提交竣工图。

(2)发包人组织验收。发包人收到竣工验收报告后 28 天内组织有关单位验收,并在验收后

14天内给予认可或提出修改意见,承包人应当按要求进行修改,并承担由自身原因造成修改的费用。中间交工工程的范围和竣工时间,由双方在专用条款内约定。验收程序同上。

(3)发包人不能按时组织验收。发包人收到承包人送交的竣工验收报告后28天内不组织验收,或者在验收后14天内不提出修改意见,则视为竣工验收报告已经被认可。发包人收到承包人竣工验收报告后28天内不组织验收,从第29天起承担工程保管及一切意外责任。

2. 提前竣工

发包人如需提前竣工,双方协商一致后应签订提前竣工协议,作为合同文件组成部分。提前竣工协议应包括:

(1)要求提前的时间;

(2)承包人采取的赶工措施;

(3)发包人为提前竣工提供的条件;

(4)承包人为保证工程质量和安全采取的措施;

(5)提前竣工所需的追加合同价款等。

3. 甩项工程

甩项工程是指某个单位工程,为了急于交付使用,把按照施工图要求还没有完成的某些工程项目甩下,面对整个单位工程先行验收。甩项工程中有些是漏项工程,或者是由于缺少某些材料、设备而造成的未完工程;有些是在验收过程中检查出来的需要返工或进行修补的工程。应上述原因,发包人要求须甩项竣工时,双方应另行订立甩项竣工协议,明确双方责任和工程价款的支付办法。

4.4.2　施工合同管理中的质量控制

工程施工中的质量控制是合同履行中的重要环节,涉及许多方面的工作,工作中出现任何缺陷和疏漏,都会使工程质量无法达到预期的标准。承包人应按照合同约定的标准、规范、图纸、质量等级以及工程师发布的指令认真施工,并达到合同约定的质量等级。

一、概述

(1)施工质量控制的目标施工质量控制的总体目标是贯彻执行建设工程质量法规和标准,正确配置生产要素和采用科学管理的方法,实现工程项目预期的使用功能和质量标准。不同管理主体的施工质量控制目标为:

① 建设单位的质量控制目标是通过施工过程的全面质量监督管理、协调和决策,保证竣工项目达到投资决策所确定的质量标准。

② 设计单位在施工阶段的质量控制目标,是通过设计变更控制及纠正施工中所发现的设计问题等,保证竣工项目的各项施工结果与设计文件所规定的标准相一致。

③ 施工单位的质量控制目标是通过施工过程的全面质量自控,保证交付满足施工合同及设计文件所规定的质量标准的建设工程产品。

④ 监理单位在施工阶段的质量控制目标是,通过审核施工质量文件、施工指令和结算支付控制等手段的应用,监控施工承包单位的质量活动行为,正确履行工程质量的监督责任,以保证工程质量达到施工合同和设计文件所规定的质量标准。

（2）施工质量控制的阶段划分及内容。施工质量控制包括施工准备质量控制、施工过程质量控制和施工验收质量控制三个阶段，如表4-2所示。

表4-2　施工质量控制的阶段划分及内容

序号	阶段	控制内容	
1	施工准备控制	施工单位资质的核查	
		施工质量计划的编制与审查	
		现场施工准备的质量控制	
		施工机械配置的控制	
		工程开工报审	
2	施工过程控制	施工过程质量的预控	设置工序活动的质量控制点
			工程质量预控对策
			作业技术交底的控制
			进场材料构配件的质量控制
			环境状态的控制
		施工作业过程质量的实时监控	承包单位的自检系统与监控
			施工作业技术复核与监控
			见证点取样与见证点的实施监控
			工程变更的监控
			质量记录资料的控制
		施工作业过程质量检验	基槽基坑检查验收
			隐蔽工程检查验收
			不合格品的处理及成品保护
			检验方法与检验程度的种类
3	施工质量验收控制	检验批的验收	
		分项工程验收	
		分部工程验收	
		单位工程验收	

① 施工准备质量控制是指工程项目开工前的全面施工准备和施工过程中各分部分项工程施工作业准备的质量控制。

② 施工过程的质量控制是指施工作业技术活动的投入与产出过程的质量控制，其内涵包括全过程施工生产及其中各分部分项工程的施工作业过程。

③ 施工验收质量控制是指对已完工程验收时的质量控制，即工程产品的质量控制。

（3）施工质量控制的工作程序。

① 在每项工程开始前，承包单位须做好施工准备工作，然后填报工程开工报审表，附上该项工程的开工报告、施工方案以及施工进度计划等，报送监理工程师审查。若审查合格，则由总监理工程师批复准予施工。否则，承包单位应进一步做好施工准备，待条件具备时，再次填报开工申请。

② 在每道工序完成后，承包单位应进行自检，自检合格后，填报报验申请表交监理工程师检

验。监理工程师收到检查申请后应在规定的时间内到现场检验,检验合格后予以确认。只有上一道工序被确认质量合格后,方能准许下道工序施工。

③ 当一个检验批、分项、分部工程完成后,承包单位首先对检验批、分项、分部工程进行自检,填写相应质量验收记录表,确认工程质量符合要求,然后向监理工程师提交报验申请表附上自检的相关资料,经监理工程师现场检查及对相关资料审核后,符合要求予以签认验收,反之,则指令承包单位进行整改或返工处理。

④ 在施工质量验收过程中,涉及结构安全的试块、试件以及有关材料,应按规定进行见证取样检测;对涉及结构安全和使用功能的重要分部工程,应进行抽样检测。承担见证取样检测及有关结构安全检测的单位应具有相应资质。

⑤ 通过返修或加固处理仍不能满足安全使用要求的分部工程、单位工程严禁验收。

(4)质量控制的原理过程。

① 确定控制对象,例如一个检验批、一道工序、一个分项工程、安装过程等。

② 规定控制标准,即详细说明控制对象应达到的质量要求。

③ 制定具体的控制方法,例如工艺规程、控制用图表等。

④ 明确所采用的检验方法,包括检验手段。

⑤ 实际进行检验。

⑥ 分析实测数据与标准之间差异的原因。

⑦ 解决差异所采取的措施、方法。

二、施工准备的质量控制

1. 施工承包单位资质的核查

(1)招投标阶段对承包单位资质的审查根据工程类型、规模和特点,确定参与投标企业的资质等级。对符合投标的企业查对营业执照、企业资质证书、企业年检情况、资质升降级情况等。

(2)对中标进场的企业质量管理体系的核查,了解企业贯彻质量、环境、安全认证情况,质量管理机构落实情况。

2. 施工质量计划的编制与审查

(1)按照 GB/T 19000 质量管理体系标准,质量计划是质量管理体系文件的组成内容。在合同环境下质量计划是企业向顾客表明质量管理方针、目标及其具体实现的方法、手段和措施,体现企业对质量责任的承诺和实施的具体步骤。

(2)施工质量计划的编制主体是施工承包企业。审查主体是监理机构。

(3)目前我国工程项目施工质量计划常用施工组织设计或施工项目管理实施规划的形式进行编制。

(4)施工质量计划编制完毕,应经企业技术领导审核批准,并按施工承包合同的约定提交工程监理或建设单位批准确认后执行。由于施工组织设计已包含了质量计划的主要内容,因此,对施工组织设计的审查就包括了对质量计划的审查。在工程开工前约定的时间内,承包单位必须完成施工组织设计的编制并报送项目监理机构,总监理工程师在约定的时间内审核签认。已审定的施工组织设计由项目监理机构报送建设单位。承包单位应按审定的施工组织设计文件组织施工,如需对其内容做较大的变更,应在实施前将变更内容书面报送项目监理机构审核。

3．现场施工准备的质量控制

包括工程定位及标高基准的控制、施工平面布置的控制、现场临时设施控制等。

4．施工材料、构配件订货的控制

(1)凡由承包单位负责采购的材料或构配件,应按有关标准和设计要求采购订货,在采购订货前应向监理工程师申报,监理工程师应提出明确的质量检测项目、标准以及对出厂合格证等质量文件的要求。

(2)供货厂方应向需方提供质量文件,用以表明其提供的货物能够达到需方提出的质量要求。质量文件主要包括:产品合格证及技术说明书;质量检验证明;检测与试验者的资质证明;关键工序操作人员资格证明及操作记录;不合格品或质量问题处理的说明及证明;有关图纸及技术资料;必要时,还应附有权威性认证资料。

5．施工机械配置的控制

施工机械设备的选择,除应考虑施工机械的技术性能、工作效率、工作质量、可靠性及维修难易性,以及安全、灵活等方面对施工质量的影响与保证外,还应考虑其数量配置对施工质量的影响与保证条件。

6．分包单位资格的审核

确认总承包单位选定分包单位后,应向监理工程师提交《分包单位资质报审表》,监理工程师审查时,主要是审查施工承包合同是否允许分包、分包单位是否具有按工程承包合同规定的条件完成分包工程任务的能力。

7．施工图纸的现场核对

施工承包单位应做好施工图纸的现场核对工作,对于存在的问题,承包单位以书面形式提出,在设计单位以书面形式进行确认后,才能施工。

8．严把开工关

开工前承包单位必须提交《工程开工报审表》,经监理工程师审查具备开工条件并由总监理工程师予以批准后,承包单位才能开始正式进行施工。

三、施工过程质量控制

一个工程项目是划分为工序作业过程、检验批、分项工程、分部工程、单位工程等若干层次进行施工的,各层次之间具有一定的先后顺序关系。所以,工序施工作业过程的质量控制是最基本的质量控制,它决定了检验批的质量;而检验批的质量又决定了分项工程的质量。施工过程质量控制的主要工作是以施工作业过程质量控制为核心,设置质量控制点、进行预控、严格施工作业过程质量检查、加强成品保护等。

1．施工作业过程的质量预控

工程质量预控,就是针对所设置的质量控制点或分部分项工程,事先分析在施工中可能发生的质量问题和隐患,分析可能的原因,并提出相应的对策,制订对策表,采取有效的措施进行预先控制,以防止在施工中发生质量问题。质量预控一般按"施工作业准备—技术交底—中间检查及

质量验收—资料整理"的顺序,提出各阶段质量管理工作要求,其实施要点如下:

1)确定工序质量控制计划,监控工序活动条件及成果

工序质量控制计划是以完善的质量体系和质量检查制度为基础的。工序质量控制计划要明确规定质量监控的工作流程和质量检查制度,作为监理单位和施工单位共同遵循的准则。监控工序活动条件,应分清主次工序,重点监控影响工序质量的各因素,注意各因素或条件的变化,使它们的质量始终处于控制之中。工序活动效果的监控主要是指对工序活动的产品采取一定的检验手段进行检验,根据检验结果分析、判断该工序的质量效果,从而实现对工序质量的控制。

2)设置工序活动的质量控制点

质量控制点是指为了保证工序质量而确定的重点控制对象、关键部位或薄弱环节。承包单位在工程施工前应根据施工过程质量控制的要求,列出质量控制点明细表,表中详细地列出各质量控制点的名称或控制内容、检验标准及方法等,提交监理工程师审查批准后,在此基础上实施质量预控。

(1)设置质量控制点应考虑的因素:

① 施工工艺。施工工艺复杂时多设,不复杂时少设。

② 施工难度。施工难度大时多设,难度不大时少设。

③ 建设标准。建设标准高时多设,标准不高时少设。

④ 施工单位信誉。施工单位信誉高时少设,信誉不高时多设。

(2)选择质量控制点的原则:

① 施工过程中的关键工序、关键环节,如预应力结构的张拉;

② 隐蔽工程,应重点设置质量控制点;

③ 施工中的薄弱环节或质量不稳定的工序、部位,如地下防水层施工;

④ 对后续工序质量有重大影响的工序或部位,如钢筋混凝土结构中的钢筋质量、模板的支撑与固定等;

⑤ 采用新工艺、新材料、新技术的部位或环节,应设置质量控制点;

⑥ 施工单位无足够把握的工序或环节,例如复杂曲线模板的放样等。

(3)质量控制点的重点控制对象:

① 人的行为,包括人的身体素质、心理素质、技术水平等均有相应的较高要求;

② 物的质量与性能,例基础的防渗灌浆中,灌浆材料细度及可灌性的控制;

③ 关键的操作过程,如预应力钢筋的张拉工艺操作过程及张拉力的控制;

④ 施工技术参数,如填土含水量、混凝土受冻临界强度等;

⑤ 施工顺序,如对于冷拉钢筋应当先对焊、后冷拉,否则会失去冷强;

⑥ 对于屋架固定一般应采取对角同时施焊,以免焊接应力使已校正的屋架发生变位等;

⑦ 技术间歇,如砖墙砌筑与抹灰之间,应保证有足够的间歇时间;

⑧ 施工方法,如滑模施工中的支承杆失稳问题,即可能引起重大质量事故;

⑨ 特殊地基或特种结构,如湿陷性黄土、膨胀土等特殊土地基的处理应予特别重视。

(4)设置质量控制点的一般位置。

一般工业与民用建筑中质量控制点设置的位置,按分项工程给出,如表4-3所示。

表4-3　质量控制点的设置位置

序号	分项工程	质量控制点
1	工程测量定位	标准轴线桩、水平桩、龙门板、定位轴线、标高
2	地基基础	基坑尺寸、土质条件、承载力、基础及垫层尺寸、标高、预留洞孔等
3	砌体	砌体轴线、皮数杆、砂浆配合比、预留孔洞、砌体砌法
4	模板	模板位置、尺寸、强度及稳定性、模板内部清理及润湿情况
5	钢筋混凝土	水泥品种、强度等级、砂石质量、混凝土配合比、外加剂比例、混凝土振捣、钢筋种类、规格、尺寸、预埋件位置,预留孔洞,预制件吊装
6	吊装	吊装设备起重能力、吊具、索具、地锚
7	装饰工程	抹灰层、镶贴面表面平整度,阴阳角、护角、滴水线、勾缝、油漆
8	屋面工程	基层平整度、坡度、防水材料技术指标,泛水与三缝处理
9	钢结构	翻样图、放大样
10	焊接	焊接条件、焊接工艺
11	装修	视具体情况而定

3)工程质量预控对策的表达方式

质量预控和预控对策的表达方式主要有:

(1)文字表达。如钢筋电焊焊接质量的预控措施用文字表达为:

① 可能产生的质量问题:焊接接头偏心弯折;焊条型号或规格不符合要求;焊缝的长、宽、厚度不符合要求;凹陷、焊瘤、裂纹、烧伤、咬边、气孔、夹渣等缺陷。

② 质量预控措施:禁止焊接人员无证上岗;焊工正式施焊前,必须按规定进行焊接工艺试验;每批钢筋焊完后,承包单位自检并按规定对焊接接头见证取样,进行力学性能试验;在检查焊接质量时,应同时抽检焊条的型号。

(2)用解析图或表格形式表达的质量预控对策表。

图表分为两部分,一部分列出某一分部分项工程中各种影响质量的因素;另一部分列出对应于各种质量问题影响因素所采取的对策或措施

4)作业技术交底的控制

作业技术交底是对施工组织设计或施工方案的具体化,是更细致明确、更加具体的技术实施方案,是工序施工或分项工程施工的具体指导文件。每一分项工程开始实施前均要进行交底。技术负责人按照设计图纸、施工组织设计,编制技术交底书,并经项目总工程师批准,向施工人员交清工程特点、施工工艺方法、质量要求和验收标准,施工过程中需注意的问题,可能出现意外的措施及应急方案。交底中要明确做什么、谁来做、如何做、作业标准和要求、什么时间完成等。关键部位或技术难度大,施工复杂的检验批、分项工程施工前,承包单位的技术交底书要报监理工程师。经监理工程师审查后,如技术交底书不能保证作业活动的质量要求,承包单位要进行修改补充。没有做好技术交底的作业活动,不得进入正式实施。

5)进场材料、构配件的质量控制

（1）凡运到施工现场的原材料或构配件，进场前应向监理机构提交工程材料、构配件报审表，同时附有产品出厂合格证及技术说明书，由施工承包单位按规定要求进行检验的检验试验报告，经监理工程师审查并确认其质量合格后，方准进场。如果监理工程师认为承包单位提交的有关产品合格证明文件以及检验试验报告，不足以说明到场产品的质量符合要求时，监理工程师可再行组织复检或见证取样试验，确认其质量合格后方允许进场。

（2）进口材料的检查、验收，应会同国家商检部门进行。

（3）材料、构配件的存放，应安排适宜的存放条件及时间，并且应实行监控。例如，对水泥的存放应当防止受潮，存放时间一般不宜超过 3 个月，以免受潮结块。

（4）对于某些当地材料及现场配制的制品，一般要求承包单位事先进行试验，达到要求的标准方可使用。例如混凝土粗骨料中如果含有无定形氧化硅时，会与水泥中的碱发生碱-集料反应，并吸水膨胀，从而导致混凝土开裂，需设法妥善解决。

6）环境状态的控制

环境状态包括水、电供应、交通运输等施工作业环境，施工质量管理环境，施工现场劳动组织及作业人员上岗资格，施工机械设备性能及工作状态环境，施工测量及计量器具性能状态，现场自然条件环境等。施工单位应做好充分准备和妥当安排，监理工程师检查确认其准备可靠、状态良好、有效后，方准许其进行施工。

2. 施工作业过程质量的实时监控

（1）承包单位的自检系统与监理工程师的检查。承包单位是施工质量的直接实施者和责任者，其自检系统表现在以下几点：

① 作业活动的作业者在作业结束后必须自检；

② 不同工序交接、转换必须由相关人员交接检查；

③ 承包单位专职质检员的专检。为实现上述三点，承包单位必须有整套的制度及工作程序仪器，配备数量满足需要的专职质检人员及试验检测人员。监理工程师是对承包单位作业活动质量的复核与确认，监理工程师的检查决不能代替承包单位的自检。而且，监理工程师的检查必须是在承包单位自检并确认合格的基础上进行的。专职质检员没检查或检查不合格不能报监理工程师。

（2）施工作业技术复核工作与监控。凡涉及施工作业技术活动基准和依据的技术工作，都应该严格进行专人负责的复核性检查，以避免基准失误给整个工程质量带来难以补救的或全局性的危害。例如工程的定位、轴线、标高，预留空洞的位置和尺寸等。技术复核是承包单位应履行的技术工作责任，其复核结果应报送监理工程师复验确认后，才能进行后续相关的施工。

（3）见证取样、送检工作及其监控。见证是指由监理工程师现场监督承包单位某工序全过程完成情况的活动。见证取样是指对工程项目使用的材料、构配件的现场取样、工序活动效果的检查实施见证。

① 承包单位在对进场材料、试块、钢筋接头等实施见证取样前要通知监理工程师，在工程师现场监督下，承包单位按相关要求，完成取样过程。

② 完成取样后，承包单位将送检样品装入木箱，由工程师加封，不能装入箱中的试件，如钢筋样品，则贴上专用加封标志，然后送往具有相应资质的试验室。

③ 送往试验室的样品,要填写"送验单",送验单要盖有"见证取样"专用章,并有见证取样监理工程师的签字。

④ 试验室出具的报告一式两份,分别由承包单位和项目监理机构保存,并作为归档材料,是工序产品质量评定的重要依据。

⑤ 实行见证取样,绝不能代替承包单位应对材料、构配件进场时必须进行的自检。自检频率和数量要按相关规范要求执行。见证取样的频率和数量,包括在承包单位自检范围内,一般所占比例为30%。见证取样的试验费用由承包单位支付。

(4)见证点的实施控制。"见证点"是国际上对于重要程度不同及监督控制要求不同的质量控制点的一种区分方式。凡是被列为见证点的质量控制对象,在施工前,承包单位应提前通知监理人员在约定的时间内到现场进行见证和对其施工实施监督。如果监理人员未能在约定的时间内到现场见证和监督,则承包单位有权进行该点相应工序的操作和施工。

(5)工程变更的监控施工过程中,由于种种原因会涉及到工程变更,工程变更的要求可能来自建设单位、设计单位或施工承包单位,不同情况下,工程变更的处理程序不同。但无论是哪一方提出工程变更或图纸修改,都应通过监理工程师审查并经有关方面研究,确认其必要性后,由总监理工程师发布变更指令方能生效予以实施。监理工程师在审查现场工程变更要求时,应持十分谨慎的态度。除非是原设计不能保证质量要求,或确有错误,以及无法施工之外。一般情况下即使变更要求可能在技术经济上是合理的,也应全面考虑,将变更以后对质量、工期、造价方面的影响以及可能引起的索赔损失等加以比较,权衡轻重后再作出决定。

(6)质量记录资料的控制。质量记录资料包括以下三方面内容:

① 施工现场质量管理检查记录资料。主要包括承包单位现场质量管理制度、质量责任制、主要专业工种操作上岗证书、分包单位资质及总包单位对分包单位的管理制度、施工图审查核对记录、施工组织设计及审批记录、工程质量检验制度等。

② 工程材料质量记录。主要包括进场材料、构配件、设备的质量证明资料,各种试验检验报告,各种合格证,设备进场维修记录或设备进场运行检验记录。

③ 施工过程作业活动质量记录资料。施工过程可按分项、分部、单位工程建立相应的质量记录资料。在相应质量记录资料中应包含有关图纸的图号,质量自检资料,监理工程师的验收资料,各工序作业的原始施工记录等。施工质量记录资料应真实、齐全、完整,相关各方人员的签字齐备、字迹清楚、结论明确,与施工过程的进展同步。在对作业活动效果的验收中,如缺少资料和资料不全,监理工程师应拒绝验收。

3. 施工作业过程质量检查与验收

施工质量检查与验收包括工序交接验收、隐蔽工程验收,以及检验批、分项工程、分部工程、单位工程验收等。

(1)基槽、基坑验收基槽开挖质量验收主要涉及地基承载力的检查确认;地质条件的检查确认;开挖边坡的稳定及支护状况的检查确认;基槽开挖尺寸、标高等。由于部位的重要,基槽开挖验收均要有勘察设计单位的有关人员参加,并请当地或主管质量监督部门参加,经现场检测确认其地基承载力是否达到设计要求,地质条件是否与设计相符。如相符,则共同签署验收资料,否则,应采取措施进行处理,经承包单位实施完毕后重新验收。

（2）隐蔽工程验收隐蔽工程是指将被其后续工程施工所隐蔽的分项分部工程，在隐蔽前所进行的检查验收。它是对一些已完分项分部工程质量的最后一道检查，由于检查对象就要被其他工程覆盖，给以后的检查整改造成障碍，故显得尤为重要。其程序为：

① 隐蔽工程施工完毕，承包单位按有关技术规程、规范、施工图纸先进行自检，自检合格后，填写《报验申请表》，附上相应的隐蔽工程检查记录及有关材料证明、试验报告、复试报告等，报送项目监理机构。

② 监理工程师收到报验申请后首先对质量证明资料进行审查，并在合同规定的时间内到现场核查，承包单位的专职质检员及相关施工人员应随同一起到现场。

③ 经现场检查，如符合质量要求，监理工程师在《报验申请表》及隐蔽工程检查记录上签字确认，准予承包单位隐蔽、覆盖，进入下一道工序施工。如经现场检查发现不合格，监理工程师签发"不合格项目通知"，指令承包单位整改，整改后自检合格再报监理工程师复查。

（3）工序交接验收工序。交接验收是指作业活动中一种必要的技术停顿、作业方式的转换及作业活动效果的中间确认。上道工序应满足下道工序的施工条件和要求，相关专业工序之间也是如此。通过工序间的交接验收，使各工序间和相关专业工程之间形成一个有机整体。

（4）不合格品的处理。上道工序不合格，不准进入下道工序施工，不合格的材料、构配件、半成品不准进入施工现场且不允许使用，已经进场的不合格品应及时作出标识、记录，指定专人看管，避免用错，并限期清除出现场；不合格的工序或工程产品，不予计价。

（5）成品保护。成品保护是指在施工过程中，有些分项工程已经完成，而其他一些分项工程尚在施工；或者是在其分项工程施工过程中，某些部位已完成，而其他部位正在施工。在这种情况下，承包单位必须负责对已完成部分采取妥善措施予以保护，以免因成品缺乏保护或保护不善而造成操作损坏或污染，影响工程整体质量。成品保护的一般措施有：

① 防护。就是针对被保护对象的特点采取各种防护的措施。如对于进出口台阶可垫砖或方木搭脚手板供人通过的方法来保护台阶。

② 包裹。就是将被保护物包裹起来，以防损伤或污染。例如，对镶面大理石柱可用立板包裹捆扎保护；铝合金门窗可用塑料布包扎保护等。

③ 覆盖。就是用表面覆盖的办法防止堵塞或损伤。例如，对落水口排水管安装后可以覆盖，以防止异物落入而被堵塞；地面可用锯末覆盖以防止喷浆等污染等。

④ 封闭。就是采取局部封闭的办法进行保护。如垃圾道完成后，可将其进口封闭起来，以防止建筑垃圾堵塞通道。

⑤ 合理安排施工顺序。主要是通过合理安排不同工作间的施工顺序以防止后道工序损坏或污染已完施工的成品。如采取房间内先喷涂而后装灯具的施工顺序可防止喷浆污染、损害灯具；先做顶棚装修而后做地面，可避免顶棚施工污染地坪。

4. 施工作业过程质量检验方法与检验程度的种类

1）检验方法

对于现场所用原材料、半成品、工序过程或工程产品质量进行检验的方法，一般可分为三类，即：目测法、量测法以及试验法。

（1）目测法。即凭借感官进行检查，也可以叫做观感检验。这类方法主要是根据质量要求，采用看、摸、敲、照等手法对检查对象进行检查。"看"就是根据质量标准要求进行外观检查;例如清水墙表面是否洁净,喷涂的密实度和颜色是否良好、均匀,工人的施工操作是否正常,混凝土振捣是否符合要求等。所谓"摸",就是通过触摸手感进行检查、鉴别,例如油漆的光滑度、牢固度等。所谓"敲",就是运用敲击方法进行观感检查,例如,对墙面瓷砖、大理石镶贴、地砖铺砌等的质量均可通过敲击检查,根据声音虚实、脆闷判断有无空鼓等质量问题。所谓"照"就是通过人工光源或反射光照射,仔细检查难以看清的部位。

(2)量测法。就是利用量测工具或计量仪表,通过实际量测结果与规定的质量标准或规范的要求相对照,从而判断质量是否符合要求。量测的手法可归纳为:靠、吊、量、套。所谓"靠",是用直尺检查诸如地面、墙面的平整度等。所谓"吊"是指用线锤检查垂直度。"量"是指用量测工具或计量仪表等检查断面尺寸、轴线、标高、温度、湿度等数值并确定其偏差,例如大理石板拼缝尺寸与超差数量、摊铺沥青拌和料的温度等。所谓"套",是指以方尺套方辅以塞尺,检查诸如踏角线的垂直度、预制构件的方正、门窗口及构件的对角线等。

(3)试验法。是利用理化试验或借助专门仪器判断检验对象质量是否符合要求。

① 理化试验。常用的理化试验包括物理力学性能方面的检验和化学成分及含量的测定两个方面。力学性能检验如像抗拉强度、抗压强度的测定等。物理性能方面的测定如密度、含水量、凝结时间等。化学试验如钢筋中的磷、硫含量,以及抗腐蚀等。

② 无损测试或检验。借助专门的仪器、仪表等手段在不损伤被探测物的情况下了解被探测物的质量情况。如超声波探伤仪、磁粉探伤仪等。

2)质量检验程度的种类

按质量检验的程度,即检验对象被检验的数量划分,可有以下几类:

(1)全数检验。主要是用于关键工序部位或隐蔽工程,以及那些在技术规程、质量检验验收标准或设计文件中有明确规定应进行全数检验的对象。例如,对安装模板的稳定性、刚度、强度,结构物轮廓尺寸等的检验。

(2)抽样检验。对于主要的建筑材料、半成品或工程产品等,由于数量大,通常大多采取抽样检验。抽样检验具有检验数量少、比较经济、检验所需时间较少等优点。

(3)免检。就是在某种情况下,可以免去质量检验过程。如对于实践证明其产品质量长期稳定、质量保证资料齐全者可考虑采取免检。

四、工程施工质量验收

《建筑工程施工质量验收统一标准》(GB 50300)将有关建筑工程的施工及验收规范和工程质量检验评定标准合并,组成新的工程质量验收规范体系,以统一建筑工程施工质量的验收方法、质量标准和程序。此标准坚持了"验评分离,强化验收、完善手段、过程控制"的指导思想,规定了建筑工程各专业工程施工验收规范编制的统一准则和单位工程验收质量标准、内容和程序等;增加了建筑工程施工现场质量管理和质量控制要求;提出了检验批质量检验的抽样方案要求;规定了建筑工程质量验收中子单位和子分部工程的划分、涉及建筑工程安全和主要使用功能的见证取样及抽样检测。建筑工程各专业工程施工质量验收规范必须与此标准配合使用。

在工程项目管理过程中,进行工程项目质量的验收,是施工项目质量管理的重要内容。项目经理必须根据合同和设计图纸的要求,严格执行国家颁发的有关工程项目质量验收标准,及时地配合监理工程师、质量监督站等有关人员进行质量评定和办理竣工验收交接手续。工程项目质量验收程序是按分项工程、分部工程、单位工程依次进行;工程项目质量等级只有"合格",凡不合格的项目则不予验收。

1. 基本术语

(1)验收。在施工单位自行质量检查评定的基础上,参与建设的有关单位共同对检验批、分项工程、分部工程、单位工程的质量进行抽样复验,根据相关标准以书面形式对工程质量达到合格与否作出确认。

(2)检验批。按同一的生产条件或规定的方式汇总起来供共检验用的,由一定数量样本组成的检验体。检验批是施工质量验收的最小单位,是分项工程验收的基础依据。构成一个检验批的产品,要具备以下基本条件:生产条件基本相同,包括设备、工艺过程、原材料等;产品的种类型号相同。如钢筋以同一品种、统一型号、统一炉号为一个检验批。

(3)主控项目。建筑工程中对安全、卫生、环境保护和公共利益起决定性作用的检验项目。如混凝土结构工程中"钢筋安装时,受力钢筋的品种、级别、规格和数量必须符合设计要求"。

(4)一般项目。除主控项目以外的检验项目都是一般项目。如混凝土结构工程中,"钢筋的接头宜设置在受力较小处。钢筋接头末端至钢筋弯起点的距离不应小于钢筋直径的 10 倍"。

(5)观感质量通过观察和必要的量测所反映的工程外在质量,如装饰石材面应无色差。

(6)返修对工程不符合标准规定的部位采取整修等措施。

(7)返工对不合格的工程部位采取的重新制作、重新施工等措施。

(8)工程质量不合格凡工程质量没有满足某个规定的要求,就称之为质量不合格。

2. 质量验收评定标准(质量验收合格条件)

在对整个项目进行验收时,应首先评定检验批的质量,以检验批的质量评定各分项工程的质量,以各分项工程的质量来综合评定分部(子分部)工程的质量,再以分部工程的质量来综合评定单位(子单位)工程的质量,在质量评定的基础上,再与工程合同及有关文件相对照,决定项目能否验收。工程项目质量验收逻辑关系如图 4-1 所示。

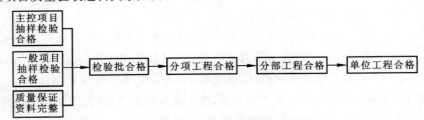

图 4-1　工程项目质量验收逻辑关系

1)检验批质量验收合格的条件

(1)主控项目和一般项目的质量经抽样检验合格。

(2)具有完整的施工操作依据、质量检查记录。

2)分项工程质量验收合格的条件

（1）分项工程所含检验批均应符合合格质量的规定。

（2）分项工程所含检验批的质量验收记录应完整。

3）分部（子分部）工程质量验收合格的条件

（1）分部（子分部）工程所含分项工程的质量均应验收合格。

（2）质量控制资料应完整。

（3）地基与基础、主体结构和设备安装等分部工程有关安全及功能的检验和抽样检测结果应符合有关规定。

（4）观感质量验收应符合要求。

4）单位（子单位）工程质量验收合格的条件

（1）单位（子单位）工程所含分部（子分部）工程的质量均应验收合格。

（2）质量控制资料应完整。

（3）单位（子单位）工程所含分部工程有关安全和功能的检测资料应完整。

（4）主要功能项目的抽查结果应符合相关专业质量验收规范的规定。

（5）观感质量验收应符合要求。

3. 质量验收的组织程序

1）检验批和分项工程质量验收的组织程序

检验批和分项工程验收前，施工单位先填好"检验批和分项工程的验收记录"；并由项目专业质量检验员和项目专业技术负责人分别在检验批和分项工程质量检验记录中相关栏目中签字，然后由监理工程师组织，严格按规定程序进行验收。检验批质量由专业监理工程师（或建设单位项目专业技术负责人）组织施工单位项目专业质量检查员等进行验收。分项工程质量应由监理工程师（或建设单位项目专业技术负责人）组织施工单位项目专业技术负责人等进行验收。

2）分部（子分部）工程质量验收组织程序

分部工程应由总监理工程师（或建设单位项目负责人）组织施工单位项目负责人和技术、质量负责人等进行验收。由于地基基础、主体结构技术性能要求严格，技术性强，关系到整个工程的安全，因此，规定与地基基础、主体结构分部工程相关的勘察、设计单位工程项目负责人和施工单位技术、质量部门负责人也应参加相关分部工程验收。

3）单位（子单位）工程质量验收组织程序

单位（子单位）工程质量验收在施工单位自评完成后，由总监理工程师组织初验收，再由建设单位组织正式验收。单位（子单位）工程质量验收记录应由施工单位填写，验收结论由监理单位填写，综合验收结论由参加验收各方共同商定，建设单位填写。具体程序如下。

（1）预验收当单位工程达到竣工验收条件后，施工单位应在自查、自评工作完成后，填写工程竣工报验单，并将全部竣工资料报送项目监理机构，申请竣工验收。总监理工程师应组织各专业监理工程师对竣工资料及各专业工程的质量情况进行全面检查，对检查出的问题，应督促施工单位及时整改。对需要进行功能试验的项目（包括单机试车和无负荷试车），监理工程师应督促施工单位及时进行试验，并对重要项目进行监督、检查，必要时请建设单位和设计单位参加；监理工程师应认真审查试验报告单并督促施工单位搞好成品保护和现场清理。经项目监理机构对竣工资料及实物全面检查、验收合格后，由总监理工程师签署工程竣工报验单，并向建设单位提出质量评估报告。

（2）正式验收建设单位收到工程验收报告后，应由建设单位（项目）负责人组织施工（含分包单位）、设计、监理等单位项目负责人进行单位（子单位）工程验收。单位工程由分包单位施工时，分包单位对所承包的工程项目应按规定的程序检查评定，总包单位应派人参加。分包工程完成后，应将工程有关资料交总包单位。建设工程经验收合格的，方可交付使用。在一个单位工程中，对满足生产要求或具备使用条件，施工单位已预验，监理工程师已初验通过的子单位工程，建设单位可组织进行验收。有几个施工单位负责施工的单位工程，当其中的施工单位所负责的子单位工程已按设计完成，并经自行检验，也可组织正式验收，办理交工手续。在整个单位工程进行全部验收时，已验收的子单位工程验收资料应作为单位工程验收的附件。

4.4.3　施工合同管理中的投资控制

一、施工合同价款确定及调整

1. 工程合同价款的约定

施工合同价款指发包人承包人在协议书中约定，发包人用以支付承包人按照合同约定完成承包范围内全部工程并承担质量保修责任的款项。招标工程的合同价款由发包人承包人依据中标通知书中的中标价格在协议书中约定。合同价款在协议书中约定后，任何一方不得擅自改变，但它通常并不是最终的合同结算价格。最终的合同结算价格还应包括在施工过程中发生、经工程师确认后追加的合同价款，以及发包人按照合同规定对承包人的扣减款项。

实行招标的工程合同价款应在中标通知书发出之日起 30 天内，由发、承包双方依据招标文件和中标人的投标文件在书面合同中约定。

不实行招标的工程合同价款，在发、承包双方认可的工程价款基础上，由发、承包双方在合同中约定。

2. 合同价款确定的方式

通常有三种确定合同价款的方式，分别是：

1）固定价格合同

双方在专用条款内约定合同价款包含的风险范围和风险费用的计算方法，在约定的风险范围内合同价款不再调整。风险范围以外的合同价款调整方法，应当在专用条款内约定。如果发包人对施工期间可能出现的价格变动采取一次性付给承包人一笔风险补偿费用办法，可在专用条款内写明补偿的金额和比例，写明补偿后是全部不予调整还是部分不予调整，以及可以调整项目的名称。

2）可调价格合同

合同价款可根据双方的约定而调整，双方在专用条款内约定合同价款的调整方法。

（1）可调价格合同中合同价格的调整因素。

① 法律、行政法规和国家有关政策变化影响合同价款；

② 工程造价管理部门（指国务院有关部门、县级以上人民政府建设行政主管部门或其委托的工程造价管理机构）公布的价格调整；

③ 一周内非承包人原因停水、停电、停气造成停工累计超过 8 小时;

④ 双方约定的其他因素。

此时,双方在专用条款中可写明调整的范围和条件,除材料费外是否包括机械费、人工费、管理费等,对《通用条款》中所列出的调整因素是否还有补充,如对工程量增减和工程量变更的数量有限制的,还应写明限制的数量;调整的依据应写明是哪一级工程造价管理部门公布的价格调整文件;写明调整的方法、程序,承包人提出调价通知的时间,工程师批准和支付的时间等。

可调价格合同分为可调单价合同和可调总价合同,实行工程量清单计价的工程,宜采用可调单价合同。

(2)可调价格合同中合同价款调整的程序。承包人应当在上述情况发生后 14 天内,将调整原因、金额以书面形式通知工程师,工程师确认调整金额后作为追加合同价款,与工程款同期支付。如工程师收到承包人通知后 14 天内不予确认也不提出修改意见,则视为已经同意该项调整。

3. 成本加酬金合同

合同价款包括成本和酬金两部分,双方在专用条款内约定成本构成和酬金的计算方法。

二、工程预付款

预付款是在工程开工前发包人预先支付给承包人用来进行工程准备的一笔款项。发、承包双方应在合同条款中对下列事项进行约定:

(1)预付工程款的数额。如为合同额的 5% ～15% 等。

(2)预付工程款的支付方式和时间。如根据承包人的工作量,于某年某月某日前按预付款额度比例支付等。

(3)预付款的扣除方式与比例。预付款一般应在工程竣工前全部扣回,可采取当工程进展到某一阶段如完成合同额的 60% ～65% 时开始起扣,也可从每月的工程付款中扣回。

合同中没有约定或约定不明的,由双方协商确定;协商不能达成一致的,按《建设工程工程量清单计价规范》(GB 50500—2013)执行。

(4)未按时支付预付款的违约责任。通用条款规定,预付时间应不迟于约定的开工日期前 7 天。发包人不按约定预付,承包人在约定预付时间 7 天后向发包人发出要求预付的通知,发包人收到通知后仍不能按要求预付,承包人可在发出通知后 7 天停止施工,发包应从约定应付之日起向承包人支付应付款的贷款利息,并承担违约责任。

三、工程款(进度款)的支付

1. 工程量的确认

对承包人已完成工程量进行计量、核实与确认,是发包人支付工程款的前提。发包人支付工程进度款,应按照合同约定计量和支付,支付周期同计量周期。承包人应在每个付款周期末,向发包人递交进度款支付申请,并附相应的证明文件。除合同另有约定外,进度款支付申请应包括下列内容:

(1)本周期已完成工程的价款;

(2)累计已完成的工程价款;

(3)累计已支付的工程价款;

（4）本周期已完成计日工金额；

（5）应增加和扣减的变更金额；

（6）应增加和扣减的索赔金额；

（7）应抵扣的工程预付款；

（8）应扣减的质量保证金；

（9）根据合同应增加和扣减的其他金额；

（10）本付款周期实际应支付的工程价款。

工程量具体的确认程序如下：

（1）承包人应按专用条款约定的时间，向工程师提交已完工程量的报告。

（2）工程师接到报告后 7 天内按设计图纸核实已完工程量（以下简称计量），并在计量前 24 小时通知承包人。承包人为计量提供便利条件并派人参加。承包人收到通知后不参加计量，计量结果有效，作为工程价款支付的依据。

（3）工程师收到承包人报告后 7 天内未进行计量，从第 8 天起，承包人报告中开列的工程量即视为已被确认，作为工程价款支付的依据。

（4）工程师不按约定时间通知承包人，致使承包人未能参加计量，计量结果无效。

（5）工程计量时，若发现工程量清单中出现漏项、工程量计算偏差，以及工程变更引起工程量的增减，应按承包人在履行合同义务过程中实际完成的工程量计算。

（6）对因承包人原因造成返工的工程量，工程师不予计量。

2. 工程款（进度款）结算方式

合同双方应在专用条款中明确工程款的结算是按月结算、按形象进度结算、按竣工后一次性结算，还是按其他方式结算。

（1）按月结算。这是国内外常见的一种工程款支付方式，一般在每个月末，承包人提交已完工程量报告，经工程师审查确认，签发月度付款证书后，由发包人按合同约定的时间支付工程款。

（2）按形象进度结算。这是国内一种常见的工程款支付方式，实际上是按工程形象进度分段结算。当承包人完成合同约定的工程形象进度时，承包人提出已完工程量报告，经工程师审查确认，签发付款证书后，由发包人按合同约定的时间支付工程款。

（3）竣工后一次性结算。当工程项目工期较短（12 个月内）或合同价格较低（100 万元以下）时，可采用工程价款每月月中预支、竣工后一次性结算的方法。

（4）其他结算方式。结算双方可以在专用条款中约定采用并经开户银行同意的其他结算方式。

3. 工程款（进度款）支付的程序和责任

（1）发包人应在合同约定时间内核对和支付工程进度款。在确认计量结果后 14 天内（发包人在收到承包人递交的工程进度款支付申请及相应的证明文件后），发包人应向承包人支付工程款（进度款）。同期用于工程的发包人供应的材料设备价款、按约定时间发包人应扣回的预付款，与工程款（进度款）同期调整。合同价款调整、工程师确认增加的工程变更价款及追加的合同价款、发包人或工程师同意确认的工程索赔款等，也应与工程款（进度款）同期调整支付。

（2）发包人超过约定的支付时间不支付工程款（进度款），承包人可向发包人发出要求付款的通知。发包人未在合同约定时间内支付工程进度款，承包人应及时向发包人发出要求付款的通知,发包人收到承包人通知后仍不按要求付款,可与承包人协商签订延期付款协议,协议应明确延期支付的时间和从付款申请生效后按同期银行贷款利率计算应付款的利息。

(3)发包人不按合同约定支付工程进度款,双方又未达成延期付款协议,导致施工无法进行时,承包人可停止施工,由发包人承担违约责任。

四、安全防护措施费用及其他费用的的确认与支付

承包人在投标报价措施项目清单中包含的通用措施项目费用包括:安全文明施工费(含环境保护、文明施工、安全施工、临时设施)、夜间施工费、二次搬运费、冬雨季施工费、大型机械设备进出场及安拆费、施工排水费、施工降水费、地上地下设施,建筑物的临时保护设施费、已完工程及设备保护费。措施项目清单中的安全文明施工费应按照国家或省级、行业建设主管部门的规定计价,不得作为竞争性费用。

1. 安全施工

承包人应遵守工程建设安全生产有关管理规定,严格按安全标准组织施工,并随时接受行业安全检查人员依法实施的监督检查,采取必要的安全防护协施消除事故隐患。由于承包人安全措施不力造成事故的责任和因此而发生的费用,由承包人承担。

发包人应对其在施工场地的工作人员进行安全教育,并对他们的安全负责。发包人不得要求承包人违反安全管理规定进行施工。因发包人原因导致的安全事故,由发包人承担相应责任及所发生的费用。

承包人在动力设备、输电线路、地下管道、密封防震车间、易燃易爆地段以及临街交通要道附近施工时,施工开始前应向工程师提出安全保护措施,经工程师认可后实施。由发包人承担防护措施费用。

承包人在实施爆破作业或在放射、毒害性环境中施工(含储存、运输、使用)及使用毒害性、腐蚀性物品施工时,承包人应在施工前 14 天以书面形式通知工程师,并提出相应的安全防护措施,经工程师认可后实施,由发包人承担安全防护措施费用。

发生重大伤亡及其他安全事故,承包人应按有关规定立即上报有关部门并通知工程师,同时按政府有关部门要求处理,由事故责任方承担发生的费用。双方对事故责任有争议时,应按政府有关部门的认定处理。

2. 运用专利技术及特殊工艺发生费用的确认

发包人要求使用专利技术或特殊工艺,应负责办理相应的申报手续,承担申报、试验、使用等费用。承包人应按发包人要求使用,并负责试验等有关工作。承包人提出使用专利技术或特殊工艺,应取得工程师认可,承包人负责办理申报手续并承担有关费用。擅自使用专利技术侵犯他人专利权的,责任者依法承担相应责任。

3. 地下文物保护费和地下障碍物处置费

在施工中发现古墓、古建筑遗址等文物及化石或其他有考古、地质研究等价值的物品时,承包人应立即保护好现场并于 4 小时内以书面形式通知工程师,工程师应于收到通知后 24 小时内报告当地文物管理部门,发包人和承包人按文物部门的要求采取妥善保护措施。发包人承担由此发生的费用,延误的工期相应顺延。如发现后隐瞒不报,致使文物遭受破坏,责任者依法承担相应责任。

施工中发现影响施工的地下障碍物时,承包人应于 8 小时内以书面形式通知工程师,同时提出处置方案,工程师在收到处置方案后 24 小时内予以认可或提出修正方案。发包人承担由此发生的费用,延误的工期相应顺延。所发现的地下障碍物有归属单位时,发包人应报请有关部门协同处置。

五、索赔与现场签证管理

1. 索赔及索赔费用的认可

合同一方向另一方提出索赔时,应有正当的索赔理由和有效证据,并应符合合同的相关约定。若承包人认为非承包人原因发生的事件造成了承包人的经济损失,承包人应在确认该事件发生后,按合同约定向发包人发出索赔通知。发包人在收到最终索赔报告后并在合同约定时间内,未向承包人作出答复,视为该项索赔已经认可。

2. 承包人索赔费用认可程序

(1)承包人在合同约定的时间内向发包人递交费用索赔意向通知书,并在合同约定的时间内向发包人递交费用索赔申请表。

(2)发包人指定的专人初步审查费用索赔申请表。经造价工程师复核索赔金额后,与承包人协商确定并由发包人批准;承包人的费用索赔与工程延期索赔要求相关联时,发包人在作出费用索赔的批准决定时,应结合工程延期的批准,综合作出费用索赔和工程延期的决定。

3. 现场签证及现场签证费用的确认

若承包人应发包人要求完成合同以外的零星工作或非承包人责任事件发生时,承包人应按合同约定及时向发包人提出现场签证。发、承包双方确认的现场签证费用与工程进度款同期支付。

六、工程价款的调整

1. 工程价款调整的情形

(1)招标工程以投标截止日前 28 天,非招标工程以合同签订前 28 天为基准日,其后国家的法律、法规、规章和政策发生变化影响工程造价的,应按省级或行业建设主管部门或其授权的工程造价管理机构发布的规定调整合同价款。

(2)若施工中出现施工图纸(含设计变更)与工程量清单项目特征描述不符的,发、承包双方应按新的项目特征确定相应工程量清单项目的综合单价。

(3)因分部分项工程量清单漏项或非承包人原因的工程变更,造成增加新的工程量清单项目,其对应的综合单价按下列方法确定:

① 已有适用的综合单价,按合同中已有的综合单价确定;

② 有类似的综合单价,参照类似的综合单价确定;

③ 没有适用或类似的综合单价,由承包人提出综合单价,经发包人确认后执行。

(4)分项工程量清单漏项或非承包人原因的工程变更,引起措施项目发生变化,造成施工组织设计或施工方案变更,原措施费中已有的措施项目,按原措施费的组价方法调整;原措施费中没有的措施项目,由承包人根据措施项目变更情况,提出适当的措施费变更,经发包人确认后调整。

（5）发包人原因引起的工程量增减,该项工程量变化在合同约定幅度以内的,应执行原有的综合单价;该项工程量变化在合同约定幅度以外的,其综合单价及措施项目费应予以调整。

（6）期内市场价格波动超出一定幅度时,应按合同约定调整工程价款;合同没有约定或约定不明确的,应按省级或行业建设主管部门或其授权的工程造价管理机构的规定调整。

（7）因承包人原因导致工程变更,承包人无权要求追加合同价款。

2.价款调整的程序

（1）价款调整的报告由受益方在合同约定时间（通常为调整报告,如设计变更报告确认后14天）内调整合同价款。受益方未在合同约定时间内提出工程价款调整报告的,视为不涉及合同价款的调整。

（2）工程价款调整报告的一方应在合同约定时间内确认或提出协商意见,否则,视为工程价款调整报告已经确认。

（3）发、承包人调整的工程价款,作为追加（减）合同价款与工程进度款同期支付。

七、竣工结算

1.承包人递交竣工结算报告及有关责任

（1）工验收报告经发包人认可后28天内,承包人向发包人递交竣工结算报告及完整的结算资料,双方按照协议书约定的合同价款及专用条款约定的合同价款调整内容,进行工程竣工结算。

（2）竣工结算由承包人或受其委托具有相应资质的工程造价咨询人编制,由发包人或受其委托具有相应资质的工程造价咨询人核对。

（3）竣工结算依据:《建设工程工程量清单计价规范》（GB 50500—2013）;施工合同;工程竣工图纸及资料;双方确认的工程量;双方确认追加（减）的工程价款;双方确认的索赔、现场签证事项及价款;投标文件;招标文件;其他依据。

（4）竣工验收报告经发包人认可后28天内,承包人未能向发包人递交竣工结算报告及完整的结算资料,造成工程竣工结算不能正常进行或工程竣工结算价款不能及时支付,发包人要求交付工程的,承包人应当交付,发包人不要求交付工程的,承包人承担保管责任。

2.竣工结算价款的支付

发包人确认竣工结算报告后通知经办银行向承包人支付工程竣工结算价款。承包人在到竣工结算价款后14天内将竣工工程交付发包人。

3.发包人不支付竣工结算价款的违约责任

（1）发包人收到竣工结算报告及结算资料后28天内无正当理由不支付工程竣工结算价款,从第29天起按承包人同期向银行贷款利率支付拖欠工程价款的利息,并承担违约责任。

（2）发包人收到竣工结算报告及结算资料后28天内不支付工程竣工结算价款,承包人可以催告发包人支付结算价款。发包人在收到竣工结算报止及问资料后56天内仍不支付的,承包人可以与发包人协以将该工程折价,也可以由承包人申请人民法院将该工程依法拍卖,承包人就该工程折价或者拍卖的价款优先受偿。

【案例4－8】

1.背景

　　某建设单位采用工程量清单报价形式对某建设工程项目进行邀请招标,在招标文件中发包人提供了工程量清单、工程量暂定数量、工程量计算规则、分部分项工程单价组成原则、合同文件内容、投标人填写综合单价,工程造价暂定 800 万元,合同工期 12 个月。某施工单位中标承接了该项目,双方参照现行的《建设工程施工合同(示范文本)》签订了固定价格合同

　　在工程施工过在中,遇到了特大暴雨引发的山洪暴发,造成现场临时道路、管网和其他临时设施遭到损坏。该施工单位认为合同文件的优先解释顺序是:①本合同协议书;②本合同专用条款;③本合同通用条款;④中标通知书;⑤投标书及附件;⑥标准、规范及有关技术文件;⑦工程量清单;⑧图纸;⑨工程报价单或预算书。合同履行中,发包人、承包人有关工程的洽商、变更等书面协议或文件视为本合同的组成部分。此外,施工过程中,钢筋价格由原来的 2500 元/t,上涨到 3300 元/t,该施工单位经过计算,认为中标的钢筋制作安装的综合单价每吨亏损 800 元,于是,施工单位向建设单位提出索赔,请求给予酌情补偿。

　　2. 问题

　　(1)你认为案例中合同文件的优先解释顺序是否妥当? 请给出合理的合同文件的优先解释顺序。

　　(2)施工单位就特大暴雨事件提出的索赔能否成立? 为什么?

　　(3)施工单位就钢筋涨价事件提出的索赔能否成立? 为什么?

　　(4)因不可抗力事件造成的时间及经济损失应由谁来承担,应采用哪些具体方法解决问题?

　　3. 分析

　　本案例主要考核对建设工程施工合同文件组成的掌握,主要依据是《合同法》以及施工合同示范文本的相关内容。

　　4. 答案

　　(1)不妥当。合理的合同文件的优先解释是:①本合同协议书;合同履行中,发包人、承包人有关工程的洽商、变更等书面协议或文件视为本合同的组成部分。②中标通知书。③投标书及其附件。④本合同专用条款。⑤本合同通用条款。⑥标准、规范及有关技术文件。⑦图纸。⑧工程量清单。⑨工程报价单或预算书。

　　(2)能成立。因特大暴雨事件引发的山洪暴发,应按不可抗力处理由此引起的索赔问题。已损坏的现场临时道路、管网和其他临时设施等经济损失应由建设单位承担,工期顺延。

　　(3)不能成立。根据合同文件中招标文件和合同专用条款的有关约定,该建设工程项目属于固定价格合同,合同价款不再调整。

　　(4)不可抗力事件造成的时间及经济损失,应由双方按以下方法分别承担:

　　① 工程本身的损害、因工程损害导致第三人人员伤亡和财产损失以及运至施工场地用于施工的材料和待安装的设备的损害,由发包人承担;

　　② 发包人、承包人人员伤亡由其所在单位负责,并承担相应费用;

　　③ 承包人机械设备损坏及停工损失,由承包人承担;

　　④ 停工期间,承包人应工程师要求留在施工场地的必要的管理人员及保卫人员的费用由发包人承担;

　　⑤ 工程所需清理、修复费用,由发包人承担;

⑥ 延误的工期相应顺延。

【案例 4-9】

1. 背景

某建设项目结构工程完成后,在装修施工图纸设计没有完成前,业主通过招标选择了一家装修总承包单位承包该工程的装修任务,由于设计工作尚未完成,承包范围内待实施的工程虽性质明确,但工程量难以确定,双方商定拟采用总价合同形式签订施工合同同,以减少双方的风险。施工合同签订前,业主委托本工程监理单位协助审核施工合同。监理工程师在审核业主(甲方)与施工单位(乙方)草拟的施工合同条件,发现合同中有以下一些条款:

(1)施工合同的解释顺序为:合同协议书、技标书及其附件、中标通知书、合同通用条款、合同专用条款、标准规范、工程量清单、图纸。

(2)乙方按工程师批准的施工组织设计(或施工方案)组织施工,乙方不应承担因此引起的工期延误和费用增加的责任。

(3)乙方不得将工程转包,但允许分包,也允许分包单位将分包的工程再次分包给其他分包施工单位。

(4)工程师的检查检验不应影响施工正常进行,如影响施工正常进行,检查检验不合格时,影响正常施工的费用由承包人承担,工期不予顺延;除此之外影响正常施工的追加合同价款由发包人承担,相应顺延工期。

(5)乙方应按协议条款约定的时间,向工程师提交实际完成工程量的报告,工程师接到报告后7天内按乙方提供的实际完成的工程量报告核实工程量(计量),并在计量24小时通知乙方。

(6)乙方努力使工期提前的,按提前产生利润的一定比例提成。

2. 问题

(1)业主与施工单位选择的总价合同形式是否恰当?为什么?

(2)指出所提供的合同条款的不妥之处,应如何改正?

3. 分析与答案

(1)本合同不宜采用总价合同形式,因为该项目装修工程图纸尚未完成,工程量难以确定。

(2)合同条款不妥之处有:

① 第1条施工合同解释顺序不妥。应改正为:施工合同的解释顺序为:合同协书、中标通知书、投标书及其附件、合同专用条款、合同通用条款、标准规范、图纸、工程量清单。

② 第2条"乙方不应承担因此引起的工期延误和费用增加的责任"不妥。应改正为:乙方按工程师批准的施工组织设计(或施工方案)组织施工,不应承担由于非自身原因引起的工期延误和费用增加的责任。

③ 第3条"也允许分包单位将分包的工程再次分包给其他分包施工单位"不妥。应改正为:不允许分包单位再次分包。

④ 第4条正确。

⑤ 第5条"工程师接到报告后7天内按乙方提供的实际完成的工程量(计量)"不妥。应改正为:工程师接到报告后7天内按设计图纸对已完工程量进行计量。

⑥ 第6条"按提前产生的利润的一定比例提成"不妥。应改正为:按合同规定得到奖励。

【案例 4－10】

1. 背景

某综合楼工程采用总承包模式，根据总包合同，总包单位将地基基础工程分包给某施工单位。总包单位在自购钢筋进场之前按要求向专业监理工程师提交了质量保证资料，在监理员见证下取样送检，经法定检测单位检测证明钢筋性能检测结果合格，工程师经审查同意该批钢筋进场使用。但在基础工程柱子钢筋验收时，工程师发现分包单位未做钢筋焊接性能试验，工程师责令总包单位在监理人员见证下取样送检，试验发现钢筋焊接性能不合格。经过钢筋重新检验，最终确认是由于该批钢筋性能不合格而造成的钢筋焊接性能不合格。工程师随即发出不合格项目通知，要求总包单位拆除不合格钢筋工程，同时报告业主代表。总包工单位以本批钢筋已经监理人员验收，不同意拆除，并提出若拆除，应延长工期 10 天，补偿直接损失 40 万元的索赔要求。

2. 问题

(1)《建设工程施工合同(示范文本)》对施工单位采购材料的进场程序和相关责任是如何规定的？

(2)如果钢筋是由建设单位采购的，进场程序和相关责任是如何规定的？

(3)总包单位是否承担质量责任？为什么？该质量问题存在哪些索赔关系？

3. 分析与答案

(1)施工单位采购材料的进场程序和相关责任如下：

① 承包人负责采购材料设备的，应按照专用条款约定及设计和有关标准要求采购，并提供产品合格证明，对材料设备质量负责。承包人在材料设备到货前 24 小时通知工程师清点。

② 承包人采购的材料设备与设计或标准要求不符时，承包人应按工程师要求的时间运出施工场地，重新采购符合要求的产品，承担由此发生的费用，由此延误的工期不予顺延。

③ 承包人采购的材料设备在使用前，承包人应按工程师的要求进行检验或试验，不合格的不得使用，检验或试验费用由承包人承担。

④ 工程师发现承包人采购并使用不符合设计或标准要求的材料设备时，应要求由承包人负责修复、拆除或重新采购，并承担发生的费用，由此延误的工期不予顺延。

(2)建设单位采购钢筋的进场程序和相关责任如下：

① 发包人按约定的内容提供材料设备，并向承包人提供产品合格证明，对其质量负责。发包人在所供材料设备到货前 24 小时，以书面形式通知承包人，由承包派人与发包人共同清点。

② 发包人供应的材料设备，承包人派人参加清点后由承包人妥善保管。因承包人原因发生丢失损坏，由承包人负责赔偿。

③ 发包人未通知承包人清点，承包人不负责材料设备的保管，丢失损坏由发包人负责。

④ 发包人供应的材料设备与一览表不符时，发包人承担有关责任。

⑤ 发包人供应的材料设备使用前，由承包人负责检验或试验，不合格的不得使用，检验或试验费用由发包人承担。

(3)总包单位应承担质量责任，因为总包单位购进了不合格材料。

该质量问题存在的索赔关系包括：分包单位向总包单位索赔工期和费用。如果该事件影响合同工期，业主可向总包单位索赔误期损失赔偿费。

【案例 4 - 11】

1. 背景

某开发公司投资兴建一栋普通商业楼工程项目,该商业楼建筑面积 4000 m^2,全面浇钢筋混凝土框架结构。招标文件中要求投标的企业应有同类工程的施工经验。按照公开招标的程序,经过资格预审及公开开标、评标后甲建筑公司获得中标。中标后甲建筑公司与开发公司签订了建筑安装工程承包合同,承包合同规定工程的合同方式采用固定总价合同,合同规定工期为 18 个月,合同总价为 800 万。

2. 问题

(1)该工程项目的合同方式是否妥当?理由是什么?

(2)发包人和承包人应当在合同条款中对涉及工程价款结算的哪些事项进行约定?

3. 分析

本案例主要考核建设工程施工合同的类型及其适用性,合同价款约定的内容。

4. 标准答案

(1)该工程采用的合同方式妥当。由于固定总价合同一般适用于施工条件明确、工程量能够较准确地计算、工期较短、技术不太复杂、合同总价较低且风险不大的工程项目。本案例工程基本符合上述条件,故采用固定总价合同是合适的。

(2)根据财政部、原建设部共同发布的《建设工程价款结算暂行办法》(财建发〔2004〕369 号),发包人、承包人应当在合同条款中对涉及工程价款结算的下列事项进行约定:

① 预付工程款的数额、支付时限及抵扣方式。

② 工程进度款的支付方式、数额及时限。

③ 工程施工中发生变更时,工程价款调整方法、索赔方式、时限要求及金额支付方式。

④ 发生工程价款纠纷的解决方法。

⑤ 约定承担风险的范围及幅度以及超出约定范围和幅度的调整办法。

⑥ 工程竣工价款的结算与支付方式、数额及时限。

⑦ 工程质量保证(保修)金的数额、预扣方式及时限。

⑧ 安全措施和意外伤害保险费用。

⑨ 工期及工期提前或延后的奖惩办法。

⑩ 与履行合同、支付价款相关的担保事项。

【案例 4 - 12】

1. 背景

某企业 2008 年拟将该企业投资兴建的一栋商业楼改为商务酒店。由于工期紧,该企业边进行图纸报审边进行招标。经过招标,某装修公司获得中标。该工程工期为 2008 年 5 月 15 日至 2008 年 9 月 15 日,必须保证十一旅游黄金周正式营业,否则,逾期一天罚款 1 万元。鉴于该工程的资金紧张,该装修公司(乙方)于 2008 年 5 月 5 日与建设单位(甲方)签订了该工程项目的固定总价施工合同。

乙方进入施工现场后,由于甲方擅自更改了外立面设计和外门头超越红线等原因,施工图纸未通过规划局审批,无法取得开工证。甲方口头要求乙方暂停施工半个月,预付工程款也未按合同约定日期拨付,乙方在会议中同意,但没有会议纪要等有效证据。

6 月 15 日,甲方手续方办理完备。乙方为保证按期完工,在抢工过程中忽视了施工质量,在质检站抽检过程中,外墙瓷砖粘贴不牢固,拉拔试验不合格,被要求返工。工程直至 2008 年 10 月 30 日才竣工。

结算时甲方认为乙方迟延工期,应按合同约定偿付逾期违约金 20 万元。乙方认为临时停工是甲方要求的,乙方为保证施工工期,加快施工进度才出现了质量问题,因此迟延交付的责任不在乙方。甲方则认为临时停工和不顺延工期是当时乙方答应的,乙方就应履行承诺,承担违约责任。

2. 问题

(1)该工程采用固定总价合同是否合适?

(2)该施工合同的变更形式是否妥当? 此合同争议依据合同法律规范应如何处理?

3. 分析

本案例主要考核建设工程施工合同的类型及其适用性,解决合同争议的法律依据。解决合同争议的法律依据主要是《中华人民共和国民法通则》、《中华人民共和国合同法》与《建设工程施工合同(示范文本)》的有关规定。

【课堂活动】　依据相关法律规定和所学知识,以模拟项目部为单位,对施工阶段合同双方存在的问题进行讨论和分析。

1. 背景

某工程,建设单位委托监理单位承担施工阶段和工程质量保修期的监理工作,施工单位与建设单位按《建设工程施工合同(示范文本)》签订了施工合同。基坑支护施工中,项目监理机构发现施工单位采用了一项新技术,未按已批准的施工技术方案施工。项目监理机构认为本工程使用该项新技术存在安全隐患,总监理工程师下达了工程暂停令,同时报告了建设单位。施工单位认为该项新技术通过了有关部门的鉴定,不会发生安全问题,仍继续施工。于是项目监理机构报告了建设行政主管部门。施工单位在建设行政主主管部门的干预下才暂停了施工。施工单位复工后,就此事引起的损失向项目监理机构提出索赔。

建设单位也认为项目监理机构"小题大做"致使工程延期,要求监理单位对此事承担相应责任。该工程施工完成后,施工单位按竣工验收有关规定,向建设单位提交了竣工验收报告。建设单位未及时验收,到施工单位提交竣工后第 45 天时发生台风,致使工程已安装的门窗玻璃部分损坏。建设单位要求施工单位对损坏的门窗玻璃进行无偿修复,施工单位不同意无偿修复。

2. 问题

(1)在施工阶段施工单位的哪些做法不妥? 说明理由。

(2)建设单位的哪些做法不妥?

【案例 4-13】

1. 背景

甲建筑公司作为工程总承包商,承接了某市冶金机械厂的施工任务,该项目由铸造车间、机加工车间、检测中心等多个工业建筑和办公楼等配套工程,经建设单位同意,车间等工业建筑由甲公司施工,将办公楼土建装修分包给乙建筑公司,为了确保按合同工期完成施工任务,甲公司和乙公司均编制了施工进度计划。

2. 问题

（1）甲、乙公司应当分别编制哪些施工进度计划？

（2）乙公司编制施工进度计划时的主要依据是什么？

（3）编制施工进度计划常用的表达形式有哪两种？

3. 分析与答案

本案例主要考核施工进度计划的编制对象、依据、表达形式。

（1）甲公司首先应当编制施工总进度计划，对总承包工程有一个总体进度安排。对于自己施工的工业建筑和办公楼主体还应编制单位工程施工进度计划、分部分项工程进度计划和季度（月、旬或周）进度计划。乙公司承接办公楼装饰工程，应当在甲公司编制单位工程施工进度计划基础上编制分部分项工程进度计划和季度（月、旬或周）进度计划。

（2）主要依据有施工图纸和相关技术资料、合同确定的工期、施工方案、施工条件、施工定额、气象条件、施工总进度计划。

（3）施工进度计划的表达形式一般采用横道图和网络图。

【案例 4－14】

1. 背景

某建设单位投资兴建科研楼工程，为了加快工程进度分别与三家施工单位签订了土建施工合同、电梯安装施工合同、装饰装修施工合同。三个合同都提出了一项相同的条款：建设单位应协调现场的施工单位，为施工单位创造可利用条件，如垂直运输等。

土建施工单位开槽后发现一输气管道影响施工。建设单位代表察看现场后，认为施工单位放线有误，提出重新复查定位线。施工单位配合复查，没有查出问题。一天后，建设单位代表认为前一天复查时仪器有问题，要求更换测量仪器再次复测。施工单位只好停工配合复测，最后证明测量无错误。为此，施工单位向建设单位提出了反复检查两次的配合费用的索赔要求。

此外，土建施工单位在工程顶层结构楼板吊装施工的时候，电梯安装单位进入施工现场，而后装饰装修单位也在施工现场进行了大量垂直运输工作，三家施工单位因卷扬机吨位不足发生了矛盾。由于建设单位没有协调好三个施工单位的协作关系，他们互相之间又没有合同约束，引起了电梯安装单位和装饰装修单位的索赔要求。最终，整个工程的工期延误了 43 天。

2. 问题

（1）建设单位代表在任何情况下要求重新检验，施工单位是否必须执行？其主要依据是什么？

（2）土建施工单位索赔是否有充分的理由？

（3）若再次检验不合格，施工单位应承担什么责任？

（4）电梯安装单位和装饰装修单位能否就工期延误向建设单位索赔？为什么？

3. 分析与答案

（1）建设单位代表在任何情况下要求施工单位重新检验，施工单位必须执行，这是施工单位的义务。其主要依据是《建筑工程质量管理条例》第 26 条：施工单位对建设工程的施工质量负责。

（2）土建施工单位索赔有充分的理由。因为该分项工程已检验合格，建设单位代表要求复验，复验结果若合格，建设单位应承担由此发生的一切费用。

（3）若再次检验不合格，施工单位应承担由此发生的一切费用。

（4）能索赔。由于建设单位未履行该工程的电梯安装施工合同和装饰装修施工合同中的相关条款，即"建设单位应协调现场的施工单位，为施工单位创造可利用条件，如垂直运输等"，因此，电梯安装单位和装饰装修单位可以就工期补偿或费用补偿向建设单位提出索赔。

【课堂活动】　按照模拟项目部的相关人员组成，结合本单元的学习内容和建设工程质量检查和验收的相关技术要求对以下案例进行分析讨论：

1. 背景

某办公楼建筑面积 23 723 平方米，6 层现浇钢筋混凝土框架结构，项目施工时发生如下事件：

事件一：在一至四层钢筋下料时，剩下许多 1～2m 的钢筋，项目经理要求将钢筋用闪光对焊接长至 6m（每根钢筋至少有 2～3 个焊接接头），用于 5 层框架中。

事件二：为了加快模板与支撑的周转，项目经理要求现浇混凝土时，多做两组混凝土标准养护试块，待标准养护试块强度达到设计的 75% 时，立即拆除梁板（跨度均小于 8m）模板与支撑。

2. 问题

（1）事件一中项目经理的要求是否正确？为什么？

（2）事件二中项目经理的要求是否正确？为什么？

（3）施工单位现场质量检查的方法有哪些？

（4）为保证质量又降低成本，施工单位对进场材料质量控制的要领是什么？

【案例 4-15】

1. 背景

某施工单位（承包人）于 2011 年 2 月参加某综合楼工程的投标，根据业主提供的全部施工图纸和工程量清单提出报价并中标，2011 年 3 月开始施工。该工程采用的合同方式为以工程量清单为基础的固定单价合同。计价依据为《建设工程工程量清单计价规范》。

合同约定了合同价款的调整因素和调整方法，摘要如下：

1）合同价款的调整因素

（1）分部分项工程量清单：设计变更、施工洽商部分据实调整。由于工程量清单的工程数量与施工图纸之间存在差异，幅度在 ±3% 以内的，不予调整；超出 ±3% 的部分据实调整。

（2）措施项目清单：投标报价中的措施费，包干使用，不做调整。

（3）综合单价的调整：出现新增、错项、漏项的项目或原有清单工程量变化超过 ±10% 的调整综合单价。

2）调整综合单价的方法

（1）由于工程量清单错项、漏项或设计变更、施工洽商引起新的工程量清单项目，其相应综合单价由承包人根据当期市场价格水平提出，经发包人确认后作为结算的依据。

（2）由于工程量清单的工程数量有误或设计变更、施工洽商引起工程量增减，幅度在 10% 以内的，执行原有综合单价；幅度在 10% 以外的，其增加部分的工程量或减少后剩余部分的工程量的综合单价由承包人根据当期市场价格水平提出，经发包人确认后，作为结算的依据。

施工过程中发生了以下事件。

事件一：工程量清单给出的基础垫层工程量为 180 m³，而根据施工图纸计算的垫层工程量为 185m³。

事件二：工程量清单给出的挖基础土方工程量为 9600 m³，而根据施工图纸计算的挖基础土方工程量为 10 080m³。挖基础土方的综合单价为 40 元/m³。

事件三：合同中约定的施工排水、降水费用为 133 000 元，施工过程中考虑到该年份雨水较多，施工排水、降水费用增加到 140 000 元。

事件四：施工过程中，由于预拌混凝土出现质量问题，导致部分梁的承载能力不足，经设计和业主同意，对梁进行了加固，设计单位进行了计算并提出加固方案。由于此项设计变更造成费用增加 8000 元。

事件五：因业主改变部分房间用途，提出设计变更，防静电活动地面由原来的 400 m² 增加到 500 m²，合同确定的综合单价为 420 元/m²，施工时市场价格水平发生变化，施工单位根据当时市场价格水平，确定综合单价为 435 元/m²，经业主和监理工程师审核并批准。

2. 问题

（1）该工程采用的是固定单价合同，合同中又约定了综合单价的调整方法，该约定是否妥当？为什么？

（2）该项目施工过程中所发生的以上事件，是否可以进行相应合同价款的调整，应如何调整？

3. 分析

本案例主要考核合同价款的调整。通过案例教学，要求学生掌握工程合同价款的约定和调整，掌握预付款、进度款的计算，掌握竣工工程的结算。其主要依据有《建设工程工程量清单计价规范》（GB 50500—2008），财政部、建设部共同发布的《建设工程价款结算暂行办法》（财建〔2004〕369 号）和《建设工程施工合同（示范文本）》（GF—1999—0201），以及《建筑工程施工发包与承包计价管理办法》（建设部令第 107 号）等。

4. 答案

（1）该约定妥当。根据《建设工程施工合同（示范文本）》，固定价格合同是指双方在约定的风险范围内合同价款不再调整。风险范围以外的合同价款调整方法，在专用条款内约定。本案例综合单价在风险范围内不再调整，专用条款约定的调整范围，是指风险范围以外的合同价款调整。

（2）本案例中所发生的事件，应按如下方法处理。

事件一：不可调整。工程量清单的基础垫层工程量与按施工图纸计算工程量的差异幅度为：（185 − 180）÷180 = 2.78% < 3%。

根据本案例合同条款，工程量清单的工程数量与施工图纸之间存在差异，幅度在 ±3% 以内的，不予调整。因此依据合同不予调整。

事件二：可调整。工程量清单的挖基础土方工程量与按施工图纸计算工程量的差异幅度为：（10080 − 9600）÷9600 = 5% > 3%。

该工程量差异幅度已经超过 3%，依据合同可以进行调整。超出 3% 部分可以调整，即可以调整的挖基础土方工程量为：10080 − 9600 ×（1 + 2%）= 288m³。

由于工程量差异幅度为 5%，未超过合同约定的 10%，因此按合同约定执行原有综合单价，应调整的价款为：40 × 288 = 11520 元。

事件三：不可调整。施工排水、降水属于措施费，按合同约定不能调整。

事件四：不可调整。预拌混凝土出现质量问题属于承包商的问题，根据《建设工程施工合同（示范文本）》通用条款规定，因承包人自身原因导致的工程变更，承包人无权要求追加合同价款。

事件五：可调整。因为该事件是由于设计变更引起的工程量增加。合同约定由于设计变更、施工洽商部分引起工程量增减据实调整。本案例工程量增加的幅度为：

$$（500 - 400）÷400 = 25\%$$

增加幅度已超过 10%，按合同可以进行综合单价调整。根据合同约定，幅度在 10% 外的，增加部分的工程量的综合单价由承包人根据市场价格水平提出，并经发包人确认。

应结算的价款为：

按原综合单价计算的工程量为：$400 ×（1 + 10\%）= 440 m^2$

按新的综合单价计算的工程量为：$\left[500 - 40 ×（1 + 10\%）\right] = 500 - 440 = 60 m^2$

调整后的价款为：$420 × 440 + 435 × 60 = 210\,900$ 元

任务 5　建设工程施工索赔

4.5.1　认知建设工程索赔基本知识

一、索赔的概述

所谓索赔，按照《建设工程施工合同（示范文本）》（GF—2013—0201）的约定，指在合同履行过程中，对于非自己的过错，而是应由对方承担责任的情况造成的实际损失，向对方提出经济补偿和（或）工期顺延的要求。根据建筑市场的惯例，我们经常所称的索赔是狭义的索赔，仅指承包人向发包人提出的索赔，而由发包人提出的我们一般称为反索赔。

索赔特征：①索赔是承包商要求业主给予补偿的权利主张。②承包商自己没有过错。③索赔完全符合合同和法律的规定。④索赔事件之所以发生是由于业主、监理工程师、设计单位或非承包商的有关单位造成的。⑤与合同和法律原来的规定相比较，承包商已承受实际损失，包括工期和经济损失。⑥必须有确切的证据。

索赔为非自身责任：①发包人不能切实履约。②发包人没有违反合同约定，但是由于其他原因造成的。

施工合同示范文本中对签证和索赔的期限作出的具体、明确规定：

（1）工期延误：第 13.2 款约定，承包人在 13.1 款情况发生后 14 天内，就延误工期以书面形式向工程师提出报告。工程师在收到报告后 14 天内予以确认，逾期不予确认也不提出修改意见，视为同意顺延工期。

（2）价款变更：第 23.4 款约定，承包人应当在 23.3 款情况发生后 14 天内，将调整原因、金额以书面形式通知工程师，工程师确认调整金额后作为追加合同价款，与工程款同期支付。工程师收到承包人通知后不予确认也不提出修改意见，视为已经同意该项调整。

（3）工程变更引起的价款变更：第 31.1 款、第 31.2 款和第 31.3 款约定，承包人在工程变更确定后 14 天内，提出变更工程价款的报告，经工程师确认后调整合同价款；承包人在双方确定变更

后 14 天内不向工程师提出变更工程价款报告时,视为该项变更不涉及合同价款的变更;工程师应当在收到变更工程价款报告之日起 14 天内予以确认,工程师无正当理由不确认时,自变更工程价款报告送达之日起 14 天后视为变更工程价款报告已被确认。

(4)索赔:第 36.2 款约定,索赔事件发生后 28 天内,向工程师发出索赔意向通知;发出索赔意向通知后 28 天内,向工程师提出延长工期和(或)补偿经济损失的索赔报告及有关资料;工程师在收到承包人送交的索赔报告和有关资料后,于 28 天内给予答复,或要求承包人进一步补充索赔理由和证据。

二、工程索赔的起因

索赔是工程承包中经常发生的正常现象。施工现场条件、气候条件的变化,施工进度、物价的变化,以及合同条款、规范、标准文件和施工图纸的变更、差异、延误等因素的影响,使得工程承包中不可避免地出现索赔。承包商在工程施工过程中,仔细分析引起索赔事件发生的原因,是做好索赔工作的首要问题。引起索赔的原因多种多样,其中主要有以下几种情况。

1. 业主的行为引起的索赔

(1)因业主提供的招标文件中的错误、漏项或与实际不符,造成中标施工后突破原标价或合同包价造成的经济损失。

(2)业主未按合同规定交付施工场地。

(3)业主未在合同规定的期限内办理土地征用、青苗树木补偿、房屋拆迁、清除地面、架空和地下障碍等工作。导致施工场地不具备或不完全具备施工条件。

(4)业主未按合同规定将施工所需水、电、电信线路从施工场地外部接至约定地点,或虽接至约定地点但没有保证施工期间的需要。

(5)业主没有按合同规定开通施工场地与城乡公共道路的通道或施工场地内的主要交通干道、没有满足施工运输的需要、没有保证施工期间的畅通。

(6)业主没有按合同的约定及时向承包商提供施工场地的工程地质和地下管网线路资料,或者提供的数据不符合真实准确的要求。

(7)业主未及时办理施工所需各种证件、批文和临时用地、占道及铁路专用线的申报批准手续而影响施工。

(8)业主未及时将水准点与坐标控制点以书面形式交给承包商。

(9)业主未及时组织有关单位和承包商进行图纸会审,未及时向承包商进行设计交谈。

(10)业主没有妥善协调处理好施工现场周围地下管线和邻接建筑物、构筑物的保护而影响施工顺利进行。

(11)业主没有按照合同的规定提供应由业主提供的建筑材料、机械设备。

(12)业主拖延承担合同规定的责任,如拖延图纸的批准、拖延隐蔽工程的验收、拖延对承包商所提问题进行答复等,造成施工延误。

(13)业主未按合同规定的时间和数量支付工程款。

(14)业主要求赶工。

(15)业主提前占用部分永久工程。

（16）因业主中途变更建设计划，如工程停建、缓建造成施工力量大运迁、构件物质积压倒运、人员机械窝工、合同工期延长、工程维护保管和现场值勤警卫工作增加、临建设施和用料摊销量加大等造成的经济损失。

（17）因业主供料无质量证明，委托承包商代为检验，或按业主要求对已有合格证明的材料构件、已检查合格的隐蔽工程进行复验所发生的费用。

（18）因业主所供材料亏量或设计模数不符合定点厂家定型产品的几何尺寸，导致施工超耗而增加的量差损失。

（19）因业主供应的材料、设备未按合约规定地点堆放的倒运费用或业主供货到现场、由承包商代为卸车堆放所发生的人工和机械台班费。

2. 业主代表的不当行为引起的索赔

（1）业主代表委派的具体管理人员没有按合同规定提前通知承包商，对施工造成影响。

（2）业主代表发出的指令、通知有误。

（3）业主代表未按合同规定及时向承包商提供指令、批准、图纸或未履行其他义务。

（4）业主代表对承包商的施工组织进行不合理干预。

（5）业主代表对工程苛刻检查、对同一部位的反复检查、使用与合同规定不符的检查标准进行检查、过分频繁的检查、故意不及时检查。

3. 设计变更或设计缺陷引起的索赔

（1）因设计漏项或变更而造成人力、物资、资金的损失和停工待图、工期延误、返修加固、构件物资积压、改换代用以及连带发生的其他损失。

（2）因设计提供的工程地质勘探报与实际不符而影响施工所造成的损失。

（3）按图施工后发现设计错误或缺陷，经业主同意采取补救措施进行技术处理所增加的额外费用。

（4）设计驻工地代表在现场临时决定，但无正式书面手续的某些材料代用，局部修改或其他有关工程的随机处理事宜所增加的额外费用。

（5）新型、特种材料和新型特种结构的试制、试验所增加的费用。

4. 合同文件的缺陷引起的索赔

（1）合同条款规定用语含糊、不够准确。

（2）合同条款存在着漏洞，对实际可能发生的情况未作预料和规定，缺少某些必不可少的条款。

（3）合同条款之间存在矛盾。

（4）双方的某些条款中隐含着较大风险，对单方面要求过于苛刻，约束不平衡，甚至发现某些条文是一种圈套。

5. 施工条件与施工方法的变化引起的索赔

（1）加速施工引起劳动力资源、周转材料、机械设备的增加以及各工种交叉干扰增大工作量等额外增加的费用。

（2）因场地狭窄，以致场内运输运距增加所发生的超运距费用。

（3）因在特殊环境中或恶劣条件下施工发生的降效损失和增加的安全防护、劳动保护等费用。

（4）在执行经建设方批准的施工组织设计和进度计划时，因实际情况发生变化而引起施工方法的变化所增加的费用。

6. 国家政策法规的变更引起的索赔

(1)每季度由工程造价管理部门发布的建筑工程材料预算价格的变化。

(2)国家调整关于建设银行贷款利率的规定。

(3)国家有关部门关于在工程中停止使用某种设备、材料的通知。

(4)国家有关部门关于在工程中推广某些设备、施工技术的规定。

(5)国家对某种设备、建筑材料限制进口、提高关税的规定。

(6)在一种外资或中外合资工程项目中货币贬值也有可能导致索赔。

7. 不可抗力事件引起的索赔

(1)因自然灾害引起的损失。

(2)因社会动乱、暴乱引起的损失。

(3)因物价大幅度上涨,造成材料价格、工人工资大幅度上涨而增加的费用。

8. 不可预见因素的发生引起的索赔

(1)因施工中发现文物、古董、古建筑基础和结构、化石、钱币等有考古、地质研究价值的物品所发生的保护等费用。

(2)异常恶劣气候条件造成已完工程损坏或质量达不到合格标准时的处置费、重新施工费。

9. 分包商违约引起的索赔

(1)建设方指定的分包商出现工程质量不合格、工程进度延误等违约情况。

(2)平行分包商在同一施工现场交叉干扰引起工效降低所发生的额外支出。

三、工程索赔的分类

1. 按索赔的要求分类

(1)工期索赔。要求延长合同工期。

(2)费用索赔。要求追加费用,提高合同价格。

2. 按合同类型分类

(1)总承包合同索赔。总承包商与业主之间的索赔。

(2)分包合同索赔。总承包商与分包商之间的索赔。

(3)合伙合同索赔。合伙人之间的索赔。

(4)供应合同索赔。业主(承包商)与供应商之间的索赔。

(5)劳务合同索赔。劳务供应商与雇佣者之间的索赔。

(6)其他。向银行、保险公司的索赔。

3. 按索赔的起因分类

(1)业主违约。如业主未按合同规定提供施工条件(场地、道路、水电、图纸等)下达错误指令、拖延下达指令、未按合同支付工程款。

(2)合同变更。双方协商达成新的附加协议、修正案、备忘录、会议纪要、业主下达指令修改设计、施工进度、施工方案、合同条款缺陷、错误、矛盾和不一致等。

(3)工程环境变化。如地质条件与合同规定不一致、物价上涨、法律变化、汇率变化等。

(4)不可抗力因素。恶劣的气候条件、洪水、地震、政局变化、战争、经济封锁等。

4. 按干扰事件的性质分类

（1）工期的延长或中断索赔。由于干扰事件的影响造成工程拖期或工程中断一段时间。

（2）工程变更索赔。干扰事件引起工程量增加或减少或增加新的工程变更施工次序。

（3）工程终止索赔。干扰事件造成合同被迫停止并不再进行。

（4）其他。如货币贬值、汇率变化、物价上涨、政策、法律变化等。

5. 按处理方式分

（1）单项索赔。在工程施工中，针对某一干扰事件，在该项索赔有效期内提出。

（2）总索赔（又称一揽子索赔、综合索赔）。将许多已提出但未获得解决的单项索赔集中起来，提出一份总索赔报告，通常在工程竣工前提出，双方进行最终谈判，以一个一揽子方案解决。

6. 按索赔的依据分类

（1）依据合同条款进行的索赔。在索赔事件发生后，承包商可根据合同中某些条款的规定提出索赔。由于合同中有明确的文字说明，承包商索赔的成功率是比较高的。

（2）合同未明确规定的索赔。某些索赔事项，无法根据合同的明示条款直接进行索赔，但可以根据这些条款隐含的内容合理推断出承包商具有索赔的权利，则这种索赔是合法的，同样具有法律效力。在此情况下，承包商如果有充分的证据资料，就能使索赔获得成功。

（3）道义索赔。既然是道义上的索赔，承包商则不可能依据合同条款或合同条款中隐含的意义提出索赔。如承包商由于投标价过低或其他承包商的原因，使其产生巨大损失，而在施工过程中，承包商仍能竭尽全力去履行合同，业主在目睹承包商的艰难困境后，出于道义上的原因，可能在承包商提出要求时，给予一定的经济补偿。

四、工程索赔的主要依据

（一）合同文件

索赔必须以合同为依据。遇到索赔事件时，监理工程师必须以完全独立的身份，站在客观公正的立场上审查索赔要求的正当性，必须对合同条件、协议条款等有详细的了解，以合同为依据来公平处理合同双方的利益纠纷。由于合同文件的内容相当广泛，包括合同协议、图纸、合同条件、工程量清单以及许多来往函件和变更通知，有时会形成自相矛盾，或作不同解释，导致合同纠纷。

合同履行中，发包人承包人有关工程的洽商、变更等书面协议或文件视为本合同的组成部分。

（二）订立合同所依据的法律法规

（1）适用法律和法规。建设工程合同文件适用国家的法律和行政法规。需要明示的法律、行政法规，由双方在专用条款中约定。

（2）适用标准、规范。双方在专用条款内约定适用国家标准、规范的名称。

（三）相关证据

索赔证据是当事人用来支持其索赔成立或和索赔有关的证明文件和资料。索赔证据作为索赔文件的组成部分，在很大程度上关系到索赔的成功与否。证据不全、不足或没有证据，索赔是很难获得成功的。

在工程项目实施过程中，会产生大量的工程信息和资料，这些信息和资料是开展索赔的重要证据。因此，在施工过程中应该自始至终做好资料积累工作，建立完善的资料记录和科学管理制度,认真系统地积累和管理合同、质量、进度以及财务收支等方面的资料。

1.可以作为证据使用的材料

(1)书证。是指以其文字或数字记载的内容起证明作用的书面文书和其他载体。如合同文本、财务账册、欠据、收据、往来信函以及确定有关权利的判决书、法律文件等。

(2)物证。是指以其存在、存放的地点外部特征及物质特性来证明案件事实真相的证据。如购销过程中封存的样品,被损坏的机械、设备,有质量问题的产品等。

(3)证人证言。是指知道、了解事实真相的人所提供的证词,或向司法机关所作的陈述。

(4)视听材料。是指能够证明案件真实情况的音像资料,如录音带、录像带等。

(5)被告人供述和有关当事人陈述。它包括:犯罪嫌疑人、被告人向司法机关所作的承认犯罪并交待犯罪事实的陈述或否认犯罪或具有从轻、减轻、免除处罚的辩解、申诉。被害人、当事人就案件事实向司法机关所作的陈述。

(6)鉴定结论。是指专业人员就案件有关情况向司法机关提供的专门性的书面鉴定意见。如损伤鉴定、痕迹鉴定、质量责任鉴定等等。

(7)勘验、检验笔录。是指司法人员或行政执法人员对与案件有关的现场物品、人身等进行勘察、试验、实验或检查的文字记载。这项证据也具有专门性。

2.常见的工程索赔证据

(1)各种合同文件,包括施工合同协议书及其附件、中标通知书、投标书、标准和技术规范、图纸、工程量清单、工程报价单或者预算书、有关技术资料和要求、施工过程中的补充协议等。

(2)工程各种往来函件、通知、答复等。

(3)各种会谈纪要。

(4)经过发包人或者工程师批准的承包人的施工进度计划、施工方案、施工组织设计和现场实施情况记录。

(5)工程各项会议纪要。

(6)气象报告和资料,如有关温度、风力、雨雪的资料。

(7)施工现场记录,包括有关设计交底、设计变更、施工变更指令,工程材料和机械设备的采购、验收与使用等方面的凭证及材料供应清单、合格证书,工程现场水、电、道路等开通、封闭的记录,停水、停电等各种干扰事件的时间和影响记录等。

(8)工程有关照片和录像等。

(9)施工日记、备忘录等。

(10)发包人或者工程师签认的签证。

(11)发包人或者工程师发布的各种书面指令和确认书,以及承包人的要求、请求、通知书等。

(12)工程中的各种检查验收报告和各种技术鉴定报告。

(13)工地的交接记录(应注明交接日期,场地平整情况,水、电、路情况等),图纸和各种资料交接记录。

(14)建筑材料和设备的采购、订货、运输、进场,使用方面的记录、凭证和报表等。

(15)市场行情资料,包括市场价格,官方的物价指数、工资指数,中央银行的外汇比率等公布材料。

（16）投标前发包人提供的参考资料和现场资料。

（17）工程结算资料、财务报告、财务凭证等。

（18）各种会计核算资料。

（19）国家法律、法令、政策文件。

4.5.2　建设工程常见的索赔问题

一、合同文件引起的索赔

合同文件包括的范围很宽,最主要的是合同条件、技术规范说明等。在索赔案例中,关于合同条件、工程量和价格方面出现的问题较多。有关合同条件的索赔内容常见于如下几个方面:

（1）合同条款规定用语含糊、不够准确。

（2）合同条款存在着漏洞,对实际可能发生的情况未做预料和规定,缺少某些必不可少的条款。

（3）合同条款之间存在矛盾。

（4）双方的某些条款中隐含着较大风险,对单方面要求过于苛刻,约束不平衡,甚至发现某些条文是一种圈套。

一般在合同协议书中列出了合同文件,如果发现某几个文件的解释和说明有矛盾时,可按合同文件的优先顺序,排在前面的文件的解释和说明更具有权威性,尽管这样,还可能有很多矛盾不好解决。另外,用词不严谨,导致双方对合同条款的不同解释,从而引起工程索赔。例如"应抹平整"、"足够的尺寸",像这样的词容易引起争议,因为没有给出"平整"的标准和多大尺寸算"足够"。图纸、规范是固定的,而工程是千变万化的,人们从不同的角度就有不同的理解,这个问题的本身就构成了索赔产生的外部原因。

二、工程施工中索赔

1. 工程变更引起的索赔

在工程施工过程中,由于工程不可预见的情况、环境的改变或为了节约成本等,在监理工程师认为必要时,可以对工程或其任何部分的外形、质量或数量作出变更。任何此类变更,承包商均不应以任何方式使合同作废或无效,但如果监理工程师确定的工程变更单价或价格不合理或缺乏说服承包商的依据,则承包商有权就此向业主进行索赔。

2. 工期延期的索赔

工期延期的索赔通常包括两个方面:一是要求延长工期;二是要求偿付由于非承包商原因导致工程延期而造成的损失,一般这两方面的索赔报告要求分别编制,因为工期和费用索赔并不一定同时成立。例如:由于特殊恶劣气候等原因承包商可以要求延长工期,但不能要求补偿;也有些延误时间并不影响关键路线的施工,承包商可能得不到延长工期的承诺。但是,如果承包商能提出证据说明其延误造成的损失,就可能有权获得这些损失的补偿,有时两种索赔可能混在一起,即可以要求延长工期,又可以获得对其损失的补偿。

提出工期索赔,通常是基于下述原因:

（1）发包人未能按合同约定提供图纸或所提供图纸不符合合同约定的;

（2）发包人未能按合同约定提供施工现场、施工条件、基础资料、许可、批准等开工条件的;

（3）发包人提供的测量基准点、基准线和水准点及其书面资料存在错误或疏漏的；

（4）发包人未能在计划开工日期之日起7天内同意下达开工通知的；

（5）发包人未能按合同约定日期支付工程预付款、进度款或竣工结算款的；

（6）监理人未按合同约定发出指示、批准等文件的；

（7）专用合同条款中约定的其他情形。

以上这些原因要求延长工期，必须提出合理的证据，可能获得同意，同时还能获得相应的费用损失的赔付。

以上提出的工期索赔中，凡属于客观原因造成的延期、属于业主也无法预见到的情况，如特殊反常天气，达到合同中特殊反常天气的约定条件，承包商可能得到延长工期，但得不到费用补偿。凡属于业主方面的原因造成拖延工期，不仅应给承包商延长工期，还应给予费用补偿。

3. 加速施工费用的索赔

工程项目可能遇到各种意外的情况或由于工程变更而必须延长工期，但由于业主的原因（例如：该工程已经预售给买主，需按议定时间移交买主），坚持不给延期，迫使承包商采取赶工措施来完成工程，从而导致工程成本增加，即为加速施工费用的索赔。在如何确定加速施工所发生的费用，合同双方可能差距很大，因为影响附加费用款额的因素很多，如：投入的资源量、提前的完工天数、加班津贴、施工新单价等。解决这一问题的办法建议在合同中予以"奖金"约定的办法，鼓励合同当事一方克服困难，加速施工。即规定当某一部分工程或分部工程每提前完工一天，发给承包商资金若干，这种支付方式的优点是：不仅促使承包商早日完成工程，早日投入运行，而且计价方式简单，避免了计算加速施工、延长工期、调整单价等许多容易扯皮的烦琐计算和讨论。

三、特殊风险和不可抗力的灾害索赔

1. 不利的自然条件与人为障碍引起的索赔

不利的自然条件是指施工中遭遇到的实际自然条件比招标文件中所描述的更为困难和恶劣，是一个有经验的承包商无法预测的不利自然条件与人为障碍，导致了承包商必须花费更多的时间和费用，在这种情况下，承包商可以向业主提出索赔要求。

（1）地质条件变化引起的索赔。一般来说，在招标文件中规定，由业主提供有关该项工程的勘察所取得的水文及地表以下的资料。但在合同中往往写明"承包商在提交投标书之前，已对现场和周围环境及与之有关的可用资料进行了考察和检查，包括地表以下条件及水文和气候条件。承包商应对他自己对上述资料的解释负责"。针对此项条款，客观公正地说，是有损施工单位的合法权利的，因为在非设计、勘探、施工总包合同中，特别是对地质条件，承包商虽有责任全面了解地质资料，但在合同范围内，并没有进行独立的地勘的合同义务，其对地质条件的理解，更多的是依赖于工程建设第三方合同——地勘单位所提供地质资料，而对于地质资料的真实性与完备性，地勘单位应当负责，而不应由施工承包商来承担其责任。通常合同条款中还有一条"在工程施工过程中，承包商如果遇到了现场气候条件以外的外界障碍或条件，在他看来这些障碍和条件是一个有经验的承包商也无法预见到的，则承包商应就此向监理工程师提交有关通知，并将一份副本交业主。收到此通知后，如果监理工程师认为这类障碍或条件是一个有经验的承包商无法合理预见到的，在与业主和承包商适当协商以后，应给予承包商延长工期和费用补偿的权利，但不包括利润"。

基于此款与前款所述"承包商应对他自己对上述资料的解释负责"的两条并存的合同条款,往往会成为合同当事人双方各执一词的缘由所在,这一点,在投标过程中应予以必要的重视,投标方在招标文件澄清资料中应予以提出,以便合同当事人的合同权利的保障及合同索赔。

（2）工程中人为障碍引起的索赔。在施工过程中,往往会因为遇到地下构筑物或文物或地下电缆、管道和各种装置,而导致工程费用增加,如原投标是机械挖土,而现场不得不改为人工挖土,只要给定的施工合同、施工图纸未预标明,合同的当事人均可提出索赔,当然地下电缆、管道和各种原安装或所有单位的设施应例外,即对这些地下情况当知且应知的例外。

2. 物价上涨引起的索赔

物价上涨是各国市场的普遍现象,尤其在一些发展中国家,由于物价上涨,使人工费和材料费增长,引起了工程成本的增加,如何处理物价上涨引起的合同价调整问题,常用的办法有以下三种:

（1）对固定总价合同不予调整,但这种方法适用于工期短、规模小的工程;

（2）按价差调整合同价。在工程结算时,对人工费及材料的价差即现行价格与基础价格的差值,由业主向承包商补偿。即:

① 材料价调整数 =（现行价 - 基础价）× 材料数量;

② 人工费用调整数 =（现时工资 - 基础工资）×（实际工作小时数 + 加班工作小时数 × 加班工资增加率）;

③ 对管理费及利润不进行调整。

（3）用调价公式调整合同价。在每月结算工程进度款时,利用合同文件中的调价公式,计算人工、材料等的调整数。

3. 法律、货币及汇率变化引起的索赔

（1）法律改变引起的索赔。如果在基准日期（投标截止日期前的28天）以后,由于业主国家或地方的任何法规、法令、政令或其他法律或规章发生了变更,导致了承包商成本增加,对承包商由此增加的开支,业主应予以补偿。

（2）货币及汇率变化引起的索赔。如果在基准日期以后,工程施工所在国政府或授权机构支付合同价格的一种或几种货币实行限制或货币汇总限制,则业主应补偿承包商因此而受到的损失。

如果合同规定将全部或部分款额以一种或几种外货支付给承包商,则这项支付不应受上述指定的一种或几种外币与工程施工所在国货币之间的汇率变化的影响。

4. 业主风险的索赔

（1）拖延提供施工场地。因自然灾害影响或业主方面的原因导致没能如期向承包商移交合格的、可以直接进行施工的现场,承包商可以提出将工期顺延的"工期索赔"或由于窝工而直接提出经济索赔。

（2）拖延支付应付款。此时承包商不仅要求支付应得款项,而且还有权索赔利息,因为业主对应支付款的拖延将影响到承包商的资金周转。

（3）指定分包商违约。指定分包商违约常常表现为未能按分包合同规定完成应承担的工作而影响了总承包商的工作。从理论上讲,总承包商应该对包括指定分包商在内的所有分包商行为向业主负责。但是实际情况往往不那么简单,因为指定分包商不是由总承包商选择,而是按照合同规定归他统一协调管理的分包商,特别是业主把总承包商接受某一指定分包商作为授予合同的前提条件之一时,业主不可能对指定分包商的不当行为不负任何责任。因此总承包商除了根据与指定分包商签订的合同索赔窝工损失外,还有权向业主提出延长工期的索赔要求。

(4)业主提前占用部分永久工程引起的损失。工程实践中经常会出现业主从经济效益方面考虑将部分单项工程提前使用,或从其他方面考虑提前占用部分分项工程。如果不是按合同中规定的时间,提前占用部分工程,而又对提前占用会产生的不良后果考虑不周,将会引起承包商提出索赔。

四、工程暂停、终止合同的索赔

由于业主不正当地暂停、终止工程,承包商有权要求补偿损失,其数额是承包商在被暂停、终止工程中的人工、材料、机械设备的全部支出以及各项管理费用、保险费、贷款利息、保函费用的支出减去已结算的工程款,并有权要求赔偿其赢利损失。

【案例4-16】工程中途停工索赔

1. 工程概况

××工程为框架4层,局部5层,建筑面积7000 m²,工程造价约800万元,工程施工至3层时因资金原因工程暂停停工。后工程被整合转让,原工程债权债务发生转移,中间停工达21个月。施工单位提出费用索赔,要求补偿费用4 464 349.5元,其中包含的内容有:一是要求补偿项目部人员21个月工资(含项目经理、技术员、收料员、保管员、看场、会计工资等)共计557 400元。二是补偿钢模、钢管、钢模卡、扣件、桁架等周转性材料的损失1 496 772元。三是补偿设备停滞费用2 128 960元。四是补偿剩余材料损失281 217.52元。双方在费用补偿方面存在严重分歧,引发了严重的经济纠纷,影响了煤矿技改工程的顺利实施。

2. 工程索赔处理

1)索赔处理的原则

处理索赔时应遵循两个原则,一是所发生的费用应是承包商履行合同所必须的和已经实际发生的;二是承包商不应由于停工的发生而额外受益或额外受损,即对实际损失进行赔偿。

2)索赔处理的依据

(1)《建设工程施工合同(示范文本)》(GF—1999—0201)的通用条款26.4、通用条款44.2、通用条款44.6的规定:发包人不按合同约定支付工程款,停止施工超过56天,发包人仍不支付工程款(进度款),承包人有权解除合同。合同解除后,承包人应妥善做好已完工程和已购材料、设备的保护和移交工作,按发包人要求将自有机械设备和人员撤出施工场地。有过错的一方应当赔偿因合同解除给对方造成的损失。

(2)《合同法》第119条的有关规定:"当事人一方违约后,对方应当采取适当措施防止损失的扩大;没有采取适当措施致使损失扩大的,不得就扩大的损失要求赔偿。"

(3)××省建设工程费用定额(2005)关于停窝工损失费规定。

3. 索赔费用的计算

(1)停工工期的确定。该工程停工时各方面的手续不完善,煤矿已转让,间隔时间太长,无相应的签证及索赔手续,而现场的塔吊等尚未拆除,部分周转性材料商堆放在现场,施工单位有一定损失。停工的天数难以确定。后根据"承包方应当对工程的前景有合理的预见,对风险有较理性的把握,应积极采取措施,降低损失,因而有义务及时做好人员和机械的安置工作。对一个有经验的承包商能合理预见的风险,不予补偿,对推行《建设工程施工合同(示范文本)》(1999)的工程,可参照示范文本:按 56 天作为计算人工、机械的停工天数"的原则,基本计算天数按 56 天考虑,部分特殊情况特殊处理。

(2)工地看护费用问题。考虑实际情况,工地现场看护人员按 2 人考虑,其他人员不予考虑。

(3)施工机械停滞补偿问题。施工机械停滞补偿的范围,仅限于停工前后施工所需要的不能移动的尚未拆除的机械。停工后,发承包双方应及时清点未拆除的数量,对可以拆除的机械应及时拆除。施工单位上报的能移动的机械设备不予补偿,补偿费用按山西省 2005 机械台班定额中的机械台班停滞费乘以停工日期计算,补偿的费用不超过其停工前的残值。

(4)周转材料停止补偿问题。周转材料停止补偿的范围:停工期间已支设的未浇混凝土和未拆除的脚手架:为保证后续施工需要,发包方签证要求存放在现场的模板和脚手架。本例中无相关签证但大量的模板脚手架长期堆放现场,根据实际情况按照租赁费给予 56 天费用补偿。

(5)临时设施费的补偿问题。一是按施工组织设计要求已经完成全部临时设施的工程,应按合同价中包括的全部临时设施费计算。二是未完成全部临时设施的工程,临时设施补偿费 = 合同价中的临时设施费 ×(临建实际搭设面积/发包方批准的施工组织设计中的临建面积)。

(6)剩余材料(半成品)费用计算问题。发承包双方(监理工程师变可代代表发包方、下同)应根据施工合同通用条款第 28 条约定的内容和范围,对承包人为该工程所备剩余的且不能转移至其他工地的材料予以清点,及时编制有材料(半成品)品种、规格、数量等内容的剩余材料(半成品)清单,加盖单位公盖并由经办人签字,作为计算剩余材料(半成品)费的依据。对于承包人能够尽力将该工程所备的剩余通用材料(半成品),转移至其他工地的运杂费,应由发包人承担。

4.5.3 建设工程索赔程序

一、索赔程序规定

《建设工程施工合同(示范文本)》中规定的索赔程序:

(1)承包人提出索赔申请。索赔事件发生 28 天内,向工程师发出索赔意向通知。

(2)发出索赔意向通知后 28 天内,向工程师提出补偿经济损失和(或)延长工期的索赔报告及有关资料。

(3)工程师审核承包人的索赔申请。工程师在收到承包人送交的索赔报告和有关资料后,于 28 天内给予答复,或要求承包人进一步补充索赔理由和证据。工程师在 28 天内未予答复或未对承包人作进一步要求,视为该项索赔已经认可。

(4)当该索赔事件持续进行时,承包人应当阶段性向工程师发出索赔意向,在索赔事件终了后 28 天内,向工程师提供索赔的有关资料和最终索赔报告。

(5)工程师与承包人谈判达不成共识时,工程师有权确定一个他认为合理的单价或价格作为最终的处理意见报送业主并相应通知承包人。

(6)发包人审批工程师的索赔处理证明。

(7)承包人是否接受最终的索赔决定。

监理工程师处理索赔处理程序如图 4-2 所示。

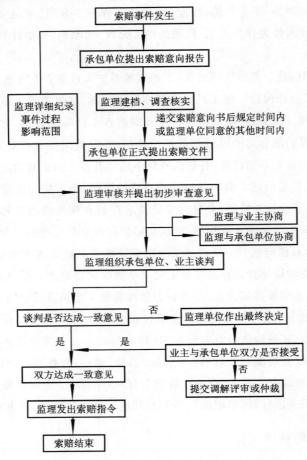

图 4-2　索赔处理程序

二、索赔工作程序

1. 通知（提出索赔要求）

按合同要求，凡业主或业主代表方的原因，出现工程项目或工程量的变化，导致工程拖期和成本增加时，承包商有权提出索赔。在索赔事项出现后，承包商在遵照业主代表的指令进行施工的同时要口头提出索赔意向，并要在规定的期限内写出书面信件正式通知驻地工程师，声明他将对此事项要求索赔。按合同条款规定，这个书面信件应在索赔事项发生后 28 天内向业主或其代表正式提出。否则，业主或其代表将拒绝承包商的索赔要求。

2. 报送索赔资料

承包商根据合同条款，向业主代表报送证据资料及估算索赔款，证据资料应尽可能详尽有力，并一次提出，促使索赔过程加快，以较早拿到索赔款。承包商提出的索赔资料，应包括以下两方面内容：

（1）按合同条款的法律论证部分，以证明自己提出索赔要求的合法性。

（2）超出合同协议所增加的开支部分，以说明自己应得的索赔金额。

承包商所报送的资料，一般以索赔信件附件的形式出现，作为要求索赔的证据，来论证所提出索赔的原因和合理性。

工程项目资料是索赔的重要依据,项目资料不完整则索赔难以顺利进行。因此,在施工过程中应始终做好资料累积工作,建立完善的资料记录制度,认真系统地积累施工进度、质量以及财务收支资料。对将发生索赔的一些工程项目,从开始施工时正式发函给业主代表提出索赔要求起,就要有目的地收集证据资料、系统地对现场进行拍照、妥善保管开支收据,有意识地为索赔积累所必须的证据。

一般要收集和保管的资料有:

(1)施工记录方面:施工日志、施工检查员报告、逐月分项施工纪要、施工工长日报、每日工时记录、同业主代表的往来信函及文件、施工进度及特殊问题的照片、会议记录或纪要、施工图纸、同业主或其代表的电话记录、投标时的施工进度表、修正后的施工进度表、施工质量检查记录、施工设备使用记录、施工材料使用记录。

(2)财务记录方面:施工进度款支付申请单、工人劳动计时卡、工人分布记录、工人工资单、材料、设备及配件等的采购单、收付款单据、标书中财务部分的章节、工地施工预算、工地开支报告、会计日报表、会计总账、批准的财务报告、会计往来信函及文件、通用货币汇率变化表。

上述所有资料,每个管理单位都应经常、系统地积累,以备索赔急需。在报送索赔文件时,仅摘取直接论证部分,并尽可能利用图表对比方式,附以有关照片,使人一目了然,有说服力。同时要根据索赔内容,查找上述资料范围以外的证据。例如,在要求提高单价时,应补充各类气象水文资料,进行对比,以论证自然条件对工期的影响,等等。索赔报告中财务方面的证据资料,除索赔人的论证之外最好附有注册会计师或审计部门的审计报告,以证明该财务证据的正确性。

所有的索赔证据资料,按一般程序应作为索赔报告的附件,一并报送驻地工程师。但在具体施工过程中,由于测算、整理、印刷照片等大量准备工作,往往不能同每月依次的索赔报告同时送出。这时,承包商不能因等待证据资料而超过报送索赔报告的规定期限。因为按一般合同条款的规定,索赔报告应在发生索赔事项后 28 天内报出,否则,承包商将失去要求索赔的权利。因此,承包商应按规定在每月报送工程结算款的同时,向驻地工程师报送额外工程或其它任何超出标书范围的工程开支的索赔报告,若来不及同时报出全部所需的证据资料,可向驻地工程师申明将尽快报出。这样,保留了自己要求索赔的权利,并在驻地工程师同意的期限内再补充报上全部的索赔证据资料,把应办手续办理齐全。

3. 谈判协商

许多索赔是在进度付款、变更估算和最终结算等过程中引起的。在此情况下,谈判协商将以往来信函和讨论的形式出现,即以一种有关的非正式途径进行。对承包商来说,在谈判中要注意以下几个方面:

(1)了解问题的所在。承包商应该了解自己要求的是什么及自己有哪些权利,了解业主可能会是什么态度。

(2)了解对手。了解与自己谈判的人,若自己不清楚他想要事情如何发展,就要向他询问。若自己要知道的信息,可同他进行讨论。还要了解他的委托人是谁,他要对谁负责。

(3)使用简单的语言。若用简单的语言就可把事情阐述清楚时,就不要把索赔书或答辩词做得过长或用很深奥的句子。要简明扼要、直截了当、不绕弯子、富有逻辑性。

（4）行动迅速。在通知一项索赔要求或提出的证据时产生延误是十分有害的,容易使业主对索赔的合理性产生疑问。

（5）谈判的时机。索赔必须在其升级前尽快解决。认为索赔仅仅是在工作完成之后去考虑的想法是错误的,索赔应尽早提出。

（6）谈判者的权利。在最终谈判中,业主通常派代表参加,他们有权解决问题,这些人通常具备一定的建筑技术知识和建筑合同知识。在与建筑师、工程师和估算师或其代表谈判时,通常存在一个问题,即他是否被授权解决此事。就合同索赔而言,应不存在这样的问题,他有权根据合同进行协商。然而涉及到合同外索赔时,他将无权。所以应了解他们各自的权利所在。注重与索赔有关的细节,有助于谈判。谈判的过程通常从程序性问题开始,不能期望谈判会很快得出结论,尤其当问题尚未明确或当问题并非仅是一种完全肯定或完全否定的答案时更是如此。无论如何,通过谈判协商解决好索赔问题是比较理想的结果。

4.邀请中间人调解

如争议双方经过谈判协商不能达成协议,则可由双方协商邀请一至数名中间人进行调解,促成双方索赔争议的解决。中间人必须站在中间立场上,处事公平合理,绝不偏袒一方而歧视另一方。中间人起催化剂的作用,提出合理的解决办法,促成双方采纳,而不能强加于任一方。中间人一般是熟悉工程承包业务的律师,在复杂的争议中,应聘请熟悉工程技术的专家参加。中间调解工作是争议双方在自愿的基础上进行的。若任一方对中间人的工作不满意,或难以达成调解协议时,即可结束调解工作。

这种调解办法在美国和其他国家已普遍采用,因为它既可避免诉诸仲裁机构或法院,又可使矛盾解决,节约费用还不致使争议双方的对立情绪增加。

5.提交仲裁机构或法院

经过谈判协商和中间人调解,索赔要求仍得不到解决时,索赔一方有权要求将此争议提交仲裁机构仲裁,也可诉诸法院通过诉讼解决。

仲裁或诉讼的过程往往较长,一般从提出到裁决需要半年的时间,有的复杂案例甚至拖延数年。以仲裁为例,通常它的程序是:

（1）由索赔一方向合同规定的仲裁机构正式提出仲裁申请,并通知被索赔一方。

（2）由仲裁机构组成专门的仲裁委员会。一般由三人组成,合同双方各指定一名仲裁员作为自己的代表,仲裁机构指定第三名仲裁员,并征得索赔双方同意,担任仲裁委员会主席。

（3）由仲裁委员会主持会议,听取索赔一方的论证及被索赔方的反对意见。对于复杂的索赔案例,在取得仲裁委员会全体成员同意后,双方可选派等数的技术专家出席仲裁会议,进行技术论证。

（4）由仲裁委员会主席代表仲裁委员会作出裁决。这个裁决具有法律效力,为最终裁决,对索赔双方均有约束力。

仲裁或诉讼的费用也相当可观,所以合同双方的纠纷一般应力求通过协商或调解解决,不要走到仲裁或诉讼这一步。但有时因双方矛盾尖锐、各不相让,只好诉诸仲裁或诉讼。

合同标准条款中还往往特别声明,在合同双方进行仲裁或诉讼期间,承包商仍应坚持施工,不得终止施工,除非业主连续数月不向承包商支付工程进度款。因此,施工索赔的仲裁或诉讼过程,往往对承包商不利。当然,在承包商确凿的论证下,他的索赔要求也可在仲裁或诉讼中取得胜利。

4.5.4　建设工程反索赔

一、建设工程反索赔的概念与特点

1. 建设工程反索赔的概念

反索赔是相对索赔而言,是对提出索赔的一方的反驳(回应、索赔)。发包人可以针对承包人的索赔进行反索赔,承包人也可以针对发包人的索赔进行反索赔。通常的反索赔主要是指发包人向承包人的反索赔。

2. 建设工程反索赔的特点

(1)索赔与反索赔同时性。

(2)技巧性强,处理不当将会引起诉讼。

(3)在反索赔时,发包人处于主动的有利地位,发包人在经工程师证明承包人违约后,可以直接从应付工程款中扣回款项,或从银行保函中得以补偿。

二、反索赔的内容

发包人相对承包人反索赔的内容一般包括:工程质量缺陷反索赔、拖延工期反索赔、保留金的反索赔、发包人其他损失的反索赔等。

既然承包商寄赢利希望于索赔,自然业主也会千方百计地通过反索赔以减少索赔,保护自己的合法利益。因此,有索赔必然也就有反索赔。反索赔通常是业主对付承包商索赔的手段。索赔和反索赔是进攻和防守的关系,在合同实施过程中承包商必须能攻善守,攻守相济,才能立于不败之地。

在合同实施过程中,双方都在寻找索赔机会,一旦干扰事件发生,都推卸自己的责任,并企图进行索赔。不能有效地进行反索赔,同样要蒙受损失。所以索赔和反索赔具有同等重要的关系。

(一)防止对方提出索赔

积极的防御通常表现在:

(1)防止自己违约,要按照合同办事。通过加强工程管理,特别是合同管理,使对方找不到索赔的理由和依据。工程按合同顺利实施,没有损失发生,不需提出索赔,合同双方没有争执,达到很好的合作效果,皆大欢喜。

(2)在实际工程中所发生的干扰事件双方常常都有责任,许多承包商采取先发制人的策略,首先提出索赔。争取索赔中的有利地位,打乱对方的阵脚,争取主动权,另外,早日提出索赔,可以防止超过索赔的时效而失去索赔机会。

(二)反击对方的索赔要求

为了避免和减少损失,必须反击对方的索赔请求。对承包商来说,这个索赔可能来自业主、总(分)包商、供应商。最常见的反击对方的索赔要求措施有:

1. 反驳索赔方的索赔报告

通常涉及到以下内容:

(1)索赔要求或者索赔报告的时限性——是否在合同规定时限内提出了索赔要求和索赔报告。

(2)判断索赔事件的真实性。

（3）干扰事件责任分析——是否存在索赔人自己疏忽大意、管理不善或自身其他原因造成。

（4）索赔理由分析——索赔要求是否和合同条款或有关法律法规的规定一致。

（5）干扰事件影响分析——索赔事件和影响之间是否存在因果关系、干扰事件的影响范围的大小、索赔方是否采取了有效的减损控制措施。

（6）索赔证据分析——证据是否存在不足、不当或者片面的情形。

（7）索赔值的审核——这是索赔反驳中的最后一步，也是关键的一个环节。分析的重点在于各项数据是否准确，计算方法是否合理，各种取费是否合理、适度，有无重复计算等问题。

2. 反索赔中主动提出索赔

反索赔中主动提出索赔本质上仍属于索赔，但与对索赔报告进行反驳又不同，此种情形下的索赔最重要的目的之一还是反驳对方的索赔主张。

内容如下：

（1）工程质量反索赔——有关工程质量的问题往往是因为承包商的原因造成的。

（2）担保的反索赔。

① 预付款担保反索赔——业主向承包商的不按期归还预付款的违约责任行为进行索赔的一种方法。

预付款是指在合同规定开工前或工程价款支付前，由业主预付给承包商的款项。一般由业主在应支付给承包商的工程进度款中直接扣还。为了保证承包商偿还业主的预付款，施工合同中都规定承包商必须对预付款提供等额的经济担保。

② 履约担保反索赔——业主向承包商的不履行合同行为进行索赔的一种方法。

履约担保是承包商和担保方为了业主的利益不受损害而做出的一种承诺，担保承包商按施工合同所规定的条件施工。担保期限为工程竣工期或缺陷责任期满。有银行担保和担保公司担保种，担保金额一般为合同价的 10% ~20% 。

（3）拖延工期的反索赔——业主要求承包商补偿拖期完工给业主造成的经济损失，包括业主可期待赢利的损失、工期延长引起的贷款利息增加、工程拖期带来的附加监理费、工程不能如期使用而租用其他建筑物的租赁费等。

数额通常由业主在招标文件中予以规定，一般以每延误一日赔偿一定数额计算，累计赔偿额一般不超过合同总额的 10%（但若存在已经正式移交的工程则应当适当减少赔偿额）

（4）保修期内的反索赔——工程保修期内，因承包商工程质量原因，出现承包商无偿保修情形，承包商在规定时间内未予维修，则业主可就另行雇佣他人的维修的费用以及承包商未在合理时间内维修所造成的损失向承包商提出反索赔。

（5）保留金的反索赔——保留金的数额一般为合同总价款的 5% 左右。保留金是从应支付给承包商的月工程进度款中扣下一笔合同价百分比的基金，由业主保留下来，一旦承包商违约就以其直接补偿业主的损失。保留金一般应在这个工程或规定的单项工程完工时退还保留金额的 50% ，在缺陷责任期满后再退还剩余的 50% 。

（6）承包商未遵循监理工程师指示的反索赔——承包商未能按照监理工程师的指示完成应由其自费进行的缺陷补救工作，移走或者调换不合格的材料或重新做好的情形，业主也可以提出索赔。

（7）工程变更或者放弃时的反索赔——由于承包商的原因修改、变更合同进度计划，从而导致业主增加额外费用支出；由于承包商的原因致使合同终止、由于承包商不正当放弃工程等情况业主可以提出索赔。

在承包商不正当放弃工程的情况下，衡量损失的标准是合同价格与业主此后完成工程的实际费用之间的差值，以及考虑此前业主已经支付给违约的承包商的款项和违约的承包商实际完成的工程价值。

（8）不可抗力的反索赔——对在不可抗力引发风险事件之前已经被监理工程师认定为不合格的工程费用，业主可以提出索赔。

综上所述，索赔和反索赔是根据不同的索赔对象而界定的，其根本目的就是合同的一方向另一方就对方责任引起的事件，向对方提出的补偿要求，索赔与反索赔都必须以合同为依据，要求发生的事件真实、证据确凿，费用计算合理、准确，责任分析要清楚，这样对合同双方处理起来易于接受，减少争议和纠纷。

4.5.5　索赔分析与计算

一、索赔费用分析与计算

费用索赔是指承包商在由于业主的原因或双方不可控制的因素发生变化而遭受损失的条件下，向业主主提出补偿其费用损失的要求。因而索赔费用应是承包商根据合同条款的有关规定，向业主索取的合价以外的费用索赔费用不应被视为承包商的意外收入，也不应该被视为业主的不必要支出。实际上，索赔费用的存在是由于建立合同时还无法确定的某些应由业主承担的风险因素导致的结果。承包商的投标报价中一般不含有业主应承担的风险对报价的影响，因而，一旦这类风险发生并影响承包商的工程成本时，承包商提出费用索赔是一种正常现象和合理行为。

费用索赔是工程索赔的重要组成部分，是承包商进行索赔的主要目标之一。同时，由于索赔费用的大小关系着承包商的盈亏，也影响着业主工程项目的建设成本，因而费用索赔常常是最困难、也是双方分歧最大的索赔。特别是对于发生亏损或接近亏损的承包商和财务状况不佳的业主，情况更是如此。

费用索赔是整个工程合同索赔的重点和最终的目标。工期索赔在很大程度上也是为了费用索赔。

（一）计算原则

费用索赔都以赔偿实际损失为原则，在费用索赔中，它体现如下几个方面：

（1）实际损失，即为干扰事件对承包商工程成本和费用的实际影响。这个实际影响即可作为费用索赔值。所以索赔对业主不具有任何惩罚性质。实际损失包括两个方面：

① 直接损失，即承包商财产的直接减少。在实际工程中，常常表现为成本的增加和实际费用的超支。

② 间接损失，即可能获得利益的减少，例如由于业主拖欠工程款，使承包商失去这笔款的存款利息收入。

（2）所有干扰事件直接引起的实际的损失，以及这些损失的计算，都应有详细的具体的证明。

在索赔报告中必须出具这些证据，没有这些证据，索赔要求是不能成立的。

实际损失以及这些损失的计算证据通常有：各种费用支出的帐单工资表，现场用工、用料、用机的证明,财务报表,工程成本核算资料等。

（3）合理计算。即符合工程实际情况,符合合同规定,符合一般惯例,能够为业主、工程师、调解人或仲裁人接受。如果计算方法选用不合理,使费用索赔值计算明显过高,会使整个索赔报告和索赔要求被否定。计算方法的合理性表现为:

① 扣除承包商自己责任造成的损失。即由于承包商自己管理不善,组织失误等造成的损失由他自己负责。

② 符合合同规定的赔补偿条件,扣除承包商应承担的风险。

③ 合同规定的计算基础。合同是索赔的依据,又是赔值计算的依据。合同中的人工费单价、材料费单价、机械费单价、各种费用的取值标准和各分部分项目合同单价是索赔值的计算基础。

④ 有些合同对索赔值的计算规定了计算方法,计算采用的公式、计算过程等。这些必须执行。

（4）符合规定的,或通用的会计核算原则。索赔值的计算是在成本计划和成本核算基础上,通过计划和实际成本对比进行的。实际成本的核算必须与计划成本的核算有一对致性,而且符合通用的会计核算原则。

（5）符合国际惯例,即采用能为业主、调解人、仲裁人认可的,在工程中常用的计算方法。如果选用不利的计算方法,会使索赔值计算过低,使自己的实际损失得不到应有补偿,或失去可能获得的利益。

通常索赔值中应包括如下几方面的因素:

（1）承包商所受的实际损失。它是索赔的实际期望值,也是最低目标。如果最后承包商通过索赔从发包商处获得的实际补偿低于这个值,则导致亏本。甚至有时承包商希望通过索赔弥补自己其他方面的损失,如报价低、报价失误、合同规定风险范围内的损失、施工中管理失误造成的损失等。

（2）对方的反索赔,在承包商提出索赔后,对方有可能采取各种措施进行反索赔,以抵消或降低承包商索赔值,

（3）最终解决中的让步。对重大的索赔,特别是重大的一揽子索赔,在最后解决中,承包商常常必须作出让步,即索赔值的计算中应考虑这几个因素,留有余地。

（二）索赔费用的构成

（1）人工费。对于索赔费用中的人工费部分包括:人工费是指完成合同之外的额外工作所花费的人工费用;由于非施工单位责任导致的工效降低所增加的人工费用;法定的人工费增长以及非施工单位责任工程延误导致的人员窝工费和工资上涨费等。

（2）材料费。对于索赔费用中的材料费部分包括:由于索赔事项的材料实际用量超过计划用量而增加的材料费;由于客观原因材料价格大幅度上涨;由于非施工单位责任工程延误导致的材料价格上涨和材料超期储存费用。

（3）施工机械使用费。对于索赔费用中的施工机械使用费部分包括:由于完成额外工作增加的机械使用费;非施工单位责任的工效降低增加的机械使用费;由于建设单位或监理工程师原因导致机械停工的窝工费。

（4）分包费用。分包费用索赔指的是分包人的索赔费。分包人的索赔应如数列入总承包人的索赔款总额以内。

（5）工地管理费。工地管理费指放工单位完成额外工程、索赔事项工作以及工期延长期间的工地管理费，但如果对部分工人窝工损失索赔时，因其他工程仍然进行，可能不予计算工地管理费索赔。

（6）利息。对于索赔费用中的利息部分包括：拖期付款利息；由于工程变更的工程延误增加投资的利息；索赔款的利息；错误扣款的利息。这些利息的具体利率，有这样几种规定：按当时的银行贷款利率；按当时的银行透支利率；按合同双方协议和利率。

（7）总部管理费。主要指工程延误期间所增加的管理费、利润。一般来说由于工程范围的变更和施工条件变化引起的索赔，施工单位可列入利润。索赔利润的款额计算通常是与原报价单中的利润百分率保持一致，即在直接费用的基础上增加原报价单中的利润率，作为该项索赔的利润。

工程延误和工程加速索赔事件的费用构成如表4－4所示。

表4－4　索赔事件的费用构成表

索赔事件	可能的费用项目	说　　　　明
工程延误	（1）人工费增加	包括工资上涨、现场窝工、生产效率低、不合理使用劳动力等损失
	（2）材料费增加	工程施工期间超出承包商应承担的材料价格上涨
	（3）机械台班费	设备延期引起的折旧、保养费及租赁费
	（4）保险费增加	因人工、材料、设备费增加引起的保险费增加
	（5）分包商的索赔	分包商因工程延期向承包商的费用索赔
	（6）管理费分摊	因延期造成公司管理费的增加
	（7）利息支出	银行贷款因工期延长要多支付利息
	（8）汇兑损失	国际工程承包中工程延期的汇率变化损失
	（9）其他	工程延期的通货膨胀使工程成本增加等
工程加速	（1）人工费增加	加速施工造成劳动力投入增加
	（2）材料费增加	材料运输费增加、提前交货的费用补偿
	（3）机械费增加	机械投入增加、提前进场的费用增加
	（4）资金成本增加	前期加大资金投入造成多支付利息费用等

（三）索赔费用的计算方法

1. 分项法

分项法是按每个索赔事件所引起损失的费用项目分别分析计算索赔值的一种方法。这一方法是在明确责任的前提下，将索赔费用分项列出，并提供相应的工程记录、收据、发票等证据资料，这样可以在较短时间内给以分析、核实，确定索赔费用顺利解决索赔事宜。在实际中，绝大多数工程的索赔都采用分项法计算。

1）人工费计算

人工费中的各项费率可按下述所列方法取值：

（1）人员闲置费费率＝工程量表中适当折减后的人工单价

（2）加班费率＝人工单价×法定加班系数

（3）额外工作所需人工费率＝合同中的人工单价或计日工单价

（4）劳动效率降低索赔额＝（该项工作实际支出工时－该项工作计划工时）×人工单价

（5）人工费价格上涨的费率＝最新颁布的最低基本工资率－提交投标书截止日期前第28天最低基本工资

例1：人工费索赔。某木窗帘盒施工，长度10 000m，合同中约定用工量为2498个工日，工资为40元/工日。实际中，由于业主供应材料不符合要求，使承包商的实际用工为2700个工日，同时，实际的工资上涨到43元/工日。合同中双方约定工日数及工资可按实际情况调整。

试求在此情况下承包商可索赔的总费用，并分析此费用的构成。

（1）求索赔费。

原合同价为：$2498 \times 40 = 99\ 920$ 元；

实际结算价为：$2700 \times 43 = 116\ 100$ 元；

所以可索赔总费用 $\Delta C = 116\ 100 - 99\ 920 = 16\ 180$ 元。

（2）分析索赔费用的构成。

按实际工资及实际用工的结算款为：$2700 \times 43 = 116\ 100$ 元；

按计划工资考虑实际用工的价款为：$2700 \times 40 = 108\ 000$ 元；

按计划工资考虑合同用工合同价款为：$2498 \times 40 = 99\ 920$ 元；

人工工资涨价的费用，其值为 $116\ 100 - 108\ 000 = 8100$ 元。

由于业主提供的原材料不符合要求，工人工效降低的费用，其值为 $108\ 000 - 99\ 920 = 8080$ 元

合计：16 180 元。

2）材料费计算。

材料费用索赔包括两个方面：实际材料用量超过计划用量部分的费用，即额外材料的费用索赔和价格上涨费用的索赔。在材料费索赔计算中，要考虑材料运输费、仓储费以及合理破损比率的费用。

（1）额外材料使用费＝（实际用量－计划用量）×材料单价。

（2）增加的材料运杂费、材料采购及保管费用按实际发生的费用与报价费用的差值计算。

（3）某种材料价格上涨费用＝（现行价格－基本价格）×材料量。

现行价格是指在递交投标书截止日期以前第28天后的任何日期通行的该种材料的价格。

基本价格是指在递交投标书截止日期以前第28天该种材料的价格。

材料量是指在现行价格有效期间内所采购的该种材料的数量。

从投标截止日期之前的第28天起算。此时承包人应提供可靠的订货单、采购单，或造价管理部门公布的材料价格调整指数，方能对材料费用进行相应调整。

3）施工机械费计算

（1）机械闲置费＝计日工表中机械单价×闲置持续时间。

（2）增加的机械使用费＝计日工表或租赁机械单价×持续时间。

（3）机械作业效率降低费＝机械作业发生的实际费用－投标报价的计划费用。

根据索赔原因，具体分析如下：

（1）非承包人原因。增加施工机械工作台班数且使用的是承包人的自有设备

自有机械费的索赔 ＝ 增加的台班数 × 台班费报价（元／台班）

（2）非承包人原因。增加施工机械工作台班数且使用的是租赁来的设备

租赁设备的索赔 ＝ 增加的台班数 × 租赁费率（元／台班）

（3）非承包人原因造成施工机械的降低工效或机械闲置且使用的是承包人的自有设备

窝工闲置的自有机械费的索赔 ＝ 窝工台班数 × 折旧费（元／台班）或停滞台班费（元／台班）

其中停滞台班费是在正常台班费的基础上乘一个折减系数，如60%、50% 的系数；不包括运转费部分。

（4）非承包人原因造成施工机械的降低工效或机械闲置且使用的是租赁来的设备。

租赁设备窝工闲置的索赔 ＝ 窝工台班数 × 租赁费率（元／台班）

4）现场管理费的索赔计算

现场管理费是某单个合同发生的、用于现场管理的总费用，一般包括现场管理人员的费用、办公费、差旅费、工具用具使用费、保险费、工程排污费等。

（1）直接成本增加的现场管理费索赔计算。

$$MF(c) = C_1 \times F_0 \div C_0$$

式中　$MF(c)$——索赔的现场管理费；

C_1——索赔事件的直接成本；

F_0——合同中总的现场管理费；

C_0——合同中总直接成本。

例 2：某工程承包合同，价款 2100 万，其中利润占 5%，总部管理费 150 万，现场管理费 250 万。在合同履行中，新增加工程的直接费为 400 万，试计算应索赔的现场管理费为多少？

解：合同中利润为

$2100 \times 5\% / (1 + 5\%) = 100$（万）；

则合同中的直接成本 $C_0 = 2100 - 100 - 150 - 250 = 1600$（万）；

合同中总现场管理费 $F_0 = 250$（万）；

索赔的现场管理费 ＝ $400 \times 250/1600 = 62.5$ 万元。

（2）由于工期延长引起现场管理费的索赔

$$MF(_T) = \Delta T \times F_0 \div T_0$$

式中　$MF(_T)$——因工期延长索赔现场管理费；

ΔT——顺延工期；

F_0——合同中总的现场管理费；

T_0——合同工期。

5）上级管理费（总部管理费）

上级管理费（总部管理费）是承包商企业总部发生的、为整个企业的经营运作提供支持和服务所发生的管理费用，一般包括总部管理人员费用、企业经营活动费用、差旅交通费、办公费、固定资产折旧、修理费、职工教育培训费用、保险费。

（1）总直接费分摊法。

f ＝ 总部管理费总额／合同期承包商完成总直接费；

$$索赔合同总部管理费 = f \times 索赔合同索赔的直接费$$

例3：某工程承包合同,索赔的直接费为40万元,在此期间该承包商完成其他项目合同的总直接费为160万元,已知在此期间,该承包商发生总部管理费为10万元。试计算此承包合同应索赔的总部管理费。

解:$f =$ 总部管理费总额/合同期承包商完成总直接费 $= 10 / (160 + 40) \times = 5\%$;

可索赔的总部管理费 $= 40 \times 5\% = 2$ 万元。

（2）日费率分摊法。

争议合同应分摊的总部管理费 = 同期总部管理费总额 ×（争议合同额／合同期承包商完成的合同总额）

$$日总部管理费率 = 争议合同应分摊的总部管理费 ／ 合同履行天数$$

$$总部管理费索赔额 = 日总部管理费率 \times 合同延误天数$$

例4：某工程承包合同,合同工期为240天,实施过程中由于业主原因延期60天。在此期间,承包商的经营状况如表4-5所示。试计算争议合同应索赔总部管理费额。

表4-5　工程承包商经营状况

费用＼合同	争议合同（万）	其他合同（万）	全部合同（万）
合同额	20	40	60
实际直接总成本	18	32	50
当期总部管理费			3
总利润			7

解:索赔合同分摊总部管理费 $= 3 \times 20/60 = 1$（万）

日总部管理费率 $= 10\,000 / (240 + 60) = 33.33$ 元/天

索赔总部管理费 $= 33.33 \times 60 = 2000$ 元

6）利润

通常是指由于工程变更、工程延期、中途终止合同等使承包商产生利润损失。在 FIDIC 合同条件中,有如下9项内容可让承包商进行利润索赔。

（1）因工程师提供的原始基准点、基准线和参考标高数据错误,导致承包商放线错误,对纠正该错误所进行的工作;

（2）工程师指示打钻孔、进行勘探开挖,而这些工作又不属于合同工作范围;

（3）修补由于业主风险造成的损失或损坏;

（4）根据工程师的书面要求,为其他承包商提供服务;

（5）在缺陷责任期内,修补由于非承包商原因造成的工程缺陷或其他毛病;

（6）实施变更工作;

（7）特殊风险对工程造成损害（包括永久工程、材料和工程设备）,承包商对此进行的修复和重建工作;

（8）业主违约终止合同;

（9）货币及汇率变化产生的利润损失。

利润索赔值的计算方法如下：

$$利润索赔值 = 利润百分比 \times (索赔直接费 + 索赔现场管理费 + 索赔上级管理费)$$

例5：某厂（甲方）与某建筑公司（乙方）订立了某工程项目施工合同，同时与某降水公司订立了工程降水合同。甲、乙双方合同规定：采用单价合同，每一分项工程的实际工程量增加（或减少）超过招标文件中工程量的10%以上时调整单价；主导施工机械一台（乙方自备），台班费为400元/台班，其中台班折旧费为50元/台班。施工网络计划如图4-3所示（单位：天）。

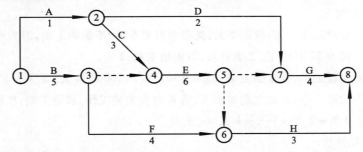

图4-3 施工网络计划图（箭线上方为工作名称，箭线下方为持续时间，粗箭线为关键线路）

甲、乙双方合同约定8月15日开工。工程施工中发生如下事件：

（1）降水方案错误，致使工作D推迟2天，乙方人员配合用工5个工日，窝工6个工日。

（2）8月21日至22日，场外停电，停工2天，造成人员窝工16个工日。

（3）因设计变更，工作E工程量由招标文件中的$300m^3$增至$350m^3$，超过了10%；合同中该工作的综合单价为55元/m^3。经协商调整后综合单价为50元/m^3。

（4）为保证施工质量，乙方在施工中将工作B原设计尺寸扩大，增加工程量$15m^3$，该工作综合单价为78元/m^3。

（5）在工作D、E均完成后，甲方指令增加一项临时工作K，经核准，完成该工作需要1天时间，机械1台班，人工10个工日。

问题：（1）上述哪些事件乙方可以提出索赔要求？哪些事件不能提出索赔要求？说明其原因。

（2）每项事件工期索赔各是多少？总工期索赔多少天？

（3）工作E结算价应为多少？

（4）假设人工工日单价为25元/工日，合同规定窝工人工费补偿标准为12元/工日，因增加用工所需管理费为增加人工费的20%。试计算除事件3外合理的费用索赔总额。

解：工程师判定承包人索赔成立的条件如下。

（1）与合同相对照，事件已造成了承包人施工成本的额外支出，或总工期延误；

（2）造成费用增加或工期延误的原因，按合同约定不属于承包人应承担的责任，包括行为责任或风险责任；

（3）承包人按合同规定的程序提交了索赔意向通知和索赔报告。

上述三个条件没有先后主次之分，应分同时具备。只有工程师认定索赔成立后，才可批准应给予承包人的补偿额。

答案：（1）对索赔的提出要求后判定如下：

事件 1 可提出索赔要求，因为降水工程由甲方另行发包，是甲方的责任。

事件 2 可提出索赔要求，因为停水、停电造成的人员窝工是甲方的责任。

事件 3 可提出索赔要求，因为设计变更是甲方的责任，且工作 E 的工程量增加了 50m^3，超过了招标文件中工程量的 10%。

事件 4 不应提出索赔要求，因为保证施工质量的技术措施费应由乙方承担。

事件 5 可提出索赔要求，因为甲方指令增加工作，是甲方的责任。

（2）工期索赔天数为：

事件 1：工作 D 总时差为 8 天，推迟 2 天，尚有总时差 6 天，不影响工期，因为可索赔工期 0 天。

事件 2：8 月 21 日至 22 日停工，工期延长，可索赔工期：2 天。

事件 3：因 E 为关键工作，可索赔工期：$(350-300) \text{m}^3 / (300 \text{m}^3 / 6 \text{天})$ 花 1 天。

事件 5：因 G 为关键工作，在此之前增加 K，则 K 也为关键工作，索赔工期：1 天。

总计索赔工期：0 天 + 2 天 + 1 天 + 1 天 = 4 天。

（3）工作 E 的结算价：

按原单价结算的工程量：$300 \text{m}^3 \times (1+10\%) = 330 \text{m}^3$

按新单价结算的工程量：$350 \text{m}^3 - 330 \text{m}^3 / = 20 \text{m}^3$

总结算价 $= 330 \text{m}^3 \times 44 \text{元/m}^3 + 20 \text{m}^3 \times 50 \text{元/m}^3 = 19150 \text{元}$

（4）费用索赔总额的计算：

事件 1：人工费：6 工日 × 12 元/工日 + 5 工日 × 25 元/工日 × (1+20%) = 222 元

事件 2：人工费：16 工日 × 12 元/工日 = 192 元

机械费：2 台班 × 20 元/台班师 100 元

事件 5：人工费：10 工日 × 25 元/工日 × (1+20%) = 300 元

机械费：1 台班 × 400 元/台班师 400 元

合计费用索赔总额为：222 元 + 192 元 + 100 元 + 300 元 + 400 元 = 1214 元。

7）利息

利息索赔主要分为两种情况：一是指由于工程变更和工程延期，使承包商不能按原计划收到合同款，造成资金占用，产生利息损失；二是延迟支付工程款的利息。在计算利息索赔时，可根据合同条款中规定的利率，或根据当时银行的贷款利率进行计算。

在上述各单项索赔计算中，承包商要提供和证明其索赔值的计算方法是合理的，如劳动效率降低索赔中，承包商必须向工程师证明其原计划工时的计算方法是合理的，这一点承包商很难拿出具有说服力的证据，因此也就增加了索赔的难度。

2. 总费用法

总费用法又称总成本法。就是当发生多次索赔事件后，重新计算该工程的实际总费用，再从这个实际总费用中减去投标报价时的估算总费用，计算索赔余额。

该方法要求承包商必须出示足够的证据，证明其全部费用是合理的，否则业主将不接受承包商提出的索赔款额，而承包商要想证明全部费用是合理支出，则并非易事。因此，该方法不易过多采用，只有在无法按分项方法计算索赔费用时，才可使用该方法。采用总费用法时应注意的问题有：

（1）由于非承包商的原因，施工过程受到严重干扰，造成多个索赔事件混杂在一起，导致承包商难以准确的进行分项记录和收集证据资料,也无法分项计算出承包商产生的损失,只得采用总费用法进行索赔。

(2)承包商报价必须合理。所谓合理是指承包商标价计算合理,其价格应接近业主计算的标价,并非是采取低价中标的策略,导致标价过低。

(3)承包商发生的实际费用证明是合理的。对承包商发生的每一项费用进行审核,证明费用的支出是实施工程必需的。承包商对费用增加不负任何责任。

总费用索赔方法在实际应用中,又衍生出一些改进的总费用索赔法。其总的想法是承包商易于证明其索赔款额(提交索赔证明资料),同时,便于业主和工程师进行核实、确定索赔费用。这些方法是:

(1)按多个索赔事件发生的时段,分别计算每时段的索赔费用,再汇总出总费用。

(2)按单一索赔事件计算索赔的总费用。

上述两种方法,由于时段的限制或单一事件的限制,其索赔总费用额较小,在处理索赔时,业主也较易接受,同时承包商也能尽快得到索赔款。

3.修正总费用法

修正总费用法是对总费用法的改进。即在总费用计算的原则上,去掉一些不合理的因素,使其更合理。修正内容如下:

(1)将计算索赔款的时段局限于受到外界影响的时间,而不是整个施工期。

(2)只计算受影响时段内的某项工作所受影响的损失,而不是计算该时段内所有施工工作受的损失。

(3)与该项工作无关的费用不列入总费用中。

(4)对投标报价费用重新进行核算:按所受影响时段内该项工作的实际单价进行核算,乘以实际完成的该项工作的工作量,得出调整后的报价费用。

按修正后的总费用计算索赔金额的公式如下:

索赔金额 = 某项工作调整后的实际费用 − 该项工作的报价费用。修正总费用法与总费用法相比,有了实质性的改进,能够相当准确地反映出实际增加的费用。

例 6:某工程业主与承包商按施工合同条件签订施工合同。规定:钢材、木材、水泥由业主供货,其他材料由承包商自行采购。

当工程施工至第五层时,因业主提供的钢筋未到,使该项作业从 10 月 3 日至 10 月 16 日停工(该项作业为关键工作);

10 月 7 日至 10 月 9 日停电导致砌砖停工(该项工作的总时差为 4 天);

10 月 14 日至 10 月 17 日因砂浆搅拌机故障使抹灰工作拖延开工(该项工作的总时差 4 天)。

据此,承包商提出如下索赔报告:

(1)工期索赔:总计 21 天

扎钢筋	10.3 ~ 10.16 停工	14 天
砌砖	10.7 ~ 10.9 停工	3 天
抹灰	10.14 ~ 10.17 迟开工	4 天

(2)费用索赔   窝工机械设备费:4214 元

塔吊一台 $14 \times 234 = 3276$ 元

混凝土搅拌机一台 $14 \times 55 = 770$ 元

砂浆搅拌机一台 $(3+4) \times 24 = 168$ 元

——窝工人工费:14508 元

钢筋工 35 人 $\times 20.15 \times 14 = 9873.5$ 元

砌砖工 30 人 $\times 20.15 \times 3 = 1813.5$ 元

抹灰工 35 人 $\times 20.15 \times 4 = 2821$ 元

问题:(1)承包商的工期索赔是否正确?

(2)若窝工机械设备费按原台班单价的 65% 计,窝工人工费按每工日 10 元计,试确定费用索赔额。

解:(1)工期不正确。

——扎钢筋停工 14 天,因在关键工序上,且由于业主原因造成,给予工期补偿 14 天;

——砌砖工作总时差 4 天,该工序只拖延 3 天,不予顺延;

——砂浆搅拌机故障属承包商责任,工期不予顺延。

(2)窝工费:

① 窝工机械费:

塔吊一台 $14 \times 234 \times 65\% = 2129.4$ 元

混凝土搅拌机一台 $14 \times 55 \times 65\% = 500.5$ 元

砂浆搅拌机一台 $3 \times 24 \times 65\% = 46.8$ 元

② 窝工人工费:

钢筋工 35 人 $\times 10 \times 14 = 4900$ 元

砌砖工 30 人 $\times 10 \times 3 = 900$ 元

费用索赔共计 8476.7 元。

例 7:某工程项目开工之前,承包方提交了施工进度计划。该计划满足工期 100 天的要求,合同价 500 万元。

在该施工计划中,由于工作 E 和 G 共同使用一台塔吊,所以必须顺序施工,工作 E 先开始施工。根据投标书规定:塔吊租赁费 600 元/天、台班费 850 元/天,综合管理费率 15%,人工费 30元/工日,人员窝工费 20 元/工日,赶工费 5000 元/天。

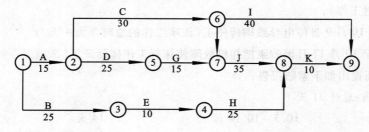

问题:(1)施工过程中,由于设计变更,使工作 B 停工 10 天,30 个工人窝工。计划应如何调整才不影响总工期? 计算承包商应提出的费用索赔。

（2）在施工过程中,由于不利的现场条件,引起人工费、材料费、机械费分别增加 1.5 万元、3.8 万元和 2 万元;另因设计变更,造成承包商额外用工 30 工日,请问承包商可提出的费用索赔应为多少万元?

解:(1)B 工作延误 10 天,对关键线路没有影响,因此不影响合同工期。施工顺序应调整为先 G 后 E。

费用索赔额为:

塔吊闲置 10 天:$10 \times 600 = 6000$ 元

人员窝工费:$10 \times 30 \times 20 = 6000$ 元

该项索赔费用合计$(6000 + 6000) \times (1 + 15\%) = 13\,800$ 元

（2）直接费为:

$1.5 + 3.8 + 2 = 7.3$ 万元

$30 \times 30 = 0.09$ 万元

应索赔的费用为$(7.3 + 0.09) \times (1 + 15\%) = 8.5$ 万元

二、工期索赔分析与计算

（一）工期索赔分析

1）工期索赔的定义

在工程施工过程中,常常发生一些未能预见的干扰事件使施工不能顺利进行,使预定的施工计划受到干扰,结果造成工期延长。这在实际工程中是屡见不鲜的。对此应先计算干扰事件对工程活动的影响,然后计算事件对整个工期有影响,计算出工期索赔值。

2）工期索赔的原则

工程拖延可分为"可原谅拖期"和"不可原谅拖期"两种情况,如表 4-6 所示。

表 4-6　工期索赔的处理原则

拖期性质	拖期原因	责任者	处理原则	索赔结果
可原谅拖期	（1）修改设计 （2）施工条件变化 （3）业主原因 （4）工程师原因	业主/工程师	可准予延长工期和给以经济补偿	工期延长 + 经济补偿
	不可抗力（如天灾、社会动乱,以及非为业主、工程师或承包商原因造成的拖期）等	客观原因	依据《建设工程施工合同（示范文本）》（GF—2013—0201）确定	工期可延长,经济补偿依据《建设工程施工合同（示范文本）》（GF—2013—0201）确定
不可原谅拖期	由承包商原因造成的拖期	承包商	不延长工期,不给予经济补偿,竣工结算时业主和扣除合同规定竣工误期违约赔偿金	无权索赔

《建设工程施工合同（示范文本）》（GF—2013—0201）规定如下:因不可抗力事件导致的费用及工期由双方按以下方法承担:

（1）工程本身的损害、因工程损害导致第三方人员伤亡和财产损失以及运至工地用于施工的

材料和将要安装的设备的损害,由发包人承担。

（2）发包人和承包人人员伤亡由其所在单位负责,并承担相应费用。

（3）承包人机械设备损坏及停工损失,由承包人承担。

（4）停工期间,承包人应工程师要求留在施工场地的必要的管理人员及保卫人员的费用由发包人承担。

（5）工程所需清理、修复费用,由发包人承担。

（6）延误工期相应顺延。

工程实际施工过程中,往往有两种或多种原因同时造成工期延,这种情况称为"共同延误"或"平行延误"。这时应根据以下原则来确定哪一种情况是有效延误,即承包商可以据之得到工期延长,或既可得到工期延长,又可得到费用补偿。

（1）首先判断造成拖期的哪一种原因是最先发生的,即确定"初始延误"的责任者。在初始延误发生期间,其他平行发生的延误责任者不承担延误责任。

（2）如果初始延误责任者是业主或工程师,则在由此造成的延误期内,承包商可得到工期延长,经济补偿按前述第39.3款处理。

（3）如果初始延误责任者是客观原因,则在客观因素发生影响的期间内,承包商可得到工期延长,经济补偿按前述第39.3款处理。

（4）如果初始延误责任者是承包商,则承包商不能索赔。

（二）工期索赔计算

1.网络分析法

通过干扰事件发生前后的网络计划,对比两种工期计算结果,计算出工期索赔值,这是一种科学、合理的分析方法,适合于各种干扰事件的索赔。关键线路上工程活动持续时间的拖延,必然造成总工期的拖延,可提出工期索赔,而非关键线践上的工程活动在时差范围内的拖延如果不影响工期,则不能提出工期索赔。

例8：某施工的进度计划如图4-4所示。

在施工过程中发生以下的情况：

A工作,由于业主原因晚开工5天；

E工作,由监理的指令不当晚开工3天；

D工作,承包商缩短作业时间5天；

H工作,不可抗力的影响晚开工4天；

G工作,由于承包商的原因作业时间增加5天；

问在此条件下,索赔工期多少天?

解：（1）求合同工期,即合同状态下的工期

如上图 $T_C = 75$ 天

（2）求可能状态下的工期,如图4-5所示。

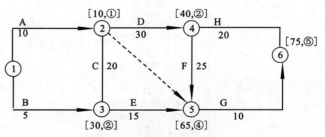

图4-4　某施工的进度计划

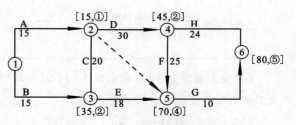

图4-5　可能状态下的工期

网络分析中两个重要的问题：

（1）实际工程中时差的使用。由于多数干扰事件是在合同实施过程中发生的，在实际工程中必须考虑到干扰事件发生前的实际施工状态。在干扰发生前，有许多活动已经完成或已经开始。这些活动可能已经占用线路上的时差，使干扰事件的实际影响远大于上述理论分析的结果。

（2）不同干扰事件工期索赔之间的影响。多个（一个）干扰事件的共同作用下，关键（非关键）线路上的工作可能会发生变化。

2. 比例分析法

网络分析法虽然说是较为科学的，也是最合理的，但实际工程中，干扰事件常常仅影响某些单项工程、单位工程或分部分项工程的工期，分析它们对总工期的影响可以采用更简单的比例分析法，即以某个技术经济指标作为比较基础，计算出工期索赔值。

一般可分为两种方法：

1）按合同价所占比例计算

例 9：某工程施工中，业主改变办公楼工程基础设计图纸的标准，使单项工程延期 10 周，该单项工程合同价为 80 万元，而整个工程合同总价为 400 万元。则承包商提出工期索赔值可按下式计算：

$$总工期索赔值 = \frac{受干扰事件影响的那部分工程的价值}{整个工程的合同总价} \times 该部分工程受干扰后的工期拖延$$

即：总工期索赔值 $\Delta T = (80/400) \times 10 = 2$ 周。

2）按单项工程工期拖延的平均值计算

例 10：某工程有 A、B、C、D、E 五个单项工程，合同规定业主提供水泥。在实际工程中，业主没有按合同规定的日期供应水泥，造成停工待料。根据现场工程资料和俣同双方的通信等证据证明，由业主水泥提供不及时对工程造成如下影响：

单项工程 A：500m³ 混凝土基础推迟 21 天；

单项工程 B：850m³ 混凝土基础推迟 7 天；

单项工程 C：225m³ 混凝土基础推迟 10 天；

单项工程 D：480m³ 混凝土基础推迟 10 天；

单项工程 E：120m³ 混凝土基础推迟 27 天。

承包商在一揽子索赔中，对业主材料供应不及时造成工期延长提出索赔要求如下：

总延长天数 = 21 + 7 + 10 + 10 + 27 = 75 天

平均延长天数 = 75/5 = 15 天

工期索赔值 = 15 + 5 = 20 天（加 5 天是考虑了单项工程的不均匀性对部工期的影响）

3）以上两种方法的比较

实际运用中，也可按其他指标，如按劳动力投入量、实物工程量等变化计算。比例分析的方法虽然计算简单、方便，不需要复杂网络分析，在意义上也容易接受，但也有其不合理、不科学的地方。例如，从网络分析可以看出，关键线路上工作的拖延方为总工期的延长，非关键线路上的拖延通常对总工期没有影响，但比例分析法对此并不考虑，而且此种方法对有些情况也不适用，例如业主变更施工次序，业主指令采取加速施工措施等不能采用这种方法，最好采用网络分析法，否则会得到错误的结果。

3.赢值法

赢值法就是在横道图或时标网络计划的基础上求出三种费用,以确定施工中的进度偏差和成本偏差的方法。其中这三种费用是:

(1)拟完工程计划费用(BCWS)。指进度计划安排在某一给定时间内所应完成的工程内容的计划费用。

(2)已完工程实际费用(ACWP)。指在某一给定时间内实际完成的工程内容所实际发生的费用。

(3)已完工程计划费用(BCWP)。指在某一给定时间内实际完成的工程内容的计划费用。

在费用和进度控制根据以下关系分析费用与进度偏差:

费用偏差 = 已完工程实际费用 − 已完工程计划费用

其中:费用偏差为正值表示费用超支,为负值表示费用节约。

进度偏差 = 拟完工程计划费用 − 已完工程计划费用

其中:进度偏差为正值表示进度拖延,为负值表示进度提前。

例 11:某土方工程总挖方量为 1000 m³,预算单价为 45 元/ m³。该挖方工程预算总费用为 45 万元,计划用 25 天完成,每天 400 m³。开工后第七天早上刚上班时,业主项目管理人员前去测量,取得了两个数据:已完成挖方 2000 m³,支付给承包单位的工程进度款累计已达到 12 万元。

解:计算已完工程计划费用 BCWP = 45 × 2000 = 9 万元。

查看项目计划,计划表明,开工后第 6 天结束时,承包商应得到的工程款累计额,即拟完工程计划费用 BCWS = 400 × 6 × 45 = 10.8 万元。

该工程在第 7 天检查时的进度偏差和费用偏差为:

进度偏差 = 10.8 万 − 9 万 = 1.8 万元,表示承包商进度拖延,1.8 万 ÷ 45 = 400 m³,正好为预算中一天的工作量,所以承包商的进度已经拖延天。

费用偏差 = 12 万 − 9 万 = 3 万元,表示承包商已超支。

例 12:某工程项目施工合同于 2010 年 12 月签订,约定的合同工期为 20 个月,2011 年 1 月开始正式施工,施工单位按合同工期要求编制了混凝土结构工程施工进度时标网络计划,如图 4−6 所示,并经专业监理工程师审核批准。

该项目的各项工作均按最早开始时间安排,且各工作每月所完成的工程量相等。各工作的计划工程量和实际工程量如表 4−7 所示。工作 D、E、F 的实际工作持续时间与计划工作持续时间相同。

合同约定,混凝土结构工程综合单价为 1000 元/m³,按月结算。结算价按项目所在地

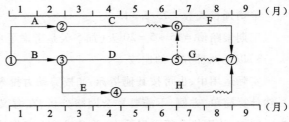

图 4−6 混凝土结构工程施工进度时标网络计划

混凝土结构工程价格指数进行调整,项目实施期间各月的混凝土结构工程价格指数如表 4-8 所示。

施工期间,由于建设单位原因使工作 H 的开始时间比计划的开始时间推迟 1 个月,并由于工作 H 工程量的增加使该工作的工作持续时间延长了 1 个月。

表 4-8　各工作的计划工程量和实际工程量

工作	A	B	C	D	E	F	G	H
计划工程量(m^3)	8600	9000	5400	10 000	5200	6200	1000	3600
实际工程量(m^3)	8600	9000	5400	9200	5000	5800	1000	5000

表 4-8　项目实施期间各月的混凝土结构工程价格指数

时间	2000 年 12 月	2001 年 1 月	2001 年 2 月	2001 年 3 月	2001 年 4 月	2001 年 5 月	2001 年 6 月	2001 年 7 月	2001 年 8 月	2001 年 9 月
混凝土结构工程价格指数(%)	100	115	105	110	115	110	110	120	110	110

问题:(1)按施工进度计划编制资金使用计划(即计算每月和累计拟完工程计划费用),简要写出其步骤,并绘制该工程的时间费用累计曲线。

(2)算工作 H 各月的已完工程计划费用和已完工程实际费用。

(3)计算混凝土结构工程已完工程计划费用和已完工程实际费用。

(4)列式计算 8 月末的费用偏差和进度偏差(用费用额表示)。

解:(1)计算各月拟完工程计划费用和累计拟完工程计划费用,如表 4-9 所示;并绘制该工程的时间费用累计曲线。

表 4-9　各月拟完工程计划费用和累计拟完工程计划费用计算表

工作	A(2)	B(2)	C(3)	D(4)	E(2)	F(2)	G(1)	H(3)	合计	累计
计划工程量(m^3)	8600	9000	5400	10000	5200	6200	1000	3600		
每月计划	430	450	180	250	260	310	100	120		
1 月	√430	√450							880	880
2 月	√450	√450							880	1760
3 月			√180	√250	√260				690	2450
4 月			√180	√250	√260				690	3140
5 月			√180	√250				√120	550	3690
6 月				√250				√120	370	4060
7 月						√310	√100	√120	530	4590
8 月						√310			310	4900

注:各工作每月拟完工程计划费用 = 工作的计划工程量×单价/工作持续时间。

如:A 工作每月拟完计划费用 = (8600 m^3×1000 元/m^3)/2 月 = 430 万元。

各月参与的工作:由时标网络图得。合计栏表示各月拟完工程计划费用。累计栏表示逐月累加得到各月累计加拟完工程计划费用额根据上述步骤,在时标网络图上按时间编制费用计划,如图 4-7 所示,据此绘制的 S 形曲线如图 4-8 所示。计算结果如表 4-10 所示。

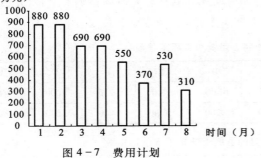

图 4-7 费用计划

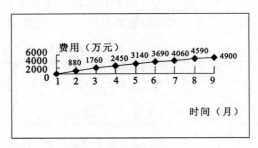

图 4-8 S 形曲线

表 4-10 已完工程计划费用和已完工程实际费用计算表

工作	A(2)	B(2)	C(3)	D(4)	E(2)	F(2)	G(1)	H(4)	计划	指数	实际
实际工程量(m³)	8600	9000	5400	9200	5000	5800	1000	5000			
每月已完计划	430	450	180	230	250	290	100	125			
1 月	√430	√450							880	115	1012
2 月	√430	√450							880	105	924
3 月			√180	√230	√250				660	110	726
4 月			√180	√230	√250				660	115	759
5 月			√180	√230					410	110	450
6 月				√230				√125	355	110	390.5
7 月						√290	√100	√125	515	120	618
8 月						√290		√125	415	110	456.5
9 月								√125	125	110	137.5

注:计划栏为每月已完工程计划费用 = 每月已完工程量 × 计划单价。
实际栏为每月已完工程实际费用 = 每月已完工程量 × 实际单价;实际单价 = 计划单价 × 每月价格指数。

(2)计算工作 H 各月的已完工程计划费用和已完工程实际费用。

H 工作 6 月至 9 份每月完成工程量为:5000 ÷ 4 = 1250(m³/月)

① H 工作 6 月至 9 月,每月已完成工程计划费用 = 每月已完工程量 × 计划单价 = 1250 × 1000 = 125 万元;

② H 工作每月已完工程实际费用 = 每月已完工程量 × 实际单价;

实际单价 = 计划单价 × 对应月份价格指数。

6 月份:125 × 110% = 137.5 万元

7 月份:125 × 120% = 150.5 万元

8 月份:125 × 110% = 137.5 万元

9 月份:125 × 110% = 137.5 万元

(3)计算混凝土结构工程已完工程计划费用和已完工程实际费用,计算结果填入表 4-11 中。

表 4-11　某混凝土结构施工计划与结果　　　　　（单位：万元）

项目	费用数据								
	1	2	3	4	5	6	7	8	9
每月拟完工程计划费用	880	880	690	690	550	370	530	310	/
累计拟完工程计划费用	880	1760	2450	3140	3690	4060	4590	4900	
每月已完工程计划费用	880	880	660	660	410	355	515	415	125
累计已完工程计划费用	880	1760	2420	3080	3490	3845	4360	4775	4900
每月已完工程实际费用	1012	924	726	759	451	390.5	618	456.5	137.5
累计已完工程实际费用	1012	1936	2662	3421	3872	4262.5	4880.5	5337	5474.5

（4）列式计算 8 月末的费用偏差和进度偏差（用费用额表示）。

费用偏差 = 已完工程实际费用 - 已完工程计划费用 = 5337 万 - 4775 万 = 562 万元，超支 562 万元。

进度偏差 = 拟完工程计划费用 - 已完工程计划费用 = 4900 万 - 4775 万 = 125 万元，拖后 125 万元。

三、索赔报告的编写

索赔报告是向对方提出索赔要求的书面文件，是承包商对索赔事件处理的结果。业主的反应——认可或反驳——就是针对索赔报告。调解人和仲裁人只有通过索赔报告了解和分析合同实施情况和承包商的索赔要求，评价它的合理性，并据此作出决议。

索赔报告的一般要求有：①索赔事件应是真实的；②责任分析应清楚、准确；③索赔报告通常很简洁，条理清楚，各种结论、定义准确，有逻辑性；④用词要婉转。

一个完整的索赔报告应包括如下内容：

1）总论部分

概括地叙述索赔事项，包括事件发生的具体时间、地点、原因、产生持续影响的时间。

（1）序言。

（2）索赔事项概述。

（3）具体索赔要求、工期延长天数或索赔款额。

（4）报告编写及审核人员。

2）引证

（1）概述索赔事项的处理过程。

（2）发出索赔通知。

（3）引证索赔要求的合同条款。

（4）指明所附的证据资料。

3）索赔额计算

包括费用开支和工期延长论证。

（1）费用部分。由于索赔事项引起的额外开支的人工费、材料费、设备费、工地管理费、总部管理费、投资利息、税收、利润等。

（2）工期延长。对工期延长、实际工期、理论工期等进行详细的计算和论述，说明自己要求工期延长（天数）的根据。

4）证据

通常以索赔报告附件的形式出现，包括该索赔事项所涉及的一切有关证据以及对这些证据的说明。一般包括：

（1）政治经济资料：重大新闻报道记录，如罢工、动乱、地震以及其他重大灾害等；重要经济政策文件，如税收决定、海关规定、外币汇率变化、工资调整等；权威机构发布的天气和气温预报，尤其是异常天气的报告等。

（2）施工现场记录报表及来往函件：监理工程师的指令；与建设单位或监理工程师的来往函件和电话记录；现场施工日志；每日出勤的工人和设备报表；完工验收记录；施工事故详细记录；施工会议记录；施工材料使用记录；施工质量检查记录；施工进度实况记录；施工图纸收发记录；工地风、雨、温度、湿度记录；索赔事件的详细记录本或摄像；施工效率降低的记录等。

（3）工程项目财务报表：施工进度月报表及收款录；索赔款月报表及收款记录；工人劳动计时卡及工资历表；材料、设备及配件采购单；付款收据；收款单据；工程款及索赔款迟付记录；迟付款利息报表；向分包商付款记录；现金流动计划报表；会计日报表；会计总账；财务报告；会计来往信件及文件；通用货币汇率变化等。

例13：索赔事件的基本概况：1999年某公司拟建一综合办公楼，工程建设规模15 560m²，框架剪力墙结构。地上10层，地下1层，工程建设的相关审批手续于当年完成，并于1999年11月进行工程施工招标。某承包商经过激烈的投标竞争，以中标价27 704 128元获得该工程施工承包业务。应发包方要求，中标后一周内签定了工程施工承包合同，并经发包方同意于当年12月初相关工程管理人员及施工机械设备陆续进场，于2000年1月底完成了工程施工用临时设施的搭设工作，准备进行施工图技术交底。

但在2000年2月，发包方由于机构改革，企业分营，成立A、B两家公司，该工程项目归属分营后的A公司（简称业主）管理。业主领导班子鉴于下述原因：综合办公楼规模大大超过新企业需要；新企业财务资金相对紧张；企业有新的投资方向。决定工程暂时缓建，并通知承包商。最后经上级主管单位及地方建设行政管理部分同意，于2000年3月决定取消该工程项目，并通知承包商工程停建，处理相关事宜，解除承包合同。

在2000年3月，即自承包商得到业主工程缓建指令一个月中，承包商向业主提交了要求在缓建期间补偿相关损失的报告，并要求业主提供工程开工的大概日期以利于工程人员和施工机械的统一安排。

2000年4月，在得到业主工程停工通知后一个月中，承包商同意解除合同，并向业主提交了一份详细的赔偿要求报告。在索赔报告我们主要摘录其费用索赔的主要内容如下：

1. 临时设施搭建费用

（1）临时门卫：32.2 m²　　300元/m²　　共9660.00元

（2）临时办公用房：1341.1 m²　　450元/m²　　共60 345.00元

（3）食堂：146.25 m²　　400元/m²　　　共58 500.00元

（4）职工宿舍：379.8 m²　　300元/m²　　共113 937.00元

（5）职工浴室：36 m² 500 元/m² 共 18 000.00 元

（6）男女厕所：28.6 m² 700 元/m² 共 20 020.00 元

（7）化粪池：一座，8449.00 元/座 共 8449.00 元

（8）部分围墙：21.7 m 180 元/m 共 3906.00 元

（9）临时混凝土道路：237.25 m² 33 元/m² 共 7829.00 元

（10）临时水电管线安装：12 000.00 元

小计：312 646.00 元

2. 机械、材料进退场及损耗费

（1）施工配电总箱：1 只，4000 元/只 共 4000 元

（2）施工配电分箱：10 只，1400 元/只 共 14 000 元

（3）施工电缆敷设：500m 20 元/m 共 10 000 元

（4）翻车斗：30 辆 450 元/辆 共 13 500 元

（5）机械设备进退场：25 000 元

小计：66 500.00 元

3. 管理人员工资

（1）项目经理：4 个月 6000 元/月 共 24 000 元

（2）主施工员：4 个月 5000 元/月 共 20 000 元

（3）副施工员：4 个月 3500 元/月 共 14 000 元

（4）安全员：4 个月 3000 元/月 共 12 000 元

（5）预算员：4 个月 3000 元/月 共 12 000 元

（6）质量、资料员：4 个月 3000 元/月 共 12 000 元

（7）保管员：25 个月 1000 元/月 共 25 000 元

（8）门卫：25 个月 1000 元/月 共 25 000 元

小计：144 000 元

4. 招投标费用

（1）招投办收费：13 000 元

（2）技术标：1 套，20 000 元/套，共 20 000 元

（3）商务标：1 套，80 000 元/套，共 80 000 元

小计：113 000.00 元

5. 相关材料订单赔偿

（1）钢筋定金：100 万

（2）水泥定金：100 万

（3）其他材料：100 万

小计：300 万

6. 融资利息，共 96 115 元

7. 利润损失，共 16 622.48 元

8. 企业管理损失，共 1 606 839.00 元

9. 违约责任罚款,共 554 082 元

10. 要求补偿费用,总和 5 894 844.48 元

针对上述承包商索赔报告中的费用索赔部分,作为反索赔方的业主则认为:

(1)因《合同法》中有专门的建设工程合同分则,更符合本合同工程的性质;再者,合同的解除与不履行合同义务或履行合同义务不符合规定有本质区别,该合同解除是合同客体及相应的义务同时解除,而义务是合同的内容。

(2)因《建设工程施工合同(示范文本)》只是原国家建设部、国家工商总局为规范建筑市场而要求推行的一项工作,并未上升到法律的高度,并且双方并未按此文本签定合同。根据《合同法》的规定:"当事人可以参照各类合同的示范文本订立合同。"并不排除双方协商按其他模式签定工程合同。但在工程承包合同中未列情况出现时,同意按《合同法》有关条款来协商处理,以体现合同的遵法原则。

(3)《建设工程招标投标管理办法》不适用该索赔事件处理,合同签定后解除与不签定合同存在实质上的不同。

经过谈判,承包方对要求解除合同表示理解,并考虑社会影响,接受了业主意见,接下去的问题就迎刃而解了。

(1)有关材料订单定金损失:因承包方提交不出具体的有说服力的证据,业主方不予支持,但鉴于工程现场其他零星材料损耗,业主同意给以 50 000.00 元补偿。

(2)因索赔依据不成立,取消违约责任罚款 554 082.00 元。

(3)根据《合同法》,因发包方原因造成的工程停建,赔偿承包商实际产生费用的精神,原则不予补偿利润及企业管理费损失,但考虑到合同解除是由业主提出的,同意给予 100 万元补偿。

【案例 4-17】

关于××项目××事件的索赔报告

负责人:×××

编号:001   日期:2009 年 12 月 10 日

事件:

1. 因发包人准备工作不足,导致延期开工 2 天,并造成人员窝工 10 个工日。

2. 基坑开挖后,因遇到软土层,接到监理方提出的于 11 月 15 日停工的指令,进行地质复查,乙方配合复查用工 15 个工日。

3. 11 月 19 日接到监理方提出的于 11 月 20 日复工的指令,11 月 20 日至 11 月 22 日因下罕见大雨(该大雨事件已符合合同中关于不可抗力的约定)迫使基坑开挖暂停,导致人员窝工 10 个工日。

4. 11 月 23 日用 30 个工日修复被大雨冲坏的永久道路,修复费用 2.5 万元;11 月 24 日恢复正常挖掘工作,11 月 30 日完成全部土方工程施工。

理由:合同中规定,因以下原因造成工期延误,承包人有权提出索赔或要求工期顺延:

(1)发包人未能按专用条款的约定提供图纸及开工条件;

(2)发包人未能按约定日期支付工程预付款、进度款,致使施工不能正常进行;

（3）工程师未按合同约定提供所需指令、批准等，致使施工不能正常地行；

（4）设计变更和工程量增加；

（5）一周内非承包人原因停水、停电、停气造成停工累计超过 8 小时；

（6）不可抗力；

（7）专用条款中约定或工程师同意工期顺延的其他情况。

结论：以上事件在客观因素上让承包方无法按时完工，且带来了不必要的经济损失，故承包方向发包方要求相应赔偿。

成本索赔计算：

（1）$20 \times 10 \times 2 + 400 \times 6 \times 2 = 5200$ 元

（2）$20 \times 15 \times 5 + 400 \times 6 \times 5 = 13\,500$ 元

（3）$20 \times 10 \times 3 + 400 \times 6 \times 3 = 7800$ 元

（4）$50 \times 30 \times 1 + (800 + 400) \times 6 \times 1 + 25\,000 = 33\,700$ 元

直接费合计 $= 5200 + 13\,500 + 7800 + 33\,700 = 60\,200$ 元

工期索赔计算：现场管理费 $= 60\,200 \times 12\% = 7224$ 元

公司管理费 $= 60\,200 \times 7\% = 4214$ 元

利润费 $= 60\,200 \times 5\% = 3010$ 元

合计 $= 60\,200 + 7224 + 4214 + 3010 = 74\,648$ 元

要求工期延后 10 天。

总索赔要求：总计要求赔偿金 74 648 元，并要求工期延后 10 天。

4.5.6 工程索赔的技巧及关键

一、索赔的技巧

组成一个工程建设项目的合同文件内容及形式比较多，且参建各方利益不同，往往使工程参建各方，对索赔事件的合同理解存在分歧，影响合同索赔的管理，但无论何种理解，其基本立足点应是在法律精神的框架下的合法的理解，这种理解的本身是合同中任何条款不得显失公平，因此合同索赔的管理过程中，是需要技巧的。

1. 投标报价的策略，为合同索赔奠定基础

这种技巧来源于合同当事人的工作经验，始于工程建设的前期，一般可用的策略为：

（1）不平衡报价：一部分项目高报，部分项目低报。预计到工程量可能增加的部分，单价高报；而工程量可能减少的部分，单价低报；设计不明确或设计深度明显不足的部分，工程量可能增加的，单价高报；招标文件中无工程量而只有单价的高报单价。

（2）抓大放小：索赔事件在工程建设中比较多，有大有小，有原则性的索赔，有非原则性的索赔。在实际的索赔管理中，不应一概而论，而应分轻重而予以不同的处理，对于大的原则性的索赔问题抓住不放，而对旁枝末节的事件，大可予以忽略，切不可事事、处处计较，特别是工程中出现紧急事件急需处治时，还是应当先以工程为重，以抢险为重，以尽可能采取措施挽回损失为重。

在商签合同过程中，承包商应对明显把重大风险转嫁给承包商的合同条件提出修改的要求，

对其达成修改的协议应以"谈判纪要"的形式写出,作为该合同文件的有效组成部分。要对业主开脱责任的条款特别注意,如:合同中不列索赔条款;拖期付款无时限、无利息;没有调价公式;业主认为对某部分工程不够满意,即有权决定扣减工程款;业主对不可预见的工程施工条件不承担责任等。如果这些问题在签订合同协议时不谈判清楚,承包商就很难有索赔机会。

2.把握时机

基于合同组成内容及形式的多样性,不可避免地存在着合同条款的矛盾之处,而这种矛盾正是合同索赔的争议之所在,也正是索赔与反索赔的双刃剑。在不同的阶段,处理同一件索赔事件的结果可能完全不同,在工程前期,业主与施工单位是一对矛盾体,双方都会死抠合同中对自己有利的条款而不能统筹兼顾,综合平衡,使谈判陷入僵局,加重合同双方的矛盾,重者可造成解除合同,因此合理地把握索赔谈判的适当时机非常重要。在业主对工程进度不太关心的时候对一些模棱两可的事件谈不拢的情况下尽量回避谈判,到工程中后期,业主对工程进度会有急迫的要求,施工方可在此时提出由于有部分费用没有解决,经济较为困难,为加快工程的进展,迫切需要业主给予经济上的帮助,在前期施工质量等基本满足业主要求的前提下,对合同条款的矛盾,业主此时可以结纳对承包方有利的解释,使矛盾问题得到解决。

一个有经验的承包商,在投标报价时就应考虑将来可能要发生索赔的问题,要仔细研究招标文件中合同条款和规范,仔细查勘施工现场,探索可能索赔的机会,在报价时要考虑索赔的需要。在进行单价分析时,应列入生产效率,把工程成本与投入资源的效率结合起来。这样在施工过程中论证索赔原因时,可引用效率降低来论证索赔的根据。

在索赔谈判中,如果没有生产效率降低的资料,则很难说服监理工程师和业主,索赔无取胜可能。反而可能被认为生产效率的降低是承包商施工组织不好,没达到投标时的效率,应采取措施提高效率,赶上工期。

要论证效率降低,承包商应做好施工记录,记录好每天使用的设备工时、材料和人工数量、完成的工程及施工中遇到的问题。

3.对口头变更指令要得到确认

监理工程师常常乐于用口头指令变更,如果承包商不对监理工程师的口头指令予以书面确认,就进行变更工程的施工,此后,有的监理工程师矢口否认,拒绝承包商的索赔要求,使承包商有苦难言。

4.及时发出"索赔通知书"

一般合同规定,索赔事件发生后的一定时间内,承包商必须送出"索赔通知书",过期无效。

5.索赔事件论证要充足

承包合同通常规定,承包商在发出"索赔通知书"后,每隔一定时间(28 天),应报送一次证据资料,在索赔事件结束后的 28 天内报送总结性的索赔计算及索赔论证,提交索赔报告。索赔报告一定要令人信服,经得起推敲。

6.索赔计价方法和款额要适当

索赔计算时采用"附加成本法"容易被对方接受,因为这种方法只计算索赔事件引起的计划外的附加开支,计价项目具体,使经济索赔能较快得到解决。另外索赔计价不能过高,要价过高容易让对方发生反感,使索赔报告束之高阁,长期得不到解决。另外还有可能让业主准备周密的反索赔计划,以高额的反索赔对付高额的索赔,使索赔工作更加复杂化。

7. 力争单项索赔,避免一揽子索赔

单项索赔事件简单,容易解决,而且能及时得到支付。一揽子索赔,问题复杂,金额大,不易解决,往往到工程结束后还得不到付款。

8. 坚持采用"清理账目法"

承包商往往只注意接受业主按对某项索赔的当月结算索赔款,而忽略了该项索赔款的余额部分。没有以文字的形式保留自己今后获得余额部分的权利,等于同意并承认了业主对该项索赔的付款,以后对余额再无权追索。

因为在索赔支付过程中,承包商和监理工程师对确定新单价和工程量广大经常存在不同意见。按合同规定,工程师有决定单价的权力,如果承包商认为工程师的决定不尽合理,而坚持自己的要求时,可同意接受工程师决定的"临时单价"或"临时价格"付款,先拿到一部分索赔款,对其余不足部分,则书面通知工程师和业主,作为索赔款的余额,保留自己的索赔权利,否则,将失去了将来要求付款的权利。

9. 注意谈判时的技巧

实践证明,在谈判中一位的采取强硬态度或软弱立场都是不可取的,都难以获得满意的效果。而采取刚柔结合的立场则容易收到理想的效果,即既有原则性又有灵活性才能应付谈判的复杂局面;在谈判中要随时研究和掌握对方的心理、了解对方的意图;不要用尖刻的话语刺激对方,伤害对方的自尊心,要以理服人,求得对方的理解;要善于利用机会,因势利导,用长远合作的利益来启发和打动对方;应准备几套能进能退的方案,在谈判中该争的要争、该让的要让,使双方都能有得有失,共同寻求双方都能接受的折衷办法;对谈判要有坚持到底的精神,有经受各种挫折的思想准备,对分歧意见,应相互考虑对方的观点共同寻求解决方案。

10. 力争友好解决,防止对立情绪

索赔争端是难免的,如果遇到争端不能理智协商讨论问题,使一些本来可以解决的问题悬而未决。承包商尤其要头脑冷静,防止对立情绪,力争友好解决索赔争端。

二、工程索赔的关键

(一)组建强有力的、稳定的索赔班子

索赔是一项复杂细致而艰巨的工作,组建一个知识全面、有丰富索赔经验、稳定的索赔小组从事索赔工作是索赔成功的首要条件,索赔小组应由项目经理、合同法律专家、估算师、会计师、施工工程师组成,有专职人员搜集和整理由各职能部门和科室提供的有关信息资料,索赔人员要有良好的素质,要懂得索赔的战略和策略,工作要勤奋、务实、不好大喜功,头脑清晰,思路敏捷,有逻辑,善推理,懂得搞好各方的公共关系。

索赔小组的人员一定要稳定,不仅各负其责,而且每个成员要积极配合,齐心协力,对内部讨论的战略和对策要保守秘密。

(二)确定正确的索赔战略和策略

索赔战略和策略是承包商经营战略和策略的一部分,应当体现承包商目前利益和长远利益、、

全局利益和局部利益的统一,应由公司经理亲自把握和制定,索赔小组应提供决策的依据和建议。

索赔的战略和策略研究,对不同的情况,包含着不同的内容,有不同的重心,一般应包含如下几个方面:

1. 确定索赔目标

承包商的索赔目标是指承包商对索赔的基本要求,可对要达到的目标进行分解,按难易程度进行排队,并大致分析它们实现的可能性,从而确定最低、最高目标。

分析实现目标的风险,如能否抓住索赔机会,保证在索赔有效期内提出索赔;能否按期完成合同规定的工程量,执行业主加速施工指令;能否保证工程质量,按期交付工程;工程中出现失误后的处理办法等等。总之要注意对风险的防范,否则,就会影响索赔目标的实现。

2. 作为索赔资料收集工作

成功的索赔必须以事件和文件为依据、记录可能发生和已经发生的影响工期费用的事件,并以记录为依据来跟踪索赔的影响费用。

工程施工前的准备阶段:承包方参与工程投标中标后,应及时、谨慎地与发包方签订施工合同,在施工合同的签订过程中应积极预测今后可能索赔的因素,合同内容应尽可能的考虑周详,措词严谨,权利和义务明确,避免用语含糊、不够准确以及条款之间相互矛盾的情况发生,做到平等、互利,防止可能的合同风险。合同价款的方式要确定严密,并明确追加调整合同价款及索赔的政策、依据和方法,为竣工结算时调整工程造价和索赔提供合同依据和法律保障。

在工程实施阶段:要时刻注意收集可索赔的事件,比如说发包方未切实履行提供正常施工条件的职责;比如说发包方要求承包商改变发包方已审批同意承包商所提交的施工组织计划和进度计划的施工方法或者加速施工进度,从而造成索赔事件;比如说发包方向承包商提供不合格或不符合要求的材料或设备,造成承包商的损失索赔;比如说由于发包方指定的分包商的原因造成工程质量不合格、工程进度延误等违约情况,造成总承包商损失的索赔等等。

首先,承包方应根据所掌握资料详细编制施工组织设计或施工方案,并经建设单位或监理单位签字认可。施工组织设计或施工方案的编制必须符合实际,考虑周到明确施工工艺流程和施工操作做法。对涉及工程结算或索赔的施工做法更应制定详细。例如:该工程使用哪些大型机械,大型机械进出场几次,基础土方是否外运,运距多少,回运土是否购买土方,基础是否要做处理,是否使用商品险,是否全封闭施工,钢筋是否采用电渣压力焊等新工艺施工,冬雨季施工是否采用特殊工艺等等。上述资料均有可能成为索赔的依据。

其次,工程造价人员要全过程参与图纸会审,全面熟悉图纸,同施工各专业人员一道审定答疑会议纪要、图纸会审纪录,使之对图纸形成共识,防止在结算索赔过程中出现文字理解错误而发生相互扯皮现象。

承包方在施工过程中应做好施工日志、技术资料等施工记录,及时办理设计变更、技术核定、工程量增减变更等签证手续。在项目实施过程中,现场签证索赔的发生较为广泛,其原因大致分为下列几个方面:地质条件变化、施工中人为障碍、合同文件的模糊和错误、工期延长或赶工期、图纸修改或错漏、业主拖延付款、材料价格调整等。现场必须设专人负责收集整理经过设计单位确认的设计变更资料,并及时分析设计变更对工程造价的影响,研究确定设计变更工程对工期、造价的影响,作好索赔准备工作;做好工程施工记录,保存各种文件图纸,特别是有施工变更情况的图纸,注意积累素材,坚持有理、有据、有度的原则,为今后正确处理可能发生的索赔提供依据。对现场发生的签证,应将现场施工情况及时通知监理工程师亲临现场进行核查,要有根有据。

承包方还应做好中途停工、返工赔偿的签证处理。停工时间的确定、施工场地看守人员数量费用、周转材料停置和保护必须及时全面做好签证,做到损失控制。在施工过程中对停水、停电的时间,甲供材料的进场时间、数量、质量情况等都应有详细记录。建设单位或监理单位的临时决定、口头交待、会议研究、交来信件等应及时收集整理成文字资料。必要时可对施工过程照相或摄像作为资料。

在施工过程中,要时刻注意建设方指定或认可的材料,实际价格高于预算价(或投标价),按规定允许按实找差价的,或采用的新材料没有预算价,或改变材料的规格、质量档次导致材料价格变化较大等情况,应办理价格签证手续。采用新材料、新工艺、新技术施工,没有相应预算定额计价的,应收集有关施工数据,编制补充预算定额,经建设单位或有关部门认可,作为结算依据。因建设单位或监理单位责任造成工程返工、停窝工、增加工程量等,应要求工期顺延,并提出索赔。因特殊情况导致施工难度增加,材料损耗增大,或工期延长,也应提出索赔。

3.对被索赔方的分析

分析对方的兴趣和利益所在,要让索赔在友好和谐的气氛中进行,处理好单项索赔和一揽子索赔的关系,对于理由充分而重要的单项索赔应力争尽早解决,对于业主坚持拖后解决的索赔,要按业主意见认真积累有关资料,为一揽子解决准备充分的材料。要根据对方的利益所在,对对方感兴趣的地方,承包商就在不过多损害自己的利益的情况下作适当的让步,打破问题的僵局。在责任分析和法律分析方面要适当,在对方愿意接受索赔的情况下,就不要得理不让人,否则反而达不到索赔目的。

4.承包商的经营战略分析

承包商的经营战略直接制约着索赔的策略和计划。在分析业主情况和工程所在地的情况以后,承包商应考虑有无可能与业主继续进行新的合作,是否在当地继续扩展业务,承包商与业主之间的关系对当地开展业务有何影响等。这些问题决定着承包商的整个索赔要求和解决的方法。

5.相关关系分析

利用监理工程师、设计单位、业主的上级主管部门对业主施加影响,往往比同业主直接谈判有效,承包商要同这些单位搞好关系,展开"公关",取得他们的同情和支持,并与业主沟通,这就要求承包商对这些单位的关键人物进行分析,同他们搞好关系,利用他们同业主的微妙关系从中斡旋、调停,能使索赔达到十分理想的效果。

6.谈判过程分析

索赔一般都在谈判桌上最终解决,索赔谈判是双方面对面的较量,是索赔能否取得成功的关键。一切索赔的计划和策略都是在谈判桌上体现和接受检验。因此,在谈判之前要做好充分准备,对谈判的可能过程要做好分析。如怎样保持谈判的友好和谐气氛,估价对方在谈判过程中会提什么问题,采取什么行动,我方应采取什么措施争取有利的时机等等。因为索赔谈判是承包商要求业主承认自己的索赔,承包商处于很不利的地位,如果谈判一开始就气氛紧张,情绪对立,有可能导致业主拒绝谈判,使谈判旷日持久,这是最不利索赔问题解决的。谈判应从业主关心的议题入手,从业主感兴趣的问题开谈,使谈判气氛保持友好和谐是很重要的。

谈判过程中要讲事实,重证据,既要据理力争,坚持原则,又要适当让步,机动灵活,所谓索赔的"艺术",往往在谈判桌上能得到充分的体现,所以,选择和组织好精明强干、有丰富的索赔知识和经验的谈判班子就显得极为重要。

复习思考题

1. 试述合同的分类标准与区分的法律意义。

2. 试述合同法的基本原则。

3. 什么是要约?要约的构成要件有哪些?要约与要约邀请有何区别?要约失效的情形有哪些?

4. 什么是承诺?承诺的要件有哪些?承诺是否可以撤回?承诺是否可以撤销?

5. 什么是无效合同?无效合同具有哪些法律特征?

6. 什么是可撤销合同?可撤销合同具有哪些法律特征?

7. 什么是同时履行抗辩权?同时履行抗辩权的构成要件有哪些?

8. 什么是后履行抗辩权?后履行抗辩权的构成要件有哪些?

9. 什么是不安抗辩权?不安抗辩权的构成要件有哪些?

10. 什么是债权人的代位权?债权人行使代位权的法律要件有哪些?

11. 什么是债权人的撤销权?债权人行使撤销权的法律要件有哪些?

12. 什么是违约责任?违约责任具有哪些特征?

13. 定金与违约金、赔偿损失是否可以并用?

14. 什么是施工索赔?

15. 在工程施工中为什么会经常发生索赔?

16. 什么叫工期索赔和经济索赔、单项索赔和一揽子索赔?

17. 延期索赔处理的原则是什么?在什么情况下可得到经济索赔?

18. 什么是工程变更索赔?

19. 施工加速索赔应注意什么问题?

20. 如何处理不利现场条件索赔?

21. 什么是合同内索赔和合同外索赔?

22. 索赔与项目管理和合同管理有什么关系。

23. 索赔意向通知的内容有哪些。

24. 索赔证据包括哪些资料?

25. 如何编写索赔报告和应当注意的问题是什么?

26. 发包人怎样对承包人的索赔报告进行评审?

27. 如何解决索赔争端?

28. 如何计算工期索赔的时间?

29. 如何对各项经济索赔进行计算及应注意什么问题?

30. 索赔的正确战略和策略是什么?

31. 你认为索赔有什么技巧？

32. 案例分析题

1）背景

某施工单位承包了某工程项目的施工任务，工期为 10 个月。业主（发包人）与施工单位（承包人）签订的合同中关于工程价款的内容有：

（1）建筑安装工程造价 1200 万元。

（2）工程预付款为建筑安装工程造价的 20% 。

（3）扣回预付工程款及其他款项的时间、比例为：从工程款（含预付款）支付至合同价款的 60% 后，开始从当月的工程款中扣回预付款，预付款分三个月扣回。预付款扣回比例为：开始扣回的第一个月，扣回预付款的 30% ，第二个月扣回预付款的 40% ，第三个月扣回预付款面 30% 。

（4）工程质量保修金（保留金）为工程结算价款总额的 3% ，最后一个月一次扣除。

（5）工程款支付方式为按月结算。

工程各月完成的建安工作量如表 4-12 所示。

表 4-12　工程结算数据表（万元）

月份	1～3	4	5	6	7	8	9	10
实际完成建安工作量	320	130	130	140	140	130	110	100

2）问题

（1）该工程预付款为多少？该工程的起扣点为多少？该工程的工程质量保修金为多少？

（2）该工程各月应拨付的工程款为多少？累计工程款为多少？

（3）在合同中承包人承诺，工程保修期内若发生属于保修范围内的质量问题，在承包人接到通知后的 72 小时内到现场查看并维修。该工程竣工后在保修期内发现部分卫生间的墙面资砖大面积空鼓脱落，业主向承包人发出书面通知并多次催促其修理，承包人一再拖延。两周后业主委托其他施工单位修理，修理费 1 万元，该项费用应如何处理？

33. 案例分析题

1）背景

高层办公楼业主与 A 施工总承包单位签订了施工总承包合同，并委托了工程监理单位。经总监理工程师审核批准，A 单位将桩基础施工分包给 B 专业基础工程公司。B 单位将劳务分包给 C 劳务公司并签订了劳务分包合同。C 单位进场后编制了桩基础施工方案，经 B 单位项目经理审批同意审批后即组织了施工。由于桩基础施工时总承包单位未全部进场，B 单位要求 C 单位自行解决施工用水、电、热、电信等施工管线和施工道路。

2）问题

（1）桩基础施工方案的编制和审批是否正确？说明理由。

（2）B 单位的要求是否合理？说明理由。

（3）桩基础验收合格后，C 单位向 B 单位递交完整的结算资料，要求 B 单位按照合同约定支付劳务报酬尾款，B 单位以 A 单位未付工程款为由拒绝支付。B 单位的做法是否正确？说明理由。

34. 案例分析题

1）背景

某承包人与有资质的某劳务分包人签订了劳务分包合同,合同中约定了不同工作成果的计件单价(含管理费)。工程于6个月后竣工,并经发包人验收合格。在质量保修期内,承包人发现有一墙面抹灰质量不合格,导致墙面面层及抹灰大面积脱落。于是,承包人向劳务分包人提出经济索赔2万元,劳务分包人不予确认。

2）问题

(1)劳务报酬的约定有几种方式?

(2)工时及工程量的确认如何进行?

(3)劳务分包人的做法是否正确?为什么?

35. 案例分析题

某住宅工程以公开招标的形式确定了中标单位。招标文件规定,以固定总价合同承包。签订施工合同时,施工图设计尚未完成。中标的建筑公司中标后经过艰苦谈判确定合同价850万元。该建筑公司认为工程结构简单并且对施工现场、周围环境非常熟悉,未到现场进行勘查;另外考虑工期不到一年,市场材料价格不会发生太大的变化,所以就接受了固定总价的合同形式。

合同条款中规定:

(1)乙方按业主代表批准的施工组织设计(或施工方案)组织施工,乙方不承担因此引起的工期延误和费用增加的责任。

(2)甲方向乙方提供场地的工程地质和地下主要管线资料,供乙方参考使用。

问题:

(1)双方选择固定总价合同形式是否妥当?乙方承担哪些主要风险?乙方做法有哪些不足?

(2)建设工程合同按照承包工程计价方式分为哪几类?

(3)建设工程施工合同中约定的发、承包人的义务有哪些?

(4)合同条款中有哪些不妥之处?

参 考 文 献

［1］李洪军,源军. 工程项目招投标与合同管理【M】. 北京:北京大学出版社,2009.

［2］宋春岩. 建设工程招投标与合同管理【M】. 北京:北京大学出版社,2011.

［2］武育秦. 建设工程招标投标实务【M】. 3 版. 重庆:重庆大学出版社,2011.

［4］董伟,欧阳钦,黄泽钧. 建筑法规【M】. 北京:北京大学出版社,2011.